心理学经典译丛

Therapeutic Consultations
in Child Psychiatry

◆ D. W. Winnicott ◆

涂鸦与梦境
儿童精神病学中的治疗性咨询

[英] 唐纳德·W.温尼科特 著

李 真 苏瑞锐 译

贾晓明 审校

北京师范大学出版集团
BEIJING NORMAL UNIVERSITY PUBLISHING GROUP
北京师范大学出版社

致 谢

我衷心感谢乔伊斯·科尔斯夫人(Mrs. Joyce Coles)对本书的全力付出,尤其附录的整理主要由她完成。

M. 马苏德·R. 汗(M. Masud R. Khan)慷慨地拨冗指教和批评,让我受益匪浅,没有他的帮助,这本书无法顺利完成。

感谢出版社在复制这些图片上的大力配合,由于这些图片原本不用于公开展示,所以在呈现上往往相当棘手。主要的困难在于我想要如实地呈现孩子们的绘画,而不做任何后期修饰,以便取得更好的效果。

本书的某些案例我曾以演讲或书面方式出版过,我诚挚地感谢各出版社同意在本书中引用。先前出版过的具体如下。

个案 3:*Voices*(Spring 1968),a journal published by the American Academy of Psychotherapists;also *Handbook of the Psychotherapy of Children*,edited by Dr. G. Bierman(Ernst Reinhardt,

Munich，1969）.

个案 4：*International Journal of Psycho-Analysis*，Volume 46.

个案 6：*St Mary's Hospital Gazeite*，Jan. /Feb. 1962，under the title "A Child Psychiatry Interview".

个案 7：*A Crianca Portuguesa*，Ano. XXI，1962—1963（Lisbon）.

个案 9：*Foundations of Child Psychiatry*，edited by Emanuel Miller（Pergamon Press，1968）.

个案 12：*The World Biennial of Psychiatry and Psychotherapy*（Basic Books，1970）.

个案 13：*Crime，Law and Corrections*，edited by Ralph Slovenko（Charles C. Thomas，1966），under the title "A Psychoanalytic View of the Antisocial Tendency".

个案 14：*British Journal of Medical Psychology*（1963），Volume 36，Number 1，under the title "Regression as Therapy".

个案 15：*Modern Perspectives in Child Psychiatry*，edited by John G. Howells（Oliver & Body，1965）.

个案 17：published in shortened version as "Becoming Deprived as a Fact：A Psychotherapeutic Consultation"，*Journal of Child Psychotherapy*（December 1966），Volume I，Number 4；also delivered as a lecture，"Principles of Direct Therapy in Child Psychiatry"，at the invitation of the Judge Baker Guidance Center，April 1967，the Fiftieth Anniversary of their Founding.

带你走进儿童的心理世界

　　温尼科特的书要在中国出版了，这是一件多么可喜可贺的事情！我甚至有些迫不及待，因为书中传递的瑰宝对那些嗷嗷待哺的婴儿，对那些为如何更好地养育孩子而感到焦虑的父母，对那些希望提供良好服务的心理咨询或心理治疗师们，都是丰富的滋养源泉。

　　很早和同行聊天时曾谈及是否存在真正的儿童心理学，提出疑问的原因是儿童心理学的书都是成年人写的。虽然每个人都经历了童年，但当我们成年后真的了解儿童吗？对那些还不能很好地用语言来表达自己的婴幼儿，我们真的知道他们的内心世界吗？翻译了温尼科特的这本《涂鸦与梦境》后，似乎觉得有了一个答案，我们有一条可以走进儿童内心世界的道路：和儿童一起涂鸦，那里有着儿童丰富的心理世界。

　　温尼科特是名儿童精神分析师，多年与儿童及他们的父母一起工作的经验、专业的热情和卓越的才华使他创立了自己的精神分析理论以及与儿童工作的方法，《涂鸦与梦境》这本书是他的思想、治疗的理念、与儿童工作的过程的极好呈现。阅读此书感受颇深，有以下几点与大家分享。

一、从儿童那里聆听儿童的声音

启动对儿童的治疗，多是由于家长的意愿。这在中国也是常见的。在温尼科特见儿童之前，家长会想和他谈及自己孩子的情况，而温尼科特如有可能尽量先见孩子。"我不赞同任何其他看待个案过往经历的方式。从个案母亲那里获得的材料没有什么大的价值，父母对问题的答案只能使你离核心议题越来越远。在心理治疗中，这永远是个难题，而且事实上这常常恰好是冲突之所在。"从孩子那里最先获得信息，从孩子的角度理解孩子，这是温尼科特所坚持的。儿童的世界似乎一直是由成人来掌握，由成人来判定什么是真的，什么是假的，什么是该有的，什么是不该有的，什么是对的，什么是错的。从儿童那里倾听儿童的声音，这是看似容易但不易做到的事情。在温尼科特呈现的他与儿童实际工作的案例中，他不任意主观推断，他注重细节，他跟随孩子的步伐和节奏，他永远从儿童的视角理解儿童。

温尼科特在书中介绍的不仅是具体治疗过程，更呈现了他的治疗态度，他永远以和儿童建立安全信任的关系为前提。如果说他是儿童精神分析专家，更应该说他是能聆听、听懂、善于和儿童建立关系的专家。

二、涂鸦游戏只是一种和儿童互动的方式

虽然温尼科特谦虚地说涂鸦游戏不是他的原创，但显然我们可以在书中看到他如此精妙地使用这个方式，并使他的治疗工作获得了成效。不过正如温尼科特所说："这种游戏只是一种和孩子互动的方式。游戏和面谈中会发生什么，取决于儿童在其中的感受，包括游戏材料本身的展现。要使用这些共同的经验，一个人必须骨子里面熟知儿童的情绪发展理论、孩子与环境因素之间的关系。"温尼科特如此之强调，显然是在提醒如果没有理论的支持和忽视孩子的其他方面的关系，咨询与治疗将本末倒置，也无法真正地帮助儿童。如温尼科特所言："我在本书中的例子里面，描述的是'涂鸦游戏'和心理治疗性咨询之间的关系，这个关系通过儿童的画画、儿童和我的画来生动地浮现出来。"

三、不存在没有母亲的儿童

虽然温尼科特一直强调倾听孩子的声音，但他从不拒绝和否认父母的重要作用。他认为父母是帮助孩子的重要资源，甚至父母可能是有精神问题的人也可以帮助到孩子。温尼科特有一句名言：不存在没有母亲的儿童。这句话很难翻译，也有些绕，但是我理解的意思是儿童不只是客观地有个母亲，其健康地长大一定需要一个母亲，而且"足够好的母亲"。

在书中，温尼科特所呈现的临床实务案例中，每个几乎都涉及与父母的工作，最重要是对父母进行教育与指导，不把父母当作有问题的家长，而是孩子成长的重要参与者。温尼科特会根据孩子的情况、父母的情况、家庭的情况给予父母更多直接的建议，鼓励他们做好他们能做的有利于孩子成长的事情。他总是看到父母的积极努力，发现他们好的资源。这些是我特别推崇的。

我有机会对一些在中小学工作的心理老师进行培训和督导，他们在帮助孩子时多会与家长接触。在我看来，工作的重点不是做家庭治疗，而是为父母提供家庭教育，肯定父母的努力，即使他们有时会方法不当，但更重要的是将父母作为孩子成长的重要资源，可以给他们一些有利于孩子、有利于家庭正性发展的建议。这些想法和经验从温尼科特的工作中得到了验证，也尤为令人欣喜。

当然更加令我敬佩的还有温尼科特的跟踪治疗，对于多年前治疗的儿童，温尼科特会保持跟父母的通信，了解儿童的现状，并耐心地为父母提供有效的建议和支持，这种跟踪会持续十几年、二十几年，在这里让人体会到真正的关怀和关心！

当然本书介绍的案例中，无处不在涉及精神分析的理论，涂鸦游戏中触碰到冲突、丧失、意识化，显然就是个修通的过程。在这个过程中孩子自发地渡过了这些难关，呈现、被见证、接受。想必喜欢精神分析的读者也会从中受到启发和借鉴。而温尼科特的反社会倾向理论，可以开启和帮助我们如何和那些有反社会倾向的儿童工作。

参与此书翻译工作的，还有我的两个年轻的同行：李真、苏瑞锐。她们聪明、热爱心理咨询，对精神分析情有独钟，同时有着良好的英语基础。当出版社联系我翻译此书时，我便毫不犹豫地和这两个小朋友一拍即合。也许对温尼科特的深入理解还需要些岁月，但翻译此书想必是她们专业生涯中重要的一个经历。非常感谢她们辛苦的付出。翻译此书的过程中，李真的事业有了新的发展，苏瑞锐升级当了母亲。在这里深深地祝福她们了！

为了使读者更好地阅读本书，在原著中的索引里提取出精神分析的重要术语列在书后，在此说明。

做心理咨询与心理健康教育这么多年，儿童是我较少接触的领域，虽然有人说精神分析就是关于儿童的心理学理论，但确实觉得自己还是学习和理解得较少。但翻译此书后，竟也有了一些冲动，想和孩子们一起玩耍和工作。爱孩子本是我的天性，孩子们有着长久的未来，充满了希望，还有什么比创造未来和希望是更有意义的事情呢！

贾晓明

2019 年 6 月

目　录

第一部分

导 论

    本书关注精神分析在儿童精神病学中的应用。我陡然意识到，过去三四十年对于儿童和成人的分析经验，将我带入一个特定的领域，即将精神分析应用于儿童精神病学的实践之中，这亦是精神分析更经济的一种应用方式。显然，给应用于每个儿童的精神分析治疗"定义化"（prescribe），既无用亦不可操作，精神分析师也常常觉得在儿童精神病学的临床工作中无法学以致用。在这些儿童精神病学的个案中，我发现如果充分利用（与来访者）的第一次会面，我就能对其中一部分个案有好的把握。我想举一些例子，为做类似工作的同行们和想要在这个领域学习的学生们提供一些指导。

    这个工作中的技巧很难被称为"技巧"。没有哪两个个案是相同的，而且相比纯粹的精神分析治疗，（在这个领域中）治疗师和病人之间的互动是更随意的。在长程精神分析中，治疗是通过一天天逐渐在连续的分析过程中、在移情反应所浮现的潜意识层面的信息慢慢转变成意识层面的信息的过程中来完成的。我在此绝非否认长程精神分析的重要性。精神分析是我工作的基础。如果被学生问起，我会一贯说，这种（本书的）工作训练（不是精神分析）隶属于精神分析训练。尽管我相信，所谓"甄选"是精神分析训练中最重要的一部分。你很难将一个不合适的分析师候选人变成一个好的分析师，毋庸置疑，"甄选"最重要的部分永远是"自我甄选"。人们都想找一个合适的人来做治疗，而不是让一个分析师将一个病人从严重变得轻微——这是精神分析训练中做的事情。当然，你也可以说，如果一个人曾经病过，他/她就对病人更能够共情。更有说服力的是，若要触碰到潜意识，你必须去经历它。但无论如何，如果我们没有生过病，亦不需要治疗，这总是更好的。

只有当了解怎么"甄选"后，我们才知道怎么去确定人选（哪怕我们暂时不能提供他/她精神分析的训练）来做这本书中所描述的工作。比如说，我们立刻会说，这个人必须展现出能够和病人认同的同时，不消耗自己的个性的能力；治疗师必须有能力容忍病人的冲突，这个意思是，能包容他们，并等待病人自己的解决办法出现，而不是自己慌张地找办法；治疗师还必须有当自己被挑战的时候，不冲动报复病人的能力。因为病人只想得到解决内在冲突的办法，同时想要切实可行地对能够造成、并维持病症的外部原因进行控制，所以任何一种想要给一个简单的解决办法的方法，都是禁忌。毋庸置疑的是，治疗师必须有自然而然就能保持的专业性：哪怕是自己个人生活中遭遇巨大压力的时候，一个认真的人仍然有可能保持自己的专业水准，而且我们希望，他/她自己的个人成长是永不停息的。

对这份工作的要求，我们还能列出个单子。这些要求足以将很多想要来做精神科医生还是社会工作的热心人士摒除在外。而我认为，这些东西甚至比(已经非常重要的)精神分析训练更重要。而一个长程、深刻的个人分析治疗体验，几乎是核心要求了。

如果我没弄错的话，本书所描述的工作，在临床意义上满足了**社会的需要**，并能够应对**社会所带来的压力**。这是精神分析所不能达成的。

在开始之前，我必须强调这个技术是非常灵活的。如果你只学习一个个案是怎么做的，远远不够。20个个案虽然能给你一个好的概念，但事实仍然是：个案之间个个不同。来理解(本书)的工作方法，困难的是没办法通过讲个案来完成教授。所以要求学生仔细、认真地阅读、学习和消化所有的案例。

我在指导学生报告个案的时候，基本原则是要求他们准确并诚实地报告。众所周知，准确地报告一个个案很困难。录音和视频都不能解决这个问题。所以当我想要报告一个个案的时候，我会记录下整个面谈过程中发生的所有事情，包括我做的事情和我说的话。尽管这给我增添了很重的任务，但由于面谈过程往往过两三天便慢慢淡忘了，但是从这些笔记中，我能够重新构建整个面谈过程，这给我带来的欣喜平衡了我的繁重工作。我很喜欢写整个个案的记录，因为，众所周知，在面谈中发生的事情，尤其是丰富的细节，如不记录的话，往往像"天亮梦就消逝"一样，消失不见。

　　在这些个案中，不可避免地我会呈现出一些过度简化。因为我在书中所列出的个案中，几乎每一个我们都用了画画的方式。在本书的案例中，我都用了一种叫作"涂鸦游戏"（译者注：原文是Squiggle Game，是一种互动游戏）的形式。"涂鸦游戏"并非我的原创，如果有人学会了这种游戏形式就觉得自己已经可以做"治疗性的咨询"，也是错误的。这种游戏只是一种和孩子互动的方式。游戏和面谈中会发生什么，取决于儿童在其中的感受，包括游戏材料本身的展现。要使用这些共同的经验，一个人必须在骨子里面熟知儿童的情绪发展理论、孩子与环境因素之间的关系。我在本书中的例子里面，描述的是"涂鸦游戏"和心理治疗性咨询之间的关系，这个关系通过儿童的画画、儿童和我的画来生动地浮现出来。这就好像是儿童通过画画的方式，和我一起，某种程度上参与了记录这个治疗的过程，这样这个记录更加真实。这个游戏，或者是画画所带来的另一个意义，是可以给予家长一定的信心，并让他们知道在治疗性咨询这个特殊的环境中，他们的孩子是怎样的。这相比我仅仅告诉他们治疗中孩子说了什么，更显真实。他们有时候能从这些画中识别出孩子在托儿所的装饰墙上学到的一些东西，但更多的时候，当他们看到这些画放在一起的时候，觉得甚为惊讶。这些画反映出可能在家里面家长们没有看到的一些性格特质和理解能力。关于这部分我们后面会进行讨论。让家长们看到这些新的洞察并不一定总是好的（但会非常有帮助）。家长可能会滥用治疗师对他们的信任，使得治疗退步，具体也取决于孩子和治疗师之间的亲密关系的建立。

关于治疗性咨询和对初次访谈的充分利用（或重复进行初次访谈）这一概念的特殊性，是在我长期临床和私人实践中慢慢浮现出来的。曾经有段时间，在 20 世纪中期，我在做儿科医生的时候，现在回头看是非常有意义的，当时我在医院接待很多病人，并且有机会接触大量的儿童，这些孩子跟我交流、画画，并且告诉我他们做的梦。**很多孩子都会在来见我之前梦到我**，数量之多让我惊讶。这些针对医生的梦，明显反映出他们对这些人（包括牙医，或者那些应该是为他们提供帮助的人）的想象能力。它们也不同程度地反映出家长，以及在来访之前家庭中做的准备。无论如何，我发现**事实跟我预估的是一样的**。做这样的梦的孩子，都能告诉我说，他们梦到的是我。用我现在的语言来描述——我当时没有能力这么描述——我发现我自己变成了一个主观客体（subjective object）的角色。我现在觉得这个主观客体的角色，是医生和儿童建立联结的一个绝佳机会，往往不会维持过第一次或头几次面谈。

这种状态和催眠中的状态一定是有关系的，但催眠的状态相比之下就无用得多。在我长年累月积累得出的理论中，我用过这个来解释我（包括其他和我做相似工作的人）为什么在这些特殊的场景下，对孩子的感受如此确信。这些特殊的场景有种我称作"神圣"的特质。这些神圣的时刻若不利用，便只有浪费掉了。一旦被浪费掉，孩子那种"被他人理解"的信念便被打碎了。但是如果加以利用，孩子的"我在接受帮助"的信念便被加深。有一些案例便是这样：在初次（或头几次）面谈中，借着特殊的环境，我们做了非常深入的工作。工作的结果，使孩子的父母以及孩子其他社会关系中的直接负责人能够在这结果的基础上加以工作。这样，每当孩子在情绪发展上遇到死结，这些面谈都能松一松结，使得孩子正常发展。

但是对于一部分个案来讲，这样的面谈只是开始一个更长程，或者更密集的心理治疗的前奏而已。当孩子做过这种面谈，有过被理解的感受**后**，如果他之前没有准备好要做长程的心理治疗，这便大大增加了可能性。当然，虽然孩子实际上被理解的程度并没有他们感觉到的那么多，但是会给予孩子一些被理解、获得帮助的希望。

这种面谈带来的一个问题是，当理解做得非常好的时候，孩子会自然希望直接从此进入长程的治疗。但是因为治疗一定程度上需要精神科医生和社工的合作，才能保证长期治疗能够进行。而这一般不太可能。

还有一类个案是要避免这种心理治疗式的面谈的。我不会说对于病非常重的孩子，没什么办法做有效的工作。但是我会说，如果孩子离开治疗室，**回到一个不正常的家庭或者社会情境**，这就没有（治疗作用发生）所必需的环境，而我觉得这是必须有的。孩子们在治疗中会发生一些变化，这些变化意味着孩子在发展过程中心里的结有所松懈。我更指望一个"平均水平的环境"，这个环境能够识别到、并利用这些孩子在面谈中所发生的变化。

事实上，评估个案的难度主要存在于如何评估孩子的直系环境。如果孩子的环境中有强有力的、持续的不利的环境因素，或者身边没有稳定的人照料，那么治疗师就要避免使用我所介绍的这种方法，而更倾向于去发掘一下通过"管理"能够做点什么，或者做一个能够让孩子有机会（同治疗师）建立人际关系的治疗，也就是我们常常说的移情反应。

如果读者**喜爱**读这一系列个案的细节的话，那么读者一定会有这样一种感觉，在治疗中，只有我作为精神科大夫是不变的因素，其他的一切都不可预测。我在这些个案的描述中，都是作为我自己，一个有别于任何其他人的形式出现的。因此，如果其他的精神科大夫做我的工作，都会有所不同。当我在探索这些新的个案的时候，我所有的装备，就是我这么多年所形成的理论，它们已然是我的一部分，我甚至都不需要去刻意思考。我说的理论，是指个体的情绪发展理论，涵盖孩子整个人际关系历史以及孩子的每个小环境。无可避免，随着时间和经验的积累，我对于这个工作的理论基础有所调整。你也可以把我的工作看成大提琴手，刚开始你总是需要"**技术**"，而后来就慢慢真的可以"**做音乐**"，而所谓技术不过是理所当然的事情。我能够意识到相比三十年前，我做这样的工作更自如，也做得更好。我希望能够让正在训练技术的人看到希望，有一天他们也能来"做音乐"。总是根据已有的乐谱来弹奏演出，会得到满足，但是远远不够。

这些个案的描述都贯穿着一个词：喜悦（enjoyment）。如果说这是个生产（labour）的过程，我未免过于自作聪明。我在这儿更多的是展示技巧，而不是"做音乐"。我当然也能够意识到，在个案描述中，这种情形时常发生。

本书中选择的案例

万事开头难。我决定从芬兰的小男孩伊罗（Iiro）开始。他不会说英语，而我不会说芬兰语。赫尔卡·阿西凯宁（Helka Asikainen）小姐是我们的翻译。她非常精巧、准确地将我们在游戏中使用为数不多的语言相互传递。在这个案例中，由于双方语言的障碍，画画有着其特殊的意义。但是我选择从这个案例开始，并不是因为语言不通，事实上很快我和伊罗都把语言这回事给忘了。我选择他的原因是，本来我是不需要见这个男孩的。事情缘起非常简单，只是我当时在访问一家医院，这家医院的员工希望我能讲一个他们都熟知的案例。伊罗当时在整形外科病房住着，我就跟他面谈了一次，想借此来展示一下如何跟孩子沟通。这个个案顺带也说明了一个不言自明的道理，如果给一个孩子或者成人合适、专业的机会，那么在这个有限的专业设置之内的接触之中，来访者会把自己当下所有的困难、情感冲突、抑或是压力模式展现出来（虽然刚开始呈现的方式并不明确）。我觉得事实亦是如此：如果在公交车上，你只是听你的邻座讲他的故事，然后你就会发现他慢慢地会讲到他的隐私。他讲的可能只是他怎么得类风湿病的故事，或者办公室里遭受的不公正待遇，但是这些材料足以开始一次治疗性咨询的会面了。你觉得这些谈话没什么用处，不过是因为你当时并没有刻意将自己放在一个专业的位置上，无意使用这些呈现出来的材料，所以公交车上的谈话会让你觉得索然无味。在治疗性的咨询里面，当来访者开始感受到有可能被理解，而且有可能进行更深层次的交流的时候，这些治疗性咨询的材料就会变得具体、并非常有趣。当然，在公车上把别人变成你的个案是不负责任的，因为他会不可避免地陷入依赖的状况，他要么再约你，要么就在公交车进站时感受到一种丧失感。但是对于被带进儿童精神科的孩子，有着专业的环境、完善的工作，而且治疗师和个案之间有保持联系的方法。而在这我想特别强调的是，对于一些**敏感**的父母，这能够给他们一定的反馈，他们也能依此对未来的治疗过程做出判断。

报告来的案例中有一些个案在一两次治疗性咨询之后，就发生了戏剧性的转变。我们不能只把这个看作治疗的效果，我们也得知道这说明个案父母的态度也起了作用。毋庸置疑，这种治疗方法中，最好的个案都是那些父母事先就很相信我的。对于我来说，这也不意外。一般情况下，人们都会事先讨论，打消正常出现的疑虑后，人们倾向于相信自己选择的医生，如果一切顺利，或者孩子确实发生了一些变化，这马上能让家长更加信服这个咨询师，这对于孩子的症状来讲，就形成了一个良性循环。但是在结果评估中，你要考虑到家长宁愿相信治疗师起了作用，而不愿意相信这些工作是无用的。有一些家长更倾向于将报告往好里说。谨记一点，家长的报告（我们在很多案例中都会用到），我们永远要质疑其客观性，尤其在最后的结果评估中。我不会天真到拿家长的反馈来衡量工作效果。我想要强调的是，我在书中展示出这些案例，并非要解释如何治疗症状。我的目的是让你们在其中看到和**孩子沟通**的范例。我觉得来讲一些和儿童工作的案例是必要的。一部分是因为目前有一个趋势，是大家都专注在团体（治疗）上，从团体中当然也能获得非常大的价值，但是作为个体，很容易就被团体治疗师忽略掉了。团体的目的是要找到当下哪个团体成员遇到了麻烦，被关注的这个人当然很可能不是这些精神科大夫、社会工作者所关注的、家庭或社会群体中生病的成员。

在我发表的这一系列案例里面，有些你能看到孩子身上的症候群，正反映了其父母一方或双方，甚至是社会环境的疾病。这是尤其值得注意的。无论如何，也许孩子是最好的途径，让我们能了解到我们的环境中存在的主要问题。从我对整个系列的观察来讲，我发现大多数家长因为很担心孩子的状况，所带过来的孩子，正是家庭里面生病的那一个，也正是这个孩子需要最多的关注。每个孩子或是成人都有问题，而正是这些问题会导致当下的压力，进而作为咨询中的材料呈现出来。如果在第一次会面中，一次涌现出来许多问题的话，这就说明个案需要更长时间的治疗，这样，不同的问题才能逐一解决，也可能会需要不同的方法。

我还必须强调的是，在这些案例中，当你看到某个症状被治愈，不要激动。因为这不是我写这本书的本意。有些案例其实没有清晰的结果，而有些案例中结果甚至是不好的。如果这个工作能够协助个案去接受其他的帮助或者治疗，这显然不能被看作治疗失败，而我们永远都要做好后备方案。

也许我主要是希望我详细描述的这些细节，能够被视为好的教学材料。这些案例中，大部分对于精神分析、甚至是每周一次的心理治疗，都是不合适的。学生和老师对于个案知道的一样多，因此，学生就可以就着这些以供检验和讨论的材料，随意争论。从我的角度来看，如果这些材料被用作批评和评论，我便觉得挺满意的。我不希望大家照着我的描述来模仿我的工作。我先前已经说过，这个工作是无法简单复制的，因为治疗师在每个个案中，都作为一个人来卷入其中。所以这些面谈个个不同，换一个治疗师来，也会有不同的结果。

关于心理治疗性的面谈，我还想强调一件事情。要注意的是，对潜意识的诠释并非面谈的主要特点。通常一个重要的诠释会改变整个面谈，而对于一个治疗师来讲，如果你长时间，或者整个面谈都不做任何诠释，而到了某个时间点，用这所有的材料来给出一个对潜意识的诠释，这尤其困难。这就好像一个人要容忍自己身体里有两个矛盾体在冲突。对于我来讲，问题有所转机。当我做了一个诠释，孩子不同意，或者看起来不太愿意反应的话，我愿意马上就收回我刚说的话。在这种情况下，我做一个诠释，做错了，孩子就能够来纠正我。当然，有时候是我做了对的诠释，但是由于个案的阻抗，他否认我的诠释。但是但凡一个诠释无效，那么它就意味着我这个诠释要么是时间不对，要么是方式不对。我就无条件地收回我的诠释。哪怕我的诠释是正确的，我也一定是在这个时刻表达的方式不对。教条的诠释只留给孩子两个选择，一种是他要**接受**我说的就是对的，或者是**拒绝**诠释，拒绝我以及整个治疗。我希望孩子在和我的关系中觉得他们有权利拒绝我说的话，或者我看待问题的方式。事实上我也声明这些面谈是由孩子主导的，而非我来主导。这个工作做一次会面、两次甚至三次会面都比较容易，但是读者务必注意的是，如果面谈变得重复性极强，移情和阻抗开始出现，那么治疗就要放到常规的精神分析的治疗框架内去工作。我希望读者也能注意到的是，我从不(至少我希望是这样)出于我自己的利益去做诠释。我无须通过将这些案例言语化，来向自己证明所谓理论。我已经完成了所有出于我自己目的的诠释。对于改变别人的观点，我也毫无兴趣。长程的精神分析治疗对我有影响，我发现十年前我觉得对的诠释，病人当初出于敬畏所接受的诠释，到头来不过是(治疗师和病人之间)共谋的防御。我可以简单给个例子。治疗师可能有个刻板的印象，觉得蛇都是阴茎的象征——当然它们可能确实是。尽管如此，如果你想要知道孩子是如何看待阴茎的，你就去看孩子是怎么画蛇，你可能发现他画蛇的时候其实是在画自己，画一个还不会使用手臂、手指、腿和脚指头的自己。你就会发现多少次病人无法表达一个自我的概念，仅仅是因为治疗师将蛇看作阴茎的象征。梦中或惊恐发作中出现的蛇远不是一个部分客体，它有可能是**最原始的整体客体**。举这个例子，希望给学生一些启发，在这些记录的案例中，我尽力保持真实的样子，有很多你能看到里面我犯了同样的错误。我希望这些材料可以在教学中被使用。

本书的核心是我日渐积累的、关于个体情绪发展的理论。这个理论本身很复杂，它贯穿于我所有的工作，我在此不作赘述。这个理论有丰富的文献可参考，感兴趣的学生可以去找我写的其他书，以及我所列的书单。

最后，我希望大家可以看到，呈现这些案例，我无意要证明什么。有些人认为我不能证明我的案例有疗效，这种批评并不恰当，因为这些不能算是我的个案。另外，学生从实际工作、和孩子们的实际接触中学习，要比只是读我的描述更好。但是对于学生来讲，我知道接触孩子的机会不是随时都有。我想，我如实的案例报告，最差也是提供给学生：不管是社工、老师还是精神科医生，为这些想在心理动力学中有所成长的人们提供经验。

个案 1　伊罗，9 岁 9 个月

我在访问芬兰库奥皮奥市的儿童医院（译者注：世界卫生组织自助的一个机构——儿童城堡）的时候，受邀给一群职工来做个案分享。这群人里面有医生、保姆、护士、心理学家、社工，还有一些访客。当时的情形下，相比我自顾自讲自己的个案，如果能跟他们讲一个他们都熟知的个案更好。于是我们就在整形外科病房找了这个孩子，他没有任何需要紧急处理的问题（如果是这个情形，一般就会有儿童精神科大夫来参与了），在这样的情形下，我们进行了面谈。

我知道这个孩子一直有一系列不甚清楚的症状，包括混乱、头疼和腹部疼痛。但是这个孩子当初住院的原因是并指（译者注：一种罕见的手部畸形），所以他从生下来就由于先天畸形而备受关注。整形外科病房里面大家都知道他，而且都蛮喜欢他的。这个面谈没有任何可以预期的东西。伊罗只能说芬兰语，而我对其一无所知。我们请了赫尔卡·阿西凯宁小姐来做翻译，她对这个小男孩有所了解，而且曾经作为社工和孩子的妈妈打过交道。赫尔卡·阿西凯宁小姐是个非常好的翻译，我和伊罗在面谈过程中很快就忘了她的存在，她丝毫没有影响整个面谈的过程。实际上面谈中谈话也不多，所以她的影响非常小。伊罗、翻译和我一起围坐在一个小桌子旁，桌子上有两支铅笔和几张白纸。我们很快就开始玩涂画游戏，我简单介绍了一下这个游戏。

我说：我闭上眼睛，然后在纸上这么画，然后你来把它变成个东西。然后轮到你，你也这么做，然后我把你画的东西再变成个东西。

（1）我乱画了一下，结果是个闭合的图案。他马上说："这是个鸭子脚。"

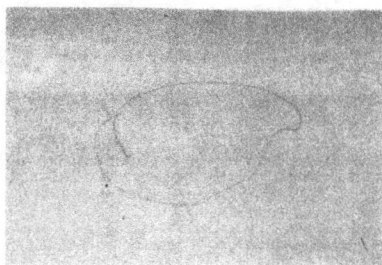

这让我非常惊讶。我马上意识到他是想跟我沟通他残疾的这个问题。我没做什么观察，但是我想试探一下，于是我

（2）勾勒了一只鸭子有蹼的脚。

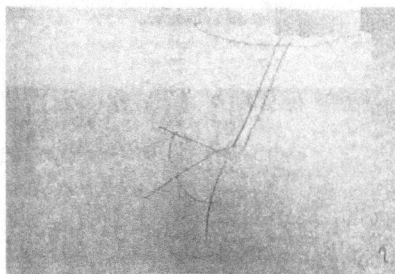

我想确认一下我们俩说的是同一件事。

（3）这时候他开始画画，画了一个他自己版本的鸭子脚。

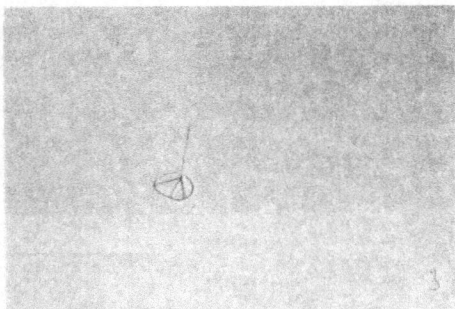

这时候我明白，我们已经确定了蹼脚这个主题，这样我只需放松，慢慢等待这个过渡到关于他残疾的主题沟通。

（4）接下来我随意乱画，他马上把它变成在湖里游泳的鸭子。

我现在觉得伊罗在跟我传递一个跟鸭子、游泳和湖泊相关的积极的东西。顺便说一句，芬兰是个由湖泊和岛屿组成的国家，芬兰的孩子们一般都会游泳、划船和钓鱼。

(5)现在他画了这个，然后他说这是个号角。

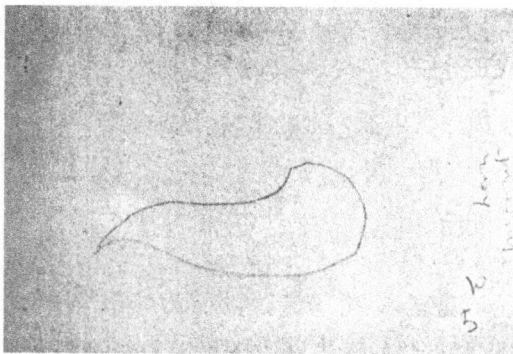

　　我们不再谈论鸭子的主题，开始谈论音乐。他谈起他的哥哥怎么吹短号。他说："我能弹一点点钢琴"——但是因为他的缺陷，我只能猜测他说的是用他畸形的手指弹一些音符。他说他很喜欢音乐，想要学吹长笛。

　　这里我第一次用呈现出来的材料做工作。我能够看到伊罗是个健康的、开心的小男孩，他也有幽默感，我说鸭子要吹长笛还是挺困难的时候，他们听了乐呵呵的。

　　你能看到我没有跟他继续解释，他在用鸭子来表达他的残疾。这么做会很鲁莽，因为他很有可能完全不知道自己在做什么，或者他意识层面也绝未想要去专门用鸭子来表达他的残疾。我觉得其实他还没有能力去承认和处理他手指畸形这一事实。

（6）我乱画了一些，他马上把它变成了条狗。

他对此很满意。而且你可以看到我画中传递的一些力量，渗入了他画的狗里面。这个可以解释为对自我的支持（ego support）。你也能看到，在必要的时候给予自我支持，可以如此积极和生动。

（7）他乱画了一些，我把它变成了个问号。但这显然不是他脑袋里面想的，他说："这些本来也可以是头发。"

这是自然的，因为我本来就不应该知道他脑袋里想的是头发。如果他觉得我对他的想法有魔法先知的能力，这会打扰到他。

（8）这是他画的，我把它变成了一只非常难看的天鹅。

我觉得我当时大体上是在继续鸭子的那个主题。但是当时我在非常投入地玩游戏，我们俩都很开心，我不记得我是刻意想这么做的。

这时候我们有点说话的空，我说："你会游泳吗？"他回答说："会啊。"说的方式说明他很喜欢游泳。

（9）这是我画的，他说这是个鞋子。他说不需要改动什么了。

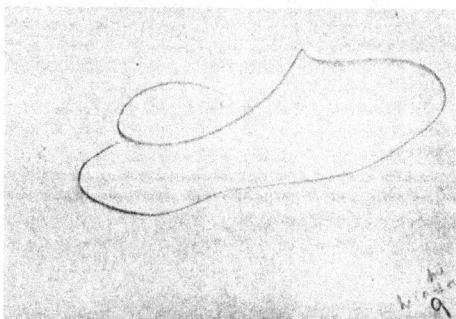

（10）我画了这个。我现在看来更像是刻意勾勒出一个形象，以便他把它弄得像只手。

我也无法说这是对还是错，但是当时我觉得我想这么做。

伊罗在这上面加了一条线，把这变成了一朵花。他当时说："如果我把这和这用线连上，这就是朵花了。"

现在看来，我能看到他不愿意面对自己的手。我当时当然什么都没说，而且我很庆幸我当时这么做，因为我在那个时刻说任何话，都会阻碍正在发生的、令人惊讶的事情。

(11)虽然动作很快，但他现在更像是深思熟虑后画了这张画，我之前画的那个画（第10幅）可能影响了他。这个画看起来像只残疾的手。这是个重要的时刻，因为当我问他怎么想的时候，他说："*我就是想这么画。*"而他自己都觉得很惊讶。

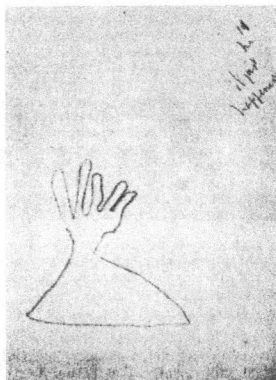

可以这么说，他现在更愿意去面对他自己的手了。在第10幅画中他把本来很像手的画变成了一朵花，这其实是一种否认。现在这幅画正是对这种否认的反应。此时，我们可以暂缓画画，我确信我们是在进行重要的交流。

我问他关于做梦。他说："我睡觉的时候闭着眼睛，所以什么也看不见。"过了一会儿他说："我的梦大多数都是好的。我很久不做肮脏的梦了。"我觉得他不愿意谈梦这个主题了，于是我就等着。

（12）他画了这个。我跟他说："这很像你的左手，是不是？"

其实，这个图开口的角度几乎和他左手两个突出手指开口的角度一模一样。当时他的左手压着画纸，在画的七八厘米外。

他说："噢，是的，有点儿。"

所以，现在他开始客观地面对自己的手了。我并不确定他从前是否客观地跟别人谈论过自己手的状况。他说他做过很多次手术，以后可能也还要做很多次。他说他的脚也是这样，这时候我理解他（第9幅）在我的画中看到鞋是什么原因了。

他说："我只有4个脚趾头，我以前有6个。"

我说："这很像鸭子，是不是！"

此时我开始留心一切他可能想谈及跟整形手术有关的事情。实际上，虽然我当时并不知道，观察的手术大夫说他觉得伊罗当时甚

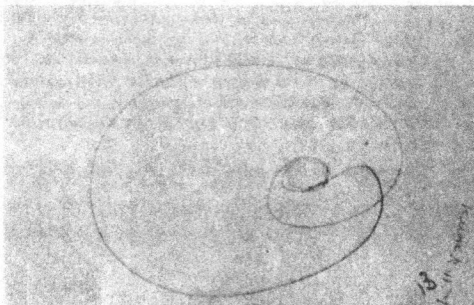

至有些"过于顺从"。

这时候我脑袋里开始形成一个想法，我开始这么说：

"医生们在试着改变你刚出生时候的样子。"

他说他以后想吹笛子，他还跟我说了说他以后要接受的手术。

看着摆在我面前的他的手，我再清楚不过他永远都不可能吹笛子。

这一会儿没什么事情做，我问他："你长大想做什么？"

他开始和所有的小孩子一样，说"我不知道啊"。然后他说，"我会像我爸爸一样，做个建筑承包商"。他说到的另一个想法是，想当学校教手工课的老师。

我意识到我们在讨论的是些很困难的想法，他总是想做他的先天条件不允做的事情。

我问他有没有过不想做手术，但是被逼迫去做的时候，他马上回答说，"从没有过"，他补充说，"这都是我自己选的。我自己要做手术。有两根手指总比我以前四根手指都连在一起好，这样对工作更好"。

我觉得他这时不光在说他的手，也开始关注他的残疾了，而且可以坦然地说出自己的问题了。我觉得这其实是他无意中接受了我为他提供的专业帮助了。

（13）我们又回去玩涂画的游戏。他把我的画变成了一把利剑。

（14）紧接着他按照自己的想法画了一个，他把它叫作一只鳗鱼。现在回头看，这可能是一把有柄的剑。当时是芬兰的鳗鱼季，我就他画的鳗鱼跟他打趣。我说："我们把它放回湖里，还是炖炖吃了啊？"他马上说："我们把它放回去，让它在湖里游，因为它还太小了。"

他现在把自己认同为鳗鱼，我很确信他是指他自己的原始状态，是对出生前状态的一种想象。这恰好契合了我之前头脑中已经形成的想法。

于是我对他说："如果我们把你想作非常小，你就会想要在湖中游泳，或者像鸭子一样浮在水面上游。你跟我说你喜欢你自己带蹼的手脚，你需要人们爱你出生时候原本的样子。你慢慢长大，你开始想要弹钢琴、吹笛子、做手工，所以你才同意做手术。但是最重要的，仍然是爱这个原本的你，和你出生时候的样子。"

他似乎用下面的话对我的评论进行了回应："妈妈的手脚也和我一样"——这个情况我之前是不知道的。换句话说，他内在在处理自己残疾这一部分的时候，同时还要处理和妈妈相关的这一部分。

（15）我画了个复杂的画。他马上说这是灯和灯罩。他和他妈妈刚刚买了一个大灯，就是这个样子。所以他妈妈还在他的脑海里。我做了些其他可能性的解释以作试探，但是他都拒绝了。

（16）他然后又拿了一张纸，很慎重地画。这个画非常准确地画出了他左手的残疾，当时他的左手正在下面压着纸。他很惊讶，大叫："又是一样的！"

差不多这个时候，我们想要从紧张的中心主题上放松一些，我们聊了聊他的家庭和他平时的生活。他说了一些关于家庭正面的话以及他父亲在家里的地位，给我一个感觉，他家正在考虑再生一个宝宝。

交谈之中，我问他是不是个快乐的小家伙，他给了我一个泛泛的答案，说："如果一个人不高兴的话，他自己会知道的。"然后我们就重新玩涂画的游戏。

(17)这是他的画，我把它变成了脚和鞋子。

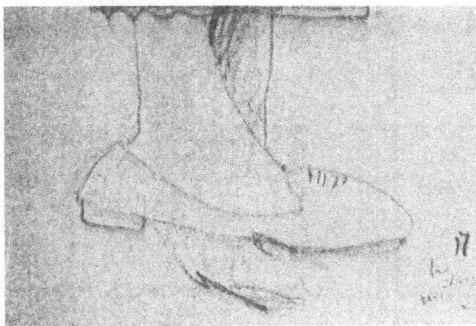

在画这个画的时候，他学我之前的方式，几乎水平地拿笔，这样画出来的线条粗细不均，也会看起来更有趣。我猜我自己把画变成鞋的原因是因为游戏快要结束了，我不想在结束前冒险再拉入新的主题。

(18)最后一张画我来起头。我故意把画画得很复杂。我闭着眼睛画，还挑战他说："我打赌你没办法变这幅画。"他把画转过来，很快就看出来他想看的东西。加了一个眼睛，和蹼脚，他再次说："这是个鸭子。"

我们结束前，又重新说到他自己的爱，他的画表明他感受到了爱。但是，对于他来讲，他需要感受到被爱：爱他做整形手术以及一系列改变和修复开始之前的那个他。

（19）最后，在我的要求下，他把自己的名字和年龄（在此不重述）写在了第 18 幅图的背面。

和母亲的会面

出人意料的是，他妈妈提出想见见我。她也在医院，而且得知她儿子见了我，所以她也想见见我。我完全不知道为什么要这样，但是我觉得她有权利知道，这个和她儿子相处了一小时的英国人是个怎样的人。所以这次的面谈还是要通过翻译阿西凯宁小姐。阿西凯宁小姐其实之前作为社工的角色，和这个妈妈见过许多次面（其实阿西凯宁小姐是个心理学家，但是因为医院人手短缺，所以工作人员的角色定义并不清晰）。翻译非常顺畅，我们俩很快就忘了翻译的存在。我自己不记得翻译了，但是我能够感受到在我和他妈妈之间有一个直接的对峙。

　　和他妈妈面谈了将近一小时，其间的详情不必赘述。刚开始她只是跟我说一些她跟社工都谈过的东西。忽然之间，一件意外的事情发生，这让整个案例都清晰起来，也证实了我在跟伊罗面谈时我头脑里的想法。这个妈妈流了泪，而且非常感动。然后她如释重负般地讲了一件她说她从未告诉过社工的事情，这件事情她可能意识层面中从未处理过，也从未用语言表达过。

　　简言之，她当时说："我知道所有人都对性方面有愧疚感。我不是这样的。我一生都觉得在性上面很自在，在婚姻里面性的经验也都让我觉得很愉悦。我对性事没有愧疚感，但是我总觉得我的手指和脚趾会遗传给我的一个孩子。用这样的方式来惩罚我。自结婚以来，每次怀孕，我都愈发焦虑，担心生下来的孩子会遗传我的残疾。我之前就知道因为这个残疾我不能要孩子。每次生孩子，看到孩子是正常的，我就觉得特别解脱。但伊罗，因为他的手脚都像我，我无法如此，觉得自己被惩罚了。我一看见他就讨厌他。我完全不能接受他，所以我拒绝他。有一段时间（可能只有 20 分钟或者久一些）我觉得我压根儿不想再见他了。必须得把他从我跟前抱走。然后我突然想到，如果我坚持用整形手术，可能能把他修复好。虽然看起来不靠谱，但是我马上决定用整形手术来修复他的指头，从那一刻起，我突然觉得我对他的爱都回来了，而且我觉得我爱他比爱别的孩子还多一点。所以从他的角度讲，可以说他反而获得了些东西。尽管如此，在这样的动力之下，我非常坚持使用整形外科手术的方法来治疗他。"

　　她讲完这些后，看起来有些许变化。这些（被言语化的）东西一定一直在她意识的边缘，但之前从未有机会或者勇气向人谈起。这马上让我想起她跟我说的恰恰就是伊罗通过治疗性咨询中向我表达的。他可能从他妈妈特殊的爱中有所获得，但是他付出的代价是被这个强迫性的动力所困顿。其实整形外科大夫们都注意到了，医院的员工也很奇怪，一般即便是必要的手术，大家都需要不断地劝服家长和孩子去做，而为什么这个妈妈和孩子如此坚持要进行手术。

　　可以说，我在和孩子和妈妈的面谈中，取得了一定的结果。顺带的，我也如愿地给这个医院的这一群人清晰地描述了他们都熟知的个案。更重要的是，这之后，他们告诉我，这个家庭对待孩子的手脚修复，持有了更客观的态度。家庭更能够接纳孩子身上的缺陷，这缓和了其间的压力。和伊罗的面谈实际上并未从此淡出他的生活。他不大可能还记得我长什么样，或者他还能记得面谈和画画，但是他一直和我通信（阿西凯宁小姐翻译）保有联系。他给我寄照片，有他和他的狗的照片，还有他和朋友在湖上钓鱼的照片。这个面谈至今已经过去五年了。

个案 2　罗宾，5 岁

　　这个案例也是没有精神问题的。这样，我这个系列的案例里面，孩子们都有能力展现自己目前生活中最直接的挣扎和冲突。毋庸置疑的是，尽管这份工作我是拿到报酬的，但是通过这种专业的方式见这个正常、普通的孩子，还是带给我极大的快乐感。

　　这个家庭还有其他孩子，都是十多岁的年纪。在这个个案中，我先见了罗宾的妈妈，和罗宾见过之后，我又见了他妈妈一次。和妈妈的第二次见面中，我告知了她在我和罗宾的面谈中都发生了什么。我觉得这个个案的下一步发展是会自然而然发生的。他不一定需要寻求家庭之外的帮助，因为他的父母就有能力做到。不过他的父母非常想帮助孩子，我和孩子的见面更推动了这对家长和整个家庭以及学校正在做的工作。

　　罗宾的问题是他刚开始上学，但已显示出厌学的迹象。这个小男孩的家庭非常富有，对于他来讲，去上学是非常重要的一步。作为家里最小的孩子，也应该是最后一个孩子，罗宾对于上学的抵触，某种程度上被他妈妈的个人冲突所覆盖了。一方面，可能这是她最后一个孩子，待他一开始上学，就意味着她再也无法重拾家庭里面这种全然的依赖感了；但是另一方面，她是个精力非常充沛的人，也有自己的爱好，而这种全然被占据的日子一旦结束，对于她也是种解放，她可以重拾她以前学习的东西，重拾自己的特技。在这个案例中，这些问题自然都会解决。但是问题是罗宾在开始上学的事情上显现出症状，同时有明显的退行，来寻求妈妈的关注。这让这位妈妈想起罗宾在婴儿期也是依靠她来满足自己的需要。

有机会和这个小男孩见面，看看他在面谈中怎么展现自己和自己的问题，我非常感兴趣。他来直接跟我进屋面谈，把他妈妈留在等待室里都没有问题。但是我不是很确定他在5岁这个年纪，是否能够跟我玩涂画游戏。你能观察到，在这次面谈里，大部分都依赖于我和我的方式。但是在最后，这个男孩子自己表达自己和他的切身问题，占据了上风。在这40分钟相处的时间里，很清晰的是我们之间有了沟通，而且若我当时严守咨询技术，而结尾处不灵活，那么这个面谈结束就会变得流于表象，而无实质进展。

我开始的时候，没太大信心，先画了一幅画。

(1)这幅画他什么也做不了。

(2)他画了这个，我把它变成了蜘蛛。

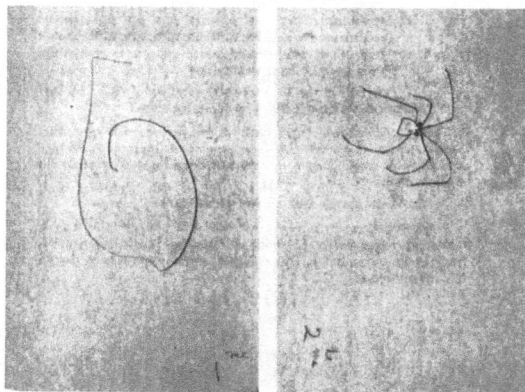

（3）轮到我画。他开始在这上面加了卷曲的头发，这时我注意到他自己的头发是一头蓬乱。然后他加了眉毛和眼睛，还有跟腿有关的东西。他说这是一条鱼。

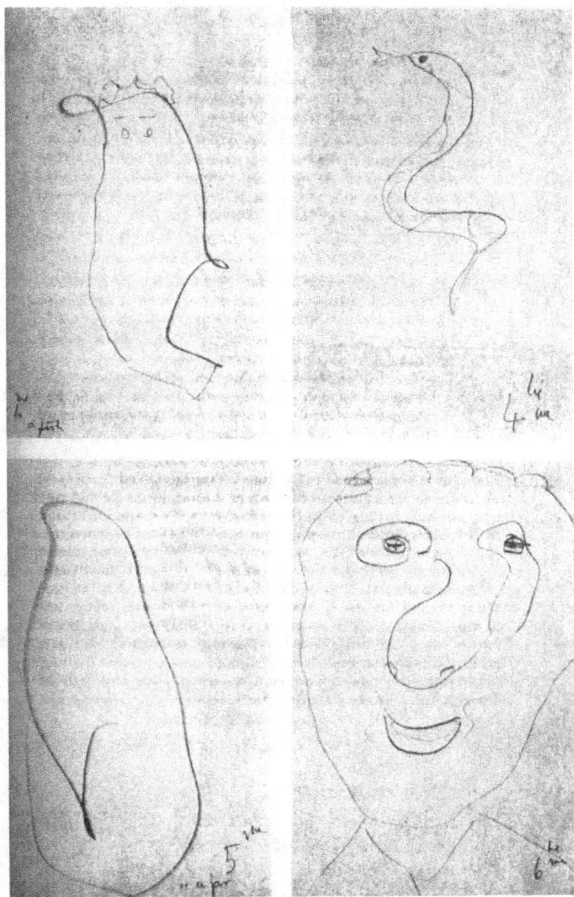

这时我觉得有希望了。这是他的一幅个人化的画，他挺高兴的，也自此开始有创造力地玩。我注意到他是那种画画时，另一只

手不扶纸的孩子。可能当时我帮他扶住纸了，不然他的画就会一团乱麻，什么也画不成。我把这个看成一种依赖的现象，而且这个是可以在一次面谈中解决的症状。当这个孩子有信心之后，他就可能可以自己用空着的手扶着纸。我等待这些变化，留心观察。

（4）他现在画了个画，我把它变成了蛇。这不完全是我的主意，因为我在过程中一直跟他聊天。但无论如何蛇这个主意最初来源于我而非他。

（5）我的画。我觉得这个画得好。这幅画你可以把它变成任何东西，它自己作为画本身是有自己的某种价值的。他不知道能做什么。过了一会儿他说："当然，这已经是个罐子了。"所以我说："哇，你给它起了个名字，所以它就真的变成了罐子！"

这是一个"拾得艺术品"（a found object）的例子。就像沿着海滩走，你能发现一块石头或者一截海藻，它看起来已经是个现成的艺术品，可以摆在壁炉上。

（6）他的画，我把它变成了人脸。

我意识到这么做，其实是在做他做不到的事情——刻意画画。但是我冒了风险。可以说，这种有现实感的东西他并不乐意模仿。

（7）非常意外，他把我这幅画变成了一只猪。这和第 3 幅画一样，也是带着他个人色彩的画，也只有他能把画变成那样子。而且他画的尾巴，让我觉得他是个有幽默感的孩子。

这种幽默意味着自由，恰是"死板"这种疾病特征的反面。幽默感是治疗师的盟友，治疗师可从来访者的幽默中找到一些信心，并可以觉得治疗中有灵活的空间。这意味着孩子有创造性的想象力和幸福感。

现在他完全沉浸在游戏里，他说："该你了还是该我了？这游戏真好玩！"游戏轮到他画，于是他照做了。

（8）这幅画是我在跟他聊完之后，把它变成了只鸭子。此时我开始试探性地问他关于梦的事情，与此同时游戏也在进行。

（9）我画了个他没办法用的画。你能看到我在这些面谈中，都非常有意地想要获取真实的梦，就是说孩子梦到的并记得的梦。梦和幻想不同，梦是无效率的、没什么形状的，从某种意义上来说，是被控制的。

这种同梦有接触的方式，几乎在所有的个案中都发生过。这关乎治疗师对细节的判断能力：当治疗师觉得画画的内容或者和孩子的聊天内容到达了梦的深度，那么这时候就可能需要问这样的问题："你平时做梦吗?"事实上，很多孩子都有那么一个或者几个梦让他们深感兴趣，有可能是重复出现的梦，如果你能帮助他们或多或少地理解一个梦，他们就会讲出更多的梦。这显然是父母做不到的，而且我觉得可以说父母不应当去解释孩子的梦境。原因是，众所周知，梦往往包含防御的元素，而防御是需要被尊重的。如果一个人能够去处理他人的防御机制，那么这个人已经自动跳出父母的角色，而变成治疗师了。

罗宾自己说它梦到狗、大象和袋鼠。依他的情况，这些梦就是说明一切都很活泼、充满生命力。所以我们就换了话题。

这时候我问他，关于过来见我这件事情他会不会不高兴，因为我知道他妈妈是从乡下把他带过来的，而且他喜欢乡下。他非常有同理心地否认，说他没有不高兴，然后他画了个画。

(10)他自己把这幅画变成了一条蛇。我们能从中看出这是第 4 幅图画的延续，当然我记得这当时是我的主意。但是这幅画从他的角度来看，是全然不同的，因为这全是他自己画的。他有意地使用了自己的画。

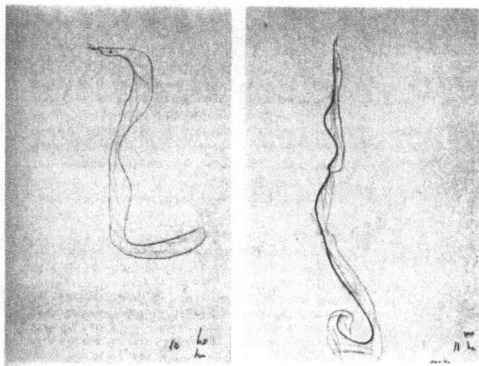

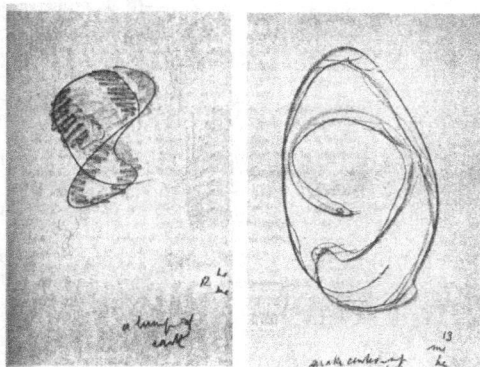

（11）我现在画了一幅画，他又把它变成了一条蛇。这次他在细节上费了很大的劲，而且他很高兴，这条蛇有一个新的特质，我们可以看作阴茎勃起的象征。这一点非常显而易见。

（12）接下来该他画了。我把它变成了一堆土。我想不出其他什么能变的了。我对他说："你觉得这可能是大便吗？"（我边画边问他，他们家里管大便叫什么，他回答了我。）

但是他说这是泥土。可能是我脑袋里有念头，想要描绘出点儿离勃起这个概念越远越好的东西，这样我就不必来强调这最后一幅画中所表现出来的、有可能只是随机出现的特点。一般我在这个时候并不会想出这些东西来。

（13）现在我画了幅画，然后他把它变成"一条弯曲向上的蛇"。"它很开心。"他非常认真地画这个画，然后自己说"我喜欢弯曲向上的蛇"。

我注意到他在这个过程中，开始用手指蹭自己的脸，或者拿铅笔跟自己的脸玩儿。我留心到弯曲向上的蛇，和这些他用手玩自己脸的孩子气举动之间，有些关系。我又记起来他妈妈跟我说过，他很小的时候，并没有使用过渡性客体，相反他更需要妈妈真实的脸颊，他会一直划弄妈妈的脸颊直至睡去。我没有跟孩子提这个事情，因为这些信息是他妈妈告诉我的，而不是从他口中得知的。但是我跟他打比喻，说这条开心的蛇就好像他趴在妈妈的膝盖上，觉得安全又温暖。我很有信心，觉得此时我们触碰到了他内在冲突的标志，这个标志是，应该到世界中去探索、成长，而不是退行到依赖的状态。

然后他说："该你了，对吧？"——他用这种方式来推动整个游戏。

（14）我把他画的画变成了这个样子，我们把它叫作"鬼"。

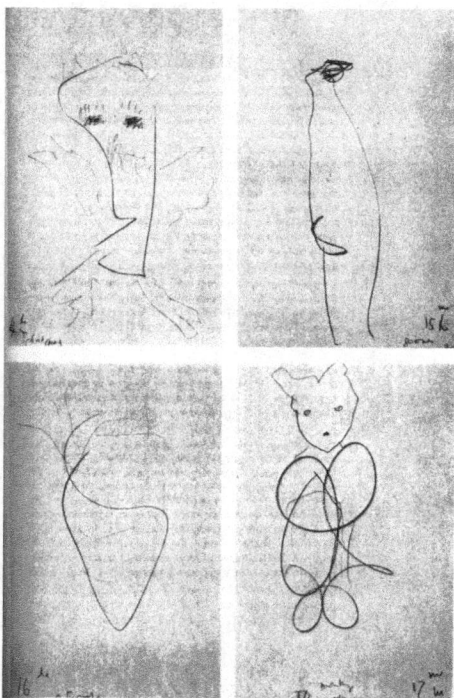

（15）我的画。他把它变成了一只鹅。

我们的画当时沿着我们画画的桌子，排成一列。这样我们能够一目了然。然后我们发现，我们画出了一个农场——有蛇、蜘蛛、泥土、鸭子、鹅和池塘里的鱼，还有一只猪。我们开始觉得是不是第九幅画其实也是个什么东西趴在地上。他说可能是一截电线。"我们还有一个农民呢"——他指着我第6幅画说。我问他："你想当个农民吗？"他说："是啊，但是问题是农场上要干的活儿太多了。"别忘了他是从一个农场上过来参加咨询的。他明白对于农民来讲，农场不是"拾得艺术品"。我脑袋里面当时想的是如何做出下面的解释："你不知道是应该到农场上去做农夫干农活儿，还是像蜷曲起来的蛇一样，窝在妈妈的怀里，想摸妈妈就可以摸着她玩儿。"他接受了这个想法，至少看起来没有任何阻抗。

（16）然后他画了画，说："既然有了个农场，我们可以把它叫作萝卜。"

（17）然后我画了个线圈。我觉得我是有意画的，虽然我自己也不太知道为什么。可能是之前说的那个电线的事情还在我脑袋里盘绕。他拿起笔敲敲打打。感觉像是他（在咨询这个情境中）找到了一个过渡性客体。所以我问他，他小时候拿什么东西跟他一起睡觉？他说了有猴子，也有熊，所以我就画了一个熊的脑袋在上面，把它变成了个泰迪熊。我在这又强化了一下我对于两者之间转化的诠释："我要出去闯荡，还是我回去依赖在妈妈的膝盖上。"（一般情况下我对这么大的小男孩，不会用"依赖"这个词）

（18）这张是他的画。他说："这是字母 R，但是写倒了。"他边说边扔下笔。我会说这是个明显的错误行为，充满意义。我跟他指出来，R 可能代表的是他的名字。他没这么想过，听到我这么说还挺开心的。我说："写倒了是因为 R 对去向前闯荡世界有很多担心。他得非常确定，自己能够在需要的时候迅速回到妈妈的臂弯里。"

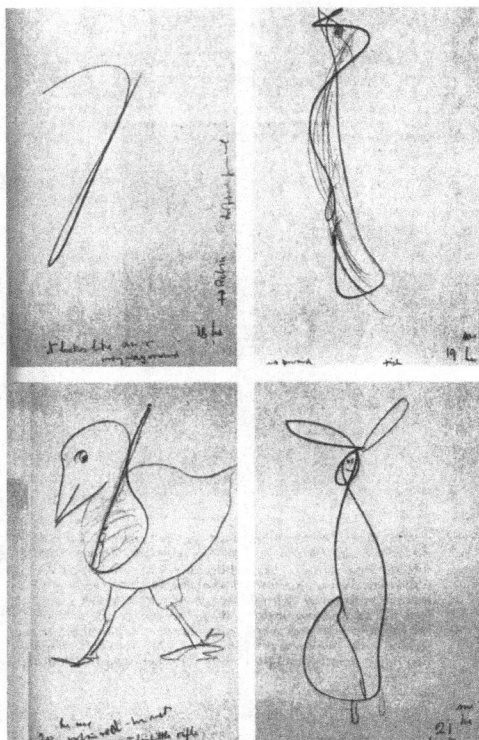

（19）这次我画得很复杂。我对他说："这个难不?"他马上回答说："不难。我可以把这个变成鱼"——而且他很高兴。这个鱼有些他说不上来的东西，此时我说，这条鱼可能会因为被他找到这样一个方式来安置而深感骄傲。在我看来，第11幅画中的蛇是一个他要向前，闯荡世界的一个标志。尤其是他给这幅画加上了方向和动感。但是我要强调的是，"骄傲"是我用的词，而不是他的。我确信，这个词是他刚才寻找而未得的。

(20)他的画。这让他自己很惊讶。他说："噢，这是个更好一点的字母 R。"于是我把它变成了知更鸟(译者注：英文中知更鸟和这个小男孩的名字拼写一样)，因为我仍然觉得他是在画自己。但是画中有一条线，怎么都无法契合到这幅画中。对此他说："这是他的小来复枪。"他用这种方式赋予了这条线以意义，也延续了他整个主题。看起来这个方向是向外走，而离开妈妈的臂弯。我用他的语言跟他讲了讲。

(21)他把我的画变成了小兔子，他很高兴。

(22)我画了最后一幅画，他给变成了另一条蛇，然后他说："这是他的小来复枪。"我们俩大笑。

到这我们俩觉得可以了。他有了自己的方向。和很多孩子一样，他重新看了一遍他的画，他传达给了我他内在的冲突：是向世界走去，还是时刻准备跑回妈妈的臂弯。我把这个看成 5 岁的罗宾，面临上学这件事情充满冲突，同时也可能是妈妈内在关于抚养孩子的冲突。我很确信，罗宾很健康。另外，现实的问题是罗宾如何去上学取决于父母，以及父母如何在孩子这一特殊的成长阶段去调整适应。事实上，这对夫妇后来在面对这个问题时做得很好。孩子的爸爸付出了很大的努力，包括放弃了自己一部分工作，来接送孩子上学。

这对夫妇能够对这些问题畅所欲言，跟我的报告和咨询有多大关系我没法评估。对于任何一个问题的解决，和我在最开始说的一样，即便没有我的帮助，我想这对夫妇也能够很好地处理。他们觉得这次咨询对于他们在当时那个阶段很有帮助。

个案3 伊莱扎，7岁半

我想在本书的第一部分，讲一些不能够被诊断为精神障碍的儿童的个案会更合适。

在这里描述的大部分个案中，我都是处于有利位置的。这个工作的特点也是这样：如果对我形势不利的话，我就不做了。同样逻辑，跟打球一样，如果形势有利，我们就有可能得高分。我想指出一点，在这些案例中，大部分个案的基本成长环境是不错的，而且如果你能给孩子或者病人的家庭或者他的社会关系一点儿帮助，那么生活的动力和成长过程本身就会促使临床上的表现提高。关键在于将恶性循环转化为良性循环。本书大部分案例都归属此类。

在这个案例中，父母在带他们的小女儿来见我之前就对我比较信任，他们也很愿意直接把孩子交给我，我们在工作开始之前并没有提前谈论关于孩子的事情。工作结束之后，这个母亲也不太想询问我是怎么做的，她觉得她对结果更感兴趣，对过程本身并不在意。

这个妈妈和伊莱扎两个人在咨询室等我。咨询室的桌子上放了很多**动物**杂志。这显然对咨询开始有一些影响。

伊莱扎有几个兄弟姐妹，她在家里面排行中间。我与伊莱扎和她妈妈聊了一会儿**动物**杂志相关的话题。我带伊莱扎去接待室，我在那儿为她妈妈准备了一杯咖啡，她对这一切都很感兴趣。然后她跟我又回到咨询室，接着我跟她介绍涂鸦游戏，她认可，之后我们很快进入涂鸦游戏。她之前没有听说过这个游戏。

伊莱扎是个漂亮的、微胖、非常甜美的 7 岁女孩子。非常独立，也对我和她之间的关系完全信任。

我们开始。

（1）我的画。

据我所知，伊莱扎事先并不知道来见我的原因。她在家显然用铅笔比较多。

她把我的画拿走，添了一条腿，并把腿之间留了些空间。（肚子的线是后来添上的。见图）

我问她："这是什么意思？"

她说："有哪儿不对劲。"

孩子们一开始就用自己的方式切入深入的主题，这样的事情时有发生。我有意留意了一下画中肚子的位置，和她说"有哪儿不对劲"这句话，尽管这是这次访谈的最开始，我也觉得它们有可能在传递一些信息，比如，伊莱扎觉察到一些问题，而这些问题是关于她肚子的。**我不动声色，且自然而然地想到**比如说"孩子是从哪生出来的"这样的问题。

（2）她的画。我把她的画画成一个脑袋，她好像挺喜欢的。我并非刻意画的，我当时只是想这么做而已。

（3）我的画。她马上把这个画变成一只鸟。通过这个她展示了她用画画来表达自我的能力。

（4）她的画。我跟她讨论了这个是什么。她很乐意把这看成是晾衣绳晾一排东西，但她实际上住在城市里面，和她的日常经验并不一致："所有的东西都送到洗衣房。"但就我的判断，这个画的想法也并不完全出于她本身，更像是她参考家庭的生活，跟随我的主题画的。

（5）我的画。她把画变成了一个戴着高帽子的人。她似乎觉得帽子从脑袋的一边掉下来会更有趣。我问她的时候，她说这有可能是男孩子，也有可能是女孩子。

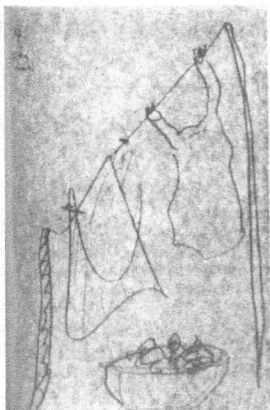

补充

在这我需要讲明，我和这个孩子的妈妈在三个月之前有一次重要的会面。那次会面主要是关于妈妈的。其中提到过在伊莱扎小的时候经历过一个事故，而其中重要的东西是**帽子**。如果我让妈妈的话主导我的话，那么这第 5 幅图画就会让我认为帽子将是这次会面的主题。但是因为**我永远都从孩子身上获取信息**，我已经有意识，在这个面谈中，伊莱扎的主要主题可能跟前后两条腿之间的空间（画 1）有关。尽管如此，帽子也毋庸置疑进入我的视线，成为次一级的主题。我会在这个个案结束之后详细讲讲帽子。

游戏继续

（6）她的画。她很快画了一个戴帽子的袋鼠。她在这有一些动作，强调了袋鼠这个主题，并和前后腿之间的空间这个主题有联系。她指出来，袋鼠的膝盖弯上来，她边解释边把自己的膝盖弯到自己的前胸。你能看出来，这样就把肚子给遮住了，而且孩子们选择袋鼠往往是因为袋鼠的育儿袋，来暗示一种掩藏，而不是怀孕。

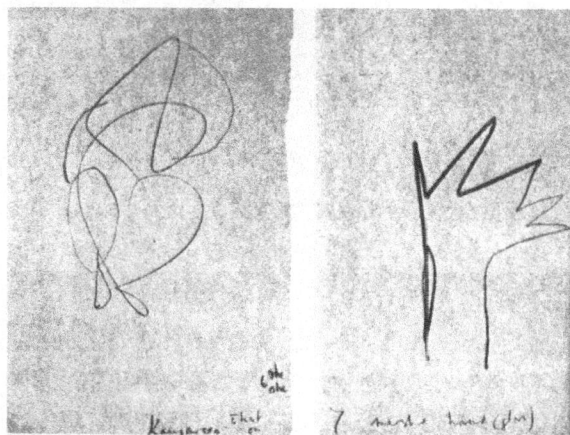

(7)我的画。她把这个变成了一只手或者手套。

(8)她的画。我们一起把它变成了喇叭。

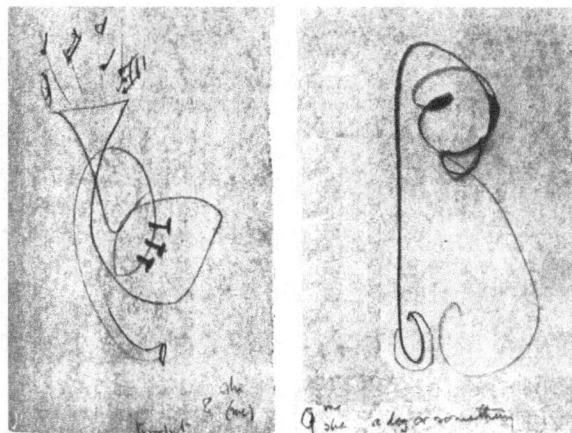

(9)我的画。她把她变成了"一只狗或者什么东西"。需要注意的是，这幅画中她也在尾巴和本来四肢应该在的地方，留有一个空间。我这么说的原因是，她这时候回到画1，把肚子那部分的线给补上了。

(10)她的画。我跟她聊了聊这幅画。我说："这幅画非常圆满了，不需要再加什么了。我想知道这是不是（在这我不得不借用他们家对粪便的叫法）尼尼。如果动物没有肚子的话，这些东西就会掉出来。"

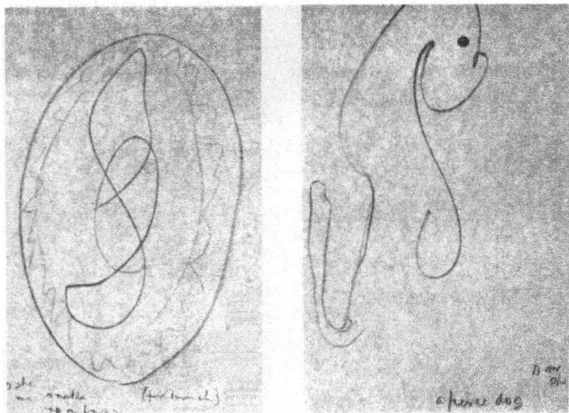

伊莱扎看了看我，她觉得很有趣，但是好像我在说些她听不懂的语言。然后她说这是条蛇。所以我就在这条蛇旁边加了一个盘子的形状，我提议说我们可以把它当午饭给吃了。

(11)我的画。她把它给变成了一条凶猛的狗。她说这条狗看起来"随时准备攻击别人"。

这意味着伊莱扎是有能力体会到自己内在一些平时并不表现出

来的特质的（碰巧我当时想把"攻击"和缺失的肚子联系起来，同时我留心了一下，她确实见证过怀孕生产的过程，尤其是她三岁半到四岁家庭里有新宝宝出生）。

（12）她的画。我把它变成了"小精灵或者类似的东西"。她觉得小精灵要把树上的叶子全吃光。她喜欢这幅画，也喜欢这个想法。

（13）我的画。她用了非常有想象力的方式处理它。"这个东西在隧道下面，有可能是只鼹鼠。"我觉得这个和儿童对通便、生育或者性相关，我对此没有做任何分析。

（14）她自己把自己的画变成了鸭子。你在图中能看到背景一片黑暗。这意味着我们临近了睡前头脑中浮现的画面。我们临近真实的梦的材料了。

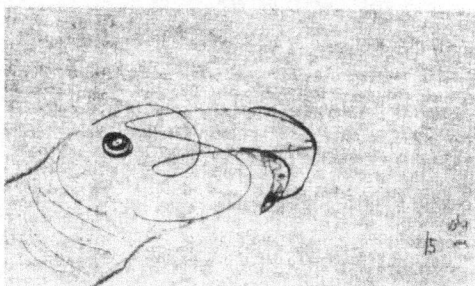

（15）她的画。我把这幅画变成了一种鸟的头。

（16）我的画。她用类似的方法处理了画。她在鸟的头上画了羽毛。

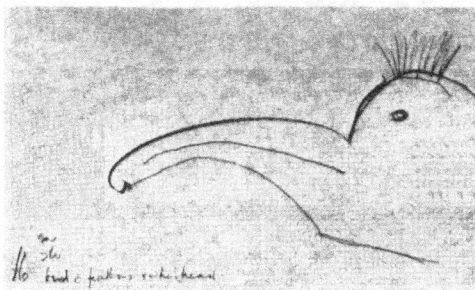

到此时，游戏发展成了将图画在地上排排放。每画完一幅画，她就很兴奋地把它放在一行的末尾，所以我们目前的状况是地上排了一排画，一直排到房间的另一侧。每次她云放一幅画，或者去看画的标码的时候，我就说"再见"，等她一回头，我就说"你好"。她对此并不是极度兴奋，但是她很感兴趣，我们俩都玩得很高兴。

（17）她的。我把它变成了鸭子（模仿她的，也跟她这么说的）。我还给这个鸭子画了一条鱼喂它。

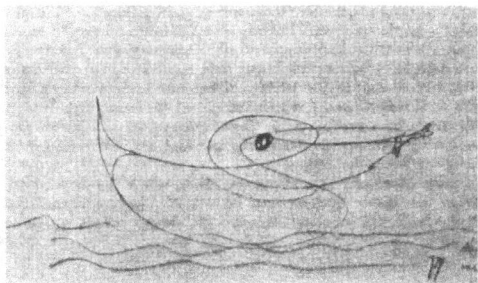

（18）我的，她把它变成了"一个凶猛的东西"。

这个时候我试探性地问了问她平时做什么梦，不过她好像挺难跟我讲的。她透露了一点说她的梦都很恐怖。我指出来说，她身上有一部分觉得很恐惧，但是她不知道怎么办，我还提到凶猛的狗(画11)。在她的画里面，这个主题不断浮现(画18)，其中这个"凶猛的东西，有着爪子和大耳朵，还有一只大而好奇的眼睛，在黑暗中发光"。

我还说了一些诸如：如果没有肚子，那里面的东西就会掉出来；可能一些凶猛的东西就会从里面掉出来，就像她画的一样。(身体和想法是一致的)

我还说了一些关于爪子，以及她对于妈妈在怀她的弟弟的时候，妈妈的肚子里面有什么的想法。这个想法对于她非常新鲜。她不太记得妈妈怀孕的事情(当然我们没有用怀孕这个词)。

(19)她的画。我开始着手画的时候，她跟我一起把它变成了昆虫。

(20)我的画。和其他的画都很不一样，这个更集中。我说："这个看起来好傻啊，是不是？"她说："不是啊！"她很快把她变成"一种有触角的动物"，"它有一只大脚和一个尾巴。它也许很友善、也许很吓人。"

在这儿我试着去理解她所说的凶猛的、吓人的东西是男是女，但是我没得到什么明确的信息。

(21)她的画。我改了这幅画后，她把画命名为"漂亮小姐"。我画这个画的时候，她已开始动手画下一幅画。

(22)这时，她拿了一张四开大的纸。(孩子们常常用这种方式

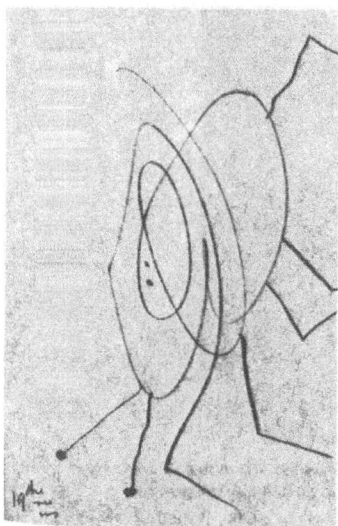

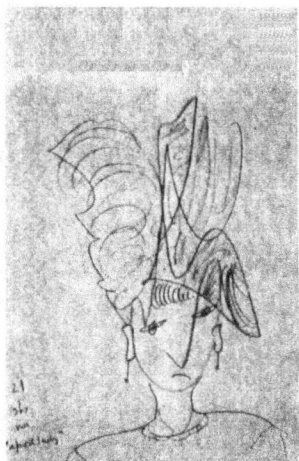

来表示接下来的事情非常重要。）这幅画"非常难画"，她说她必须要
"非常勇敢"。"这是个非常吓人的梦"。她开始用了深色，然后画了

一张床，她自己躺在床上。之后她画了那个对她非常有冲击的"东西"。它的膝盖抬起（她在画袋鼠的时候跟我描述过，她也自己示范过这个动作）。它有一只脚很大，一只很小，只有一只眼睛。她觉得这是"天下最恐怖的东西"。

我试着了解她觉得这个东西会对她做什么，但是她能说的仅仅是："我觉得太恐怖了。"在这儿我主要想了解一些关于性刺激方面的东西，无论是受到某种形式的性诱惑（这个在她的家庭结构中不太可能出现），还是某种形式的自慰。我选用了她能听懂的词跟她说。我完全不强势，但是确定地让她知道我了解这个，她用非常好奇的眼神看我，好像她第一次有意识地思考自慰这件事情，以及自慰行为所带来的愧疚感。显然我在这里是根据自己的想法来做的假设。因为我们之间的关系建立得非常好，依靠这个关系我可以抵御在这个过程中发生的大的风险。所以，我在这个过程中非常小心翼翼，以确保我不会做出任何危害我们关系的事情。

在这个阶段，我给了她一个选择。她可以选择做别的事情，或者画画。她选择再玩两个画画游戏。我这么做是为了给她一个离开的机会，或者换个主题，或者继续玩，看顺其自然会发生什么事情。

（23）我的画。她把我的画变成了一只袋鼠。这只袋鼠的肚子或者口袋很大，里面有一只小袋鼠。她的膝盖没有翘起来，我通过袋鼠跟她讨论了一下肚子里有孩子这个现象，但是没有直接地提到妈妈怀孕的这个事情。她说袋鼠是一个会用腿来做事和跳跃的动物。我跟伊莱扎分享了一下我的想法，说对她冲击很大的这个东西是她妈妈肚子里有孩子这件事情，而她并没有真正接受这件事情的发生。这个让她觉得很恐怖的东西，是她自己的一部分，因为她觉得这个东西很可怕，所以她拒绝让这部分回归到她的生命之中。

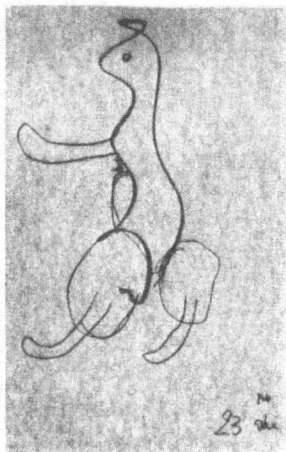

（24）她的画。我把她的画变成了一个她喜欢的动物。她很想继续玩这个游戏，我们就继续玩下去了。

（25）我的画。她把我的画变成了一只冲过来的山羊。〔我假设

（但是我什么也没说）对于伊莱扎或者其他人来说，山羊是个象征本能的符号，通常是象征了男性的性本能。]

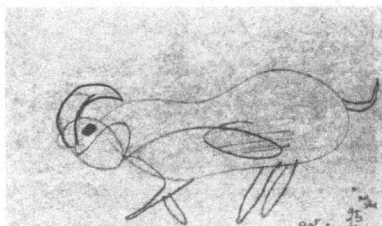

（26）她的画。我把她的画变成了另一个让她开心的小动物。

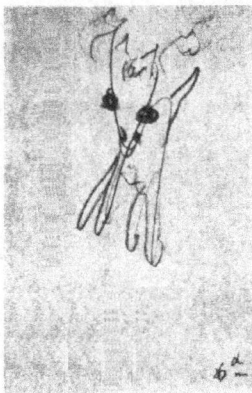

(27)我的画。她说我的画要变成一只老鼠。不管怎么样吧，这个画里面的动物有一只大耳朵。

她说我们进行到了这个游戏的最后一幅画了。

(28)最后一幅。她的画。然后她非常巧妙地把它变成了一个男人的头。他戴着眼镜，很明显就是我的肖像。画里的男人正在读报纸。"不，他的双臂是交叉着的。"她在这个时候很放松，她这时候在她的画里想看见什么就看见什么。

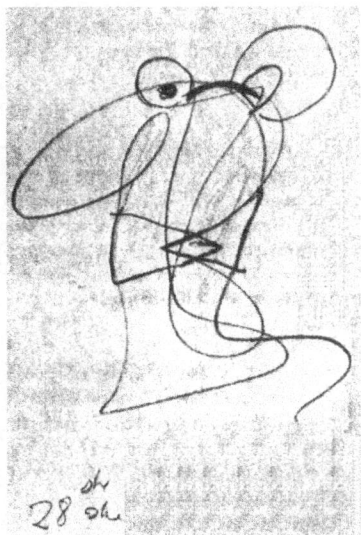

伊莱扎准备走了。我跟她说我们去找妈妈。于是我们把我们画的画都收集到一起。她想把这些画按照顺序重新仔细看一遍。我们重新过了一遍其中比较重要的细节，包括其中有趣的部分，以及我们的诠释。她挑出其中那张四开大的、画着梦的纸，把它单独放在一边，作为"另类"。我认为，如果妈妈进来的话，伊莱扎会不希望妈妈看到这幅画。总之，我把所有的画都收到了文件夹里，并告诉她这些画都是她的，我会帮她保存，她什么时候想来拿都可以。我通常在结束的时候都会这么说，而孩子们很少会想要把这些画拿回家。

现在她见到了她妈妈。她状态非常好地走出了正门，我说："也许未来我们会再见。"她说："我希望如此。"

评论

对于正在学习这个技术的读者，以及同时在运用这些材料来评估伊莱扎精神状态的读者，我建议在没有任何帮助的情况下，仔细看一下之前呈现的材料。毫无疑问的是，大家会各有自己的理解，关注点各有不同。

无论如何，经过我的个人研究，我还是要为读者准备一个我自己的评论，以供读者参考。

综述

这个聪明的小女孩还算正常，或者说从心理学意义上是健康的。也就是说，她不被任何一种僵化的防御机制所限制。从更加积极的角度来说，她能够玩乐，并享受其中的乐趣。她非常容易就参与到我的游戏之中，并且允许我们两个在其中共存，她幽默而并不躁狂①。

伊莱扎能够运用她的想象力，并且经过一段时间的游戏测试，主动地报告一个有重要意义的梦。这个梦中的形象凶猛，这个特征在她的临床表现中是缺失的。当她展示自己的个性的时候，这一部分也是隐藏的。

有一些细节的出现，让我注意到她的"全面人格"组织中的一些方面。这些方面由于其中的冲突、无知和混乱，给她造成了些困难。这些细节如下：

> 有些事情不对劲(1)
>
> 肚子是用空间呈现的，而不是用线条呈现(1)
>
> 之后回来补线条(画第9幅画的时候)
>
> 袋鼠这个主题表现了对怀孕的困惑
>
> 她能理解生殖妊娠，但是相对压抑了前性蕾期(消化道相关)的妊娠幻想

这就好像伊莱扎听到了孩子是从子宫中生出来的这个信息，但是因为她还在纠结从身体内部出来的这个孩子的概念，即消化道的幻想系统，所以她并没有"接受"她所听到的这个信息。我们不能确

---

① 我认为"躁狂"的意思是否认抑郁的状态，而用反向－抑郁的表现取而代之。

定这个问题是妈妈造成的，还是孩子本身出现的，抑或二者都有。因为我能很清晰地看到，这个焦虑是来源于这个有关消化道系统中可怕的"东西"。妈妈肚子里的"东西"使妈妈不断变胖，小女孩于是对此产生可怕的、具有毁灭性的想法。这些想法与是和消化系统中可怕的"东西"相关联的。

二级主题（见第 9 幅画后的解释）

小女孩对帽子的兴趣反复出现。这很有可能是妈妈曾经提到过的很有意义的事件的后遗症。我目前为止都没有讲过这个事件，我打算在这里介绍一下，我希望不要影响这个案例的主要议题。

妈妈跟我的会谈中主要是谈关于她自己的事情。临近妈妈跟我会谈结束的时候，她跟我讲了一件在抚养伊莱扎早年时让她感到愧疚的事。她说："这听起来很可笑，但是居然发生了。伊莱扎只有 10 个月大的时候，我因故要离家几天。我虽然很不情愿，但还是把孩子们（伊莱扎当时是最小的）扔给了一个护士，请这个护士来家里照顾他们。我觉得应该没什么问题，但我还是觉得愧疚，因为我回家后冲到伊莱扎（婴儿）跟前，**连我的帽子都没有脱**。很糟糕的事情是，伊莱扎当时愣住了，无论我做什么她都没反应，我把她抱在怀里，最终（差不多整整一天），伊莱扎放松下来，才恢复到我离开前的样子。慢慢地一切都正常了。但是伊莱扎开始对帽子产生恐惧。在很长的时间内，许多个月中，这孩子都不肯从戴着帽子的女士身边走过。"

这很有可能是因为对帽子的恐惧，加上 10 个月大时伊莱扎有三天离开母亲的影响，促使妈妈决定带伊莱扎来看心理医生。因为尿床这样的事情并未让妈妈担心，事实上来见我的同时，伊莱扎已经不尿床了。

但就像之前指出的那样，重要的是，我使用的是孩子提供给我的材料，而不是根据妈妈给我讲述的伊莱扎童年时候发生的，次一级的，跟帽子相关的主题。

核心主题

慢慢地，主题就变得很明显了。主题正好是跟伊莱扎性格中所缺失的凶猛相关。凶猛第一次出现在"凶猛的东西"（第 18 幅画），之后又出现在梦里的"东西"（第 22 幅画）。这种凶猛和她对自己想象之中妈妈肚子长出的东西的恐惧有关。这种恐惧是基于她对消化、保留和排泄（或者前性蕾期）这样身体功能的认识。这也跟她自己攻击性的动力有关，因为她新怀孕的妈妈在脱离她，她很愤怒。她在恐惧中攻击这个她想象出来的、妈妈肚子里的可怕的东西。从深层次来看，这些表现是她对妈妈的全面攻击，这个攻击是来自本能驱动的客体关系，或者是一种原始的爱的冲动，伴随着一个原本就有的、对胸部攻击的想法，或者是贪婪的食欲。

在这一次治疗性咨询中我们的工作，足以将原始的客体关系或者爱的冲动从包含反应性愤怒的次一级的冲动中解放出来。临床结果就是，从广义的角度，孩子的性格会变得更自由，母亲和孩子之间的情感互动变得更轻松。

这部分工作主要来源于孩子自己的发现，或者说是逐渐的发现，积累至高潮便是她能够使用她之前一直无法从中获益的梦，在我和她的治疗性咨询里面，她能够把它画下来，供我使用，并帮她获益。

换句话说，诠释并不能直接带来结果，但是他们能够帮助孩子自我觉察。这是治疗的本质。

结果

伊莱扎这次的到访，以及我们之间建立的关系，使得她变得更放松，这样她的父母也对这次咨询的临床效果很满意。当然这也可能是对于孩子出生这件事情，相比伊莱扎被告知的信息，伊莱扎本来有一个更有想象力的、更稚嫩的解释。

评论

我个人看来，这个案例再次证明了我所称谓的治疗性咨询的作用和潜力，或者有效利用面谈第一小时的重要性。在这个案例讨论中，有人可能会将伊莱扎 10 个月大时候经受的分离以及她的反应作为主题，并讨论她妈妈当时的处理方式。但是这个案例的主要议题，一定是从（出乎伊莱扎的意料）会面中的材料中得来，尽管我提前见过伊莱扎的妈妈，我对此也事先无从判断。

这种对待个案过往经历的态度是我唯一赞赏的。换句话说，我不赞同任何其他看待个案过往经历的方式。从个案母亲那里获得的材料没有什么大的价值，父母对问题的答案只能使你离核心议题越来越远。在心理治疗中，**这永远是个难题，而且事实上这常常恰好是冲突之所在。**

个案 4 鲍勃，6 岁

接下来我要讲一个相近年纪的小男孩的案例①。这个孩子用一种出乎意料的方式，展露了他发现的一个阻碍，这个阻碍使得他不能自由地在两个方向的道路上找到适合自己的一个。其中一个方向会让他更独立地融入世界；而另一个方向则是让他变回到非常依赖的状态。在这个案例中，这个阻碍来自他的母亲，这其中的细节会在案例中展现。这个案例的结果也很好。

他的母亲因为惊恐障碍和抑郁症多年来一直在我的一个精神科同事那里接受帮助，我的这位同事也是名分析师。孩子的母亲之前是个非常严重的病人，一直在接受心理治疗。孩子的父亲也有抑郁的症状，父母两人都接受过团体治疗。他们说他们家庭的存在一直仰仗于多年来我同事的帮助。

初步接触

第一次见面，鲍勃和他的父母都来了。我了解到，这个家庭里，鲍勃 6 岁，他还有一个 5 岁的弟弟和一个 1 岁的弟弟。家里还

---

① 首次发表在 Int. j. Psycho-Anal., 46。

有一个 15 岁的女孩，是鲍勃母亲的父母收养的。鲍勃的父亲在工厂工作，家里有三间卧室，显然不够住。所以鲍勃和 5 岁的弟弟住在一起，通常是睡在一张床上。

我已经对鲍勃有一定的了解了。他说话非常简短，很多都非常难懂。但尽管如此，与他的交流很顺畅。他来的时候很兴奋，自己找了一把小椅子坐，很期待接下来会发生什么。确实可以说，他身上满载着某种希望。

这时候，他的父母去了等待室，我和鲍勃单独在房间里待了 45 分钟。

和鲍勃的面谈

鲍勃很随和。他对他人的善意和帮助充满期待。

我拿出纸和铅笔，然后我提议说我们玩个游戏，并且给他做了示范。他很兴奋地说话，在一次说到"打（punch）"这个字的时候（p…p…p…punch），他有点口吃。这个情况发生在我们聊他的第 1 幅画的时候。

（1）我先画了画，让他在画上做些变化。他很清楚自己要怎么做，他很仔细地把它涂上阴影，说这是个公牛。我花了很长时间才搞明白他说的实际上是"球"（译者注：英文中公牛和球的发音很像）。但是为了让我明白他的意思，讲了个很长的故事，故事是关于上下跳（撞?）（译者注：鲍勃在此用的跳和撞的两个单词发音非常相似）和拍打的。我留意到这个男孩子完整认知一件物体的能力是否有恙，同时我也对之前对这个男孩子的诊断产生了怀疑。

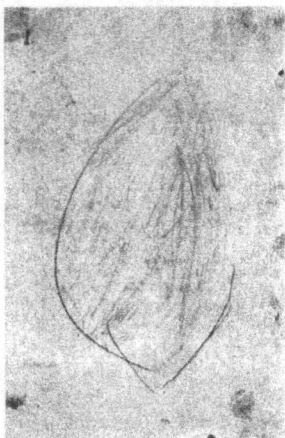

然后我跟他说，该他给我画一幅画了，这样我就可以来改动他的画。但要么是他没有听懂我的话，要么是他不会涂鸦，他说："我能画个汽车吗？"

（2）这是他画的汽车。

（3）我给他画了个画，但是他看起来不知所措。他说这是只手，但又加了一句："这太难了"，意思说他不会玩这个游戏。

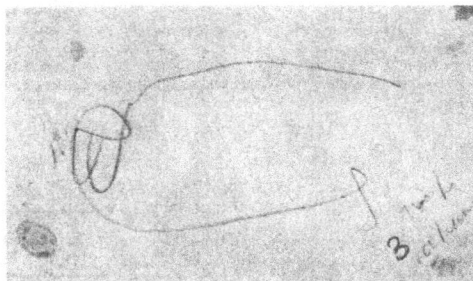

(4)他选择画了个太阳。

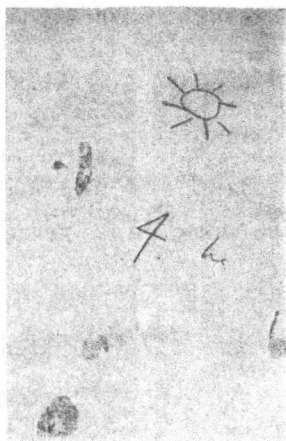

这段时间他非常小心谨慎，他努力地遵从和适应，但是他没有带什么情感，其中也没有冲动。

第二阶段开始

(5)他所理解的画。他是用曲线画成的，有可能是个人或是个鬼。我加了个月亮。

轮到我了。

(6)我的画。他加了眼睛，把画叫作"矮胖子"（译者注："矮胖子"是《鹅妈妈童谣》中的人物）。

矮胖子这个主题使我想到解体这个概念，是跟他对自我系统草率的信任有关。到这儿，我还没有意识到他加入的眼睛是非常有意义的，直到后来关键处（第26幅画），我才理解这个矮胖子和眼睛的意义。

需要说明的是，在这个工作里，我一般不做任何解释，我会等到孩子交流中出现的重要角色浮现了再议。这时候我会讨论这些重要的角色，但重要的不是我说了什么，而是孩子因此能够关注到这一部分。

(7)鲍勃用曲线画了一幅新的画。他很快看出来自己想怎么变化它，他把它变成一条蛇，"很危险，因为它咬人"。

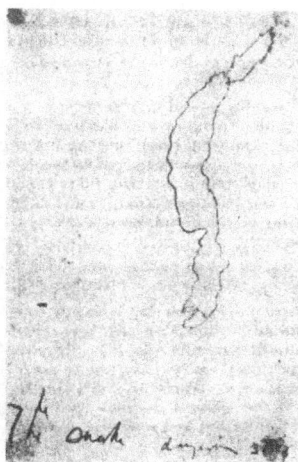

　　这是鲍勃基于自己的画做的变化，和现实中的汽车和太阳非常不同（第 2 幅和第 4 幅）。他很喜欢自己的画。

　　这时候他对我在每幅画上做数字标记很感兴趣，每次我要标下一幅画的时候，他都跟我说数字。

　　（8）我的画。他说是头发。然后他说这是个大嘴巴的"ephelant"（译者注：实际中这个词不存在）。他加了眼睛（又是眼睛！）。

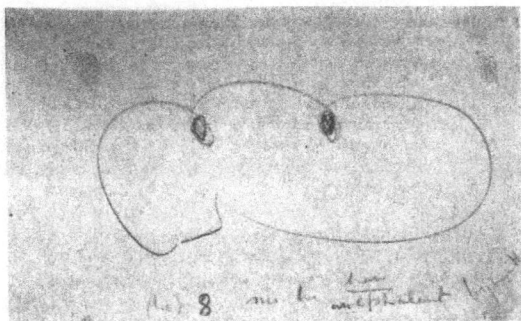

我不打算重复我们的对话了。他的好奇，使他说话的方式变得异常，我很难听懂他说的是什么。但一般后面就能够理解了。

（9）这是他的画，还是用同样的曲线画的。他说这是个"绕道"，一个"奇怪的地方"。我后来理解他说的是个迷宫，但他不会用这个词。这个很可怕。他是和他爸爸一起去的。他用很快的语速讲了一个他去迷宫的故事，在回忆这个故事的时候，他很紧张。

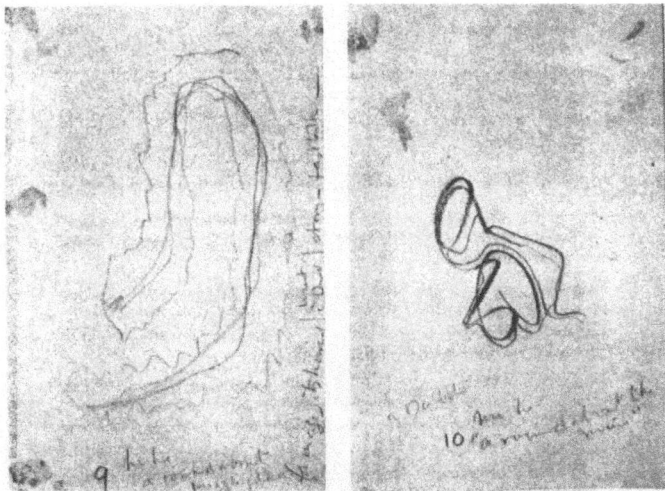

在这儿我又留心记了一下他对环境的糟糕反应。在这种情况下，这个糟糕是来自父亲的。显然他父亲并没有留心到迷宫会使得鲍勃非常焦虑。我进入鲍勃害怕又困惑的状态，这是他潜在的非常困扰的部分。慢慢地我觉得他的疾病是一种儿童期的精神分裂，同时伴随着自愈的倾向。

（10）这是我的画。他把我的画重新描了一遍，每一笔都加重了。然后说，这是一个"和我的一样的绕道"。

看起来他说的是"和**我的**一样的绕道"，但实际上我意识到他说的是"一个像**九**一样的绕道"（译者注：英文中"我的"和"九"只差一个字母）。他不是想说"**我的**"。这是他的语言异常，我一直要努力去适应，才能弄清楚他想表达什么。〔我认为就是跟这种瓶子或者塑胶（或者随便什么）相关的语言异常，正是我们平时报告中对精神分裂描述的，隔在自我和现实世界中的东西。〕

（11）鲍勃主动要求画。他以他特有的方式画了太阳，又用另外的方式画了喷气式飞机（他先是用曲线画了飞机的轮廓）。鲍勃说："下一幅是12。"他现在在给之前的画排号，并且正确地使用了词语"他"和"我"。这两个字是我写在数字的旁边，用来标明顺序的。他管他自己叫"他"，管我叫"我"，他允许我有我的看法，或者有时候在游戏中把他自己当作我。

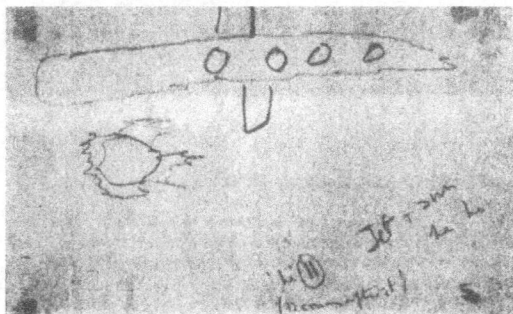

在讨论第11幅画的时候，我问鲍勃愿不愿意进到一个喷气飞机里面，他说："不，因为他们可能头朝下。"

从谈话中，我得到更多的证据，鲍勃让我了解到在他的经历里面，环境不可依靠。而这些不可依靠性正发生在他完全需要依赖的时候，我坚持了自己的原则，在此没有做任何解读。

在这个时候我好像问了他："你记得自己出生的时候吗?"他回答说："嗯，那是很久以前的事情了。"然后他又补充说："妈妈给我看了我还是孩子的地方。"

我之后发现他的妈妈带他去看了他出生的房子。

在我们谈论的时候，我们继续画画。

(12)他把我的画变成了一条鱼，他画上了眼睛和嘴。

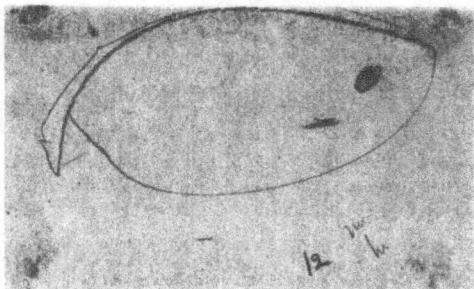

(13)这幅画里是他常常使用的曲线。他把它变成了一艘船。他给我讲了一个很长的故事。故事里面有个人坐着一艘大船去了澳大利亚。然后他说："我的线条都弯弯曲曲、弯弯曲曲。"

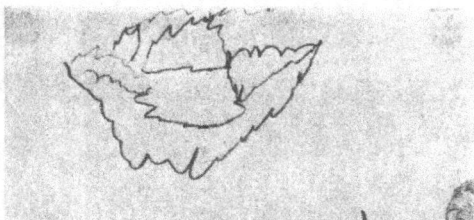

（14）我的画。画中我的线从一张纸画到了另一张纸上（见第18幅画）。这让他觉得很有趣。他把这张纸上的部分变成了一只手。

（15）他画了一条弯曲的曲线。我在上面画了很多，我们故意画得一团糟。然后他从中看到了唐老鸭，然后加上了眼睛。

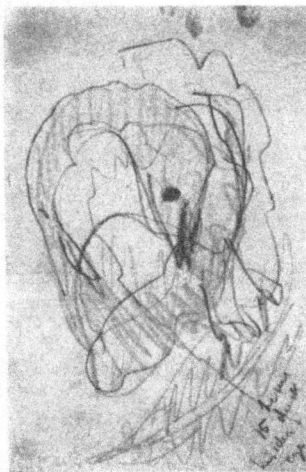

（16）我的画。他把我的画变成一只"大象"。他说，"它有一个喙，而且它能抓住我"。他把这个做得很戏剧化。

（17）他把自己的画变成一只鞋。

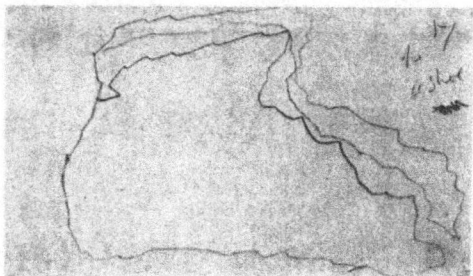

（18）这里我给他的是像脊柱一样的图案，这是在第 14 幅画里面延伸到另一张纸上的。他把它变成了"一个会吃掉你的动物"。在这时候，他把他的手放在自己的小鸡鸡上，他觉得有危险。我跟他说了一下他做了这个动作，否则他自己是不能意识到自己这么做了。

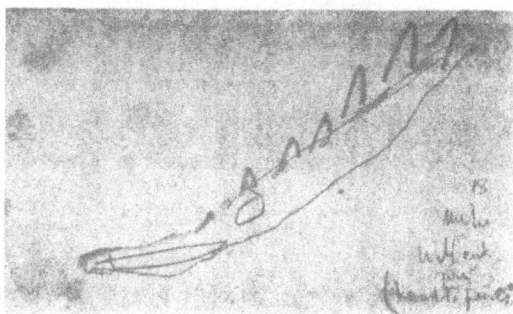

(19)他画了一只老虎。

到现在他已经能够控制自己基于口欲施虐而带来的报复所引起的即刻焦虑，然后他开始谈数字。

"我们要不要数到100呢？"

实际上他只能数到20，努努力可能会再多一点。

我们现在在一个停滞的阶段。在第二阶段和下一阶段之间，当然我不知道会不会有下一个阶段。

(20)在我的要求下，他写下了自己的名字，其中一个字母写错了。他写下了数字6（他的年龄），因为他不知道怎么拼写六，所以他写下了数字。

(21)他的画。他说这是一个"山；你从他旁边绕过，然后就走丢了"。

现在我们进入了第三阶段，我们开始接触到一些重要的细节。第21幅画的内容，让我做好了准备去面对一个新的情况：环境的缺陷导致了威胁，这种威胁是一种原始的焦虑，来自掉落、人格解体、混乱、失去方向，等等。

（22）我的画。我用带着挑战的语气说："我打赌你没办法改这个画。"他说："我试试看"，然后他很快把它变成一个手导（手套）。

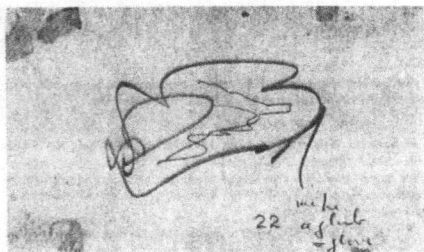

鲍勃现在问我要了一张更大的纸。他显然要画一些非常重要的东西，他的画占满了整个纸张。

（23）他自己画的"一个大山，一个非常大，一个大的山峰"，"你可以爬上去，你会滑倒；那上面全是冰"，他还说："你有车吗？"

从此处，我很肯定他在跟我讲一种被抱持的感觉，这种感觉是被有人从全神贯注中抽离而受的影响，我猜想这可能是指他妈妈的抑郁症，他在婴儿时期受了这个的影响。我还是忍住没有做任何评论，我问他平时做梦会不会梦到这些。

他说："我忘了。"然后他记起了一个："噢，有个关于一个巫婆的噩梦。"

我问："什么噩梦？"

他说："昨天晚上还是以前什么时候的晚上。我一看它就哭。我不知道它是什么。它是个巫婆。"讲到这儿，他开始讲得很夸张。

"它很吓人，有一个魔法棒。它会让你撒尿。你可以说话，但是没人看得见你，你也看不见你自己。然后你说'一，一，一'你就回来了。"

上面它用的"撒尿"这个词不是撒尿的意思。"不，不是极小极小！"（译者注：英文中撒尿和极小只差一个字母）它的意思是消失不见。当巫婆"让你撒尿"他"就让你消失不见"。这个巫婆戴一顶帽子，穿着非常舒服的鞋。这个巫婆是男的。

我们在做这些的时候，鲍勃一直在画。

（24）他现在用画画来向我表示他此刻的想法。他非常夸张他的害怕，他的阴茎变得兴奋，他因为焦虑而把自己弄得一团糟。

（25）表示他在床上做噩梦。当他看到大的台阶的时候，他说："噢！噢！噢！"他对他描述的那个事件身临其境。

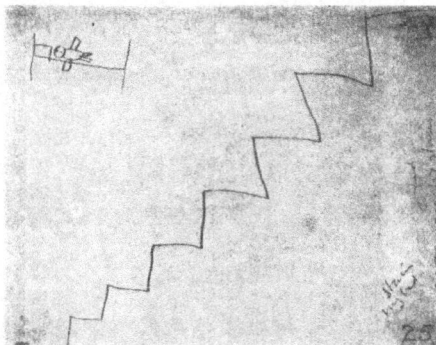

他现在告诉我，这个画里面有两个东西。一个糟糕的东西是噩梦；但真实情况确实有一个事故，但并不吓人，还挺不错的。他确实从台阶上面跌落下来，爸爸当时在楼梯下面，他当时大哭，爸爸把他抱到了妈妈那儿，妈妈照看并安抚了他。

我现在拿到了明确的证据，鲍勃想要跟我讲一讲在一个整体来说"好的"环境下发生的过失。于是我开始跟他说话，我画了下面的画。

（26）一个母亲抱着一个婴儿。我把抱着婴儿的胳膊画得很模糊；在我开始讲说婴儿这时候很危险，有可能会掉下来的时候，鲍勃把纸拿过去，把这个母亲的眼睛画花了（见第 6、8、12 和 15 幅画）。他边蹭花画上的眼睛边说："她睡着了。"

这是在整个交流里面很重要的细节。我现在明白他的画解释了他的抱持的母亲从全神贯注中脱离出去的情形。

我现在在画里面将婴儿放在地上，我想知道鲍勃会怎么处理这种与之而来的焦虑感。

鲍勃说："不，当妈妈闭上眼睛的时候巫婆来了，我就尖叫。我看到巫婆了，妈妈也看到了。我大喊：'我妈妈会抓住你的！'妈妈看到巫婆了。爸爸在楼下拿出了小刀，然后刺进了巫婆的肚子，于是巫婆就永远死掉了，魔法棒也消失了。"

从他的想象中，能看到他的心理—神经性结构的建立，这个结构主要是防御不可想象的，或者是旧有的，或者是精神病性的焦虑感，而这个焦虑感则是来源于母亲抱持的失败。从这个创伤中恢复主要仰仗于父亲的帮助。

（27）他的画，画里他在床上，男巫也在，还挥弄着"让人撒尿"（消失）的魔法棒。

我们交谈过后，鲍勃准备离开了。他看起来很高兴，而且也从兴奋中平静了下来。

鲍勃回到等待室父亲那里，他母亲来跟我讲了如下的家庭问题。

在我和鲍勃会面结束后，母亲的描述。此时鲍勃和他的父亲都在等待室。

鲍勃两岁半的时候因为不断啼哭，被送去了儿童医院。彼时母亲正抑郁发作。一个儿童医生说鲍勃很沮丧。在经过了脑部检查和许多测试后，医生告诉家长说鲍勃没有什么疾病，但是发育比正常孩子迟缓了 6 个月左右。医生告知家长，对孩子的预期是他**智力偏低**。

一年之后，3 岁半的鲍勃再次被送到医院，医生的判断仍是**智力偏低**。直到 3 岁的时候，鲍勃都完全不会说话。为了生活，母亲开了一个日托班。鲍勃是班里面最慢的学生，而且非常黏母亲。父母已经接受了鲍勃会"智力偏低"，但是最近母亲在见自己的精神科医生的时候，母亲提到鲍勃的兴趣广泛，因此，精神科医生对之前"智力偏低"的诊断提出质疑。鲍勃总是谈起空间、上帝、生命和死亡。他非常敏感，显然"智力低下"不能够完全描述鲍勃的状态。在智商测试中，他的分数是 93（斯坦福-比奈量表）。

鲍勃一直都有吸吮指头的习惯。有一段时间他自慰、勃起、做白日梦，不过这个阶段已经过去了。他在学校和在家都有时候会把自己的阴茎拿出来，大家都试着对此不过多做处理。

讲到自己的童年，母亲记得她高中在家的时候很不开心；她总是被欺负。之后她去学习裁缝和烹饪的时候，感觉好多了。她给我的感觉并不是非常聪明的人，但显然属于正常范围。她拿到了学校的学位。

父亲是个独子，"整个童年都在做白日梦"（母亲的描述），在家很不开心。他的父母都是不好相处的人，鲍勃的母亲确实认为自己生病就起源于开始和自己的婆婆公公打交道。鲍勃的爷爷一年前去世了。

鲍勃的母亲已经不再遭受惊恐发作的困扰了，鲍勃的父亲也慢慢性情安静下来。这个家庭经历过一段缺钱的时候。当听到儿子可能会智商偏低的时候，这对父亲是个非常大的冲击，母亲对此并未过多介意。父亲是个工程师。

鲍勃早年的生活

鲍勃的出生很顺利。但母乳喂养并不顺利，母亲说这归因于医生的失误。母亲曾和医生说："这个孩子一定是病了。"结果两周大的时候，他被查出来幽管狭窄，马上做了手术，孩子被抱走了14天。母亲很努力想原谅当初医生的疏忽，但是做不到。

鲍勃4岁9个月大的时候，做了扁桃体摘除手术。这时候父母确信了孩子发育迟缓，因为他们实在无法找到一种能让鲍勃理解的方式来和鲍勃沟通。鲍勃在医院待了五天，白天可以探望。他住院期间很紧张。

母亲告诉我说她在医院生了鲍勃，这是他们的第一个孩子，她打算之后的孩子都在家里生。在第三次怀孕的时候，母亲用了国家生育基金会的方法。生产的过程"完全不痛"。父亲当时在场。他们觉得整个过程"振奋而且温暖"。在这段积极的描述里面，我可以察觉到母亲疾病的一部分，在理想化背后暗藏着威胁。在这所有之中，她潜在的抑郁都包含其中。

在生鲍勃的时候，虽然孕期一切正常，她对医院很恐惧。生产的过程其实很短也很顺利。**是在生完第二个孩子，彼时鲍勃14个月大，她开始惊恐发作，并开始接受心理治疗。我问她："你第一次发病是怎样的？你的抑郁是怎样表现出来的？"她说："我发现我自**

己在做事的时候总是睡着。"

鲍勃14~16个月大的时候，她开始犯困，这是不能正常应对生活的开始；紧接着就出现了惊恐发作。这个信息是在我们对话快要结束的时候才出现，我对此很感兴趣，因为这些材料在我也从鲍勃那里得到了。

鲍勃离开我这里的时候，问他妈妈："你有没有看到我怎么把（译者注：画上）那个姑娘的眼睛蹭花的?"显然这个治疗访谈里面，这对于他来讲非常有意义（实际上我并没有给母亲看这些画）。

父母亲在三周后来见了我，这次没有带鲍勃来。这次我对父母双方了解得更多，也对鲍勃的一些细节了解更多。他在家里的表现很符合婴儿精神分裂的症状，但是趋向于自然恢复。他的主要问题是学习困难。

后记

7个月之后。"上次咨询之后，鲍勃在学校学习的时候不那么紧张了。在家里，尽管父亲生病（住院），母亲因为一个孩子生病住院，鲍勃都在稳定地成长和进步。"

评论

看起来这个男孩子对他的疾病是如何起始的非常清楚，或者是对他自己将防御机制变为性格特征非常清楚。他也能够和人沟通，他一旦觉得我有可能理解他，他马上把沟通变得非常有效。

这个治疗性咨询中非常有趣的是，这个孩子 3 岁的时候还不会说话，他有学习困难，他被医生、学校和家长认为是"智力低下"。鲍勃不太可能通过说话来告诉我发生了什么，但是他在治疗性咨询的游戏过程中，慢慢地展现了他复杂症状的病源。

诊断也在咨询过程中从一个相关（主要的）疾病变为了婴儿精神分裂中的一种。父母决定让他自然恢复。

非常有趣的是，造成学习困难的精神分裂或者是精神性的症状，实际上是个高级、复杂的防御机制。这个防御是为了抵御在儿童的完全依赖期，由于环境失误所导致的主要的、过去的（"不可想象的"）焦虑感。如果没有防御，他的精神系统都将崩溃，包括崩溃顺序、方向障碍、人格解体、永远坠落感和丧失真实感，和周围物体无法联结的能力。在防御中，孩子将自己孤立起来，保持不受伤害的状态。这种防御的极端表现是这个孩子永远都不会有创伤感，同是也再也无法感受到依赖和脆弱感，反而依附于过去的焦虑感而生活（Winnicott，1968）。

在鲍勃的这个案例中，他的自我了解以前发生的某种形式的灾难，他也经历了精神崩溃，然后重建了自我，以来应对再次创伤的情形。他是通过一直感受创伤的形式来重建的，在孤僻时除外。他记下了所有细节的经历，把它们分类、归类、整理，用原始的思考形式。可以预设，这次治疗性咨询的结果中，围绕一个创伤事件的复杂机制会被转化成会被遗忘的材料，因为它曾经被记得过，我的意思是，这逐渐变成了一个脱离开心身功能的复杂思考的过程。

结局

这个案例有个意外的结局。鲍勃一直在变化。差不多一年之后，鲍勃突然跟他的父母说："你记得我有一次去伦敦见过一个人……"他的父母帮他回忆起我的名字——"嗯，我想带我弟弟去见见他。"我们定下了咨询的时间，在没有和他们的父母访谈的情形下，我在咨询室里接待了两个非常活泼的小孩子。鲍勃对这个地方记得很清楚，也记得我们画了画，但是我想他不记得我们画的内容了。他非常骄傲地跟他弟弟讲来见我这个人都会做什么，令我惊讶的是，他带他弟弟参观了我的整个房子。我的房子很高，有四层楼。他把弟弟带到顶层，给他看了屋顶花园。我其实很难想象他当时注意到了花园，他当时确实有可能从一年前画画的位置看到这个花园；然后他又把弟弟带到楼上去。当时屋子里没人，他带弟弟参观了整个房子。他这么做是为了向他弟弟展示，他对我房子的地理位置非常清楚，他们俩对每处细节都很在意。他们还去看了我的卧室。他们从楼上下来的时候画了很多画，不过这个不重要，然后他们就准备走了。

我猜想鲍勃其实是想寻找一种方式，来回忆一年前他孤僻内向的感受，当时由于语言的困难无法用言语表达的感受。一年前对于观察者来说，会觉得他对什么都没有留意，但是你现在可以看到，他不止对很多东西都留意了，而且他实际上"懂得"的东西比他看起来知道得更多。我想可以这么说，他当时在将我客体化，因为我当时（对于他来讲），不属于任何一个主客体关系，或者说梦想成真。

他们告诉我说鲍勃在这次治疗性咨询之后的五年内一直在变化。读者需要注意，鲍勃的父母在鲍勃来见我之前一直在接受心理治疗，在此之后也一直在接受帮助。毫无疑问的是，这对于鲍勃的精神健康的发展和保持都有重要作用。

添加注解

出于篇幅的考虑，我就不将我们三个画的 16 幅画展示出来了，因为它们对这个案例没有什么实质性的帮助。我们最后画的画中，他画了一个图形比较像 W，于是我在后面添了个 ENT（译者注：WENT：离开），因为这时候他和弟弟快到离开的时间了。他说："这是个你放在这个单词里的东西"，我对此很感兴趣，因为他最早来见我的时候有明显的语言障碍，现在已经消失了。他的语言障碍跟他在语言中赋予了其他东西有关，就好像他是故意扭曲了这些语言一般。

个案 5　罗伯特，9 岁

　　这是个简单的案例。我们把这个案例中的男孩子叫作罗伯特。他的家庭是个"多年有问题"的家庭。这次咨询发生在 15 年前，当时罗伯特 9 岁。他有两个妹妹，一个 7 岁，一个 5 岁。他父母的责任感非常强，是那种如果有希望的话，无论过程怎样糟糕都能忍受的人。

　　我先是和他的父亲会面。因为他的父亲非常想这么做，所以我就让步了。一般我都是先见孩子。他跟我说："问题是这个孩子跟我太像了。"这个父亲说他自己发育得很晚。罗伯特这个孩子非常讨厌学校。他拒绝主动付出努力。比如说，在家玩模型玩具时，他虽然很想做得和书上描述的一样，但是他不看书上的说明。相反，他去问他的爸爸怎么做，之后自己又很生气。他很讨厌读书。还有，他不记东西的名字。家里对他上学的期望很高，但是他确实让大家很失望。他在当地的小学上学，班里有 50 个孩子。他的父母很难过，因为学校跟家长说，罗伯特"还停滞在婴儿期"。

　　孩子的爷爷不断地测查罗伯特的学业，孩子的父亲偶尔也这么做，他们惊恐地发现，孩子不会做 1953（当年的年份）减去 9（他的年纪）这道算术题。他母亲要带他去做一个标准的智商测试，因为"我们要么接受他是个傻子，要么我们得让他迎头赶上"。而教育心理学家的测试报告显示："根据通用的测试，两次访谈，他的智商大约为130。"

父亲跟我讲了讲这个孩子的早年生活。孩子是在父亲当兵服役，远离家乡的时候出生的。他是母乳喂养的，但是当时母亲的生活任人摆布。生产的时候，因为空袭的原因，医生迟到了。空袭的持续使局势变得更危急，父亲回家把妻子和孩子接去了英格兰中部的一个地区。这时婴儿是定时喂养，喂奶时间没到就任由他哭。因为妈妈太焦虑了，不懂得怎么把握尺度。

这个妈妈其实是个很好的妈妈，如果当时她有得力的支持，她能做得更好。她后来的两个女儿，都照顾得比较好。比如说，当时如果妈妈有更好的帮手的话，她就不会那么严格，而是更尊重婴儿早期的需要。

孩子的父亲进一步说："罗伯特一直很喜欢妈妈，早年他和妈妈一直生活在一起。"他两岁的时候（彼时父亲仍在打仗），第一个妹妹降生，罗伯特变得非常暴力，他很嫉妒，而且他一直在这种状态里面。和妹妹相处的时候，"他变成了一个小恶魔"，不断地戳她。而小妹妹则正相反，"体贴得不可思议"。父亲说，罗伯特知道母亲怀孕的时候，肚子里有孩子，所以当母亲从医院检查回来的时候，他会说："现在你的肚子大小正好了吧"，"现在你能和我玩了吧"。如果妈妈不能和他一起去后院，或者不能和他一起玩，他就会闹情绪。他们现在住的房子前面有一个大花园，他很喜欢在里面玩，但是如果一个人玩的话，他玩不了多久。但是，他会通过折磨蟋蟀，来宣泄他对人的情绪。他会这么做，他把一只蟋蟀叫作肥妈妈，另一只叫作爸爸，他有时候一边在母亲面前卖萌，但一边特别残忍地虐待妈妈蟋蟀。父亲非常喜欢蟋蟀，对此不知所措。他不得不伤心地承认，是不是因为自己的孩子在长大的过程中，一些蟋蟀就必须要遭受折磨？当罗伯特和其他孩子玩的时候，他会非常有想象力，但是这些想象都很疯狂。他体育不好，但是他玩游戏的时候，会根据自己的需要蛮横地更改游戏规则，这样其他的孩子总被淘汰出局，只剩他一个人是游戏赢家。

有一段时间罗伯特在玩游戏的过程中表现出很多积极的方面，但是这些方面逐渐减少，而后他整个人都变得越来越慢。这种缓慢看起来像是轻度抑郁情绪所造成的症状，这对他在家和在学校都有影响。学校认为他在学校出的问题来源于他的家庭，但实际上他的家庭还是不错的，孩子的问题应该出自自身的情感发育问题。

家里的孩子们睡眠都很好，这得归因于这个母亲把大家照顾得都很好。她为孩子们提供的生活条件确实很好。另外两个小妹妹比罗伯特更会利用这些条件。

整体来讲，大家还是挺喜欢罗伯特的。他会表现得非常友善，不害羞，甚至很热情。他不只是像他父亲，他简直就是父亲的翻版。因为他父亲是个知识分子，这让他在玩的时候很困难。他曾经跟人说过，他希望他的父亲是个"普通人"，他的意思是，他父亲是个士兵或者是个搬砖工人，或者什么他能跟人讲清楚，或者在玩游戏的时候可以模仿出来的人。这个孩子有一股阳刚之气，但同时很明显他对母亲的生育能力非常嫉妒，他潜在的女性自我认知和他跟母亲的亲密感紧密相连。凡是跟性有关的事情，他都没有能力去问。父母也找不到合适的方式跟他谈有关于怀孕的时候，孩子在肚子里长大的信息。父母认为他可能是想要知道这是怎么回事，但是他也没办法知道和利用这些信息。父母承认自己在这方面很不好意思。他会兴奋，但是也不至于生病。据父母所知，他好像没有过自慰的问题。

他挺喜欢去上学的，但是一般在周日和节假日末的晚上，他都很有情绪。有一次他自己从学校跑回家了。他 6 岁的时候，日子最艰难。当时父亲不在家，母亲很抑郁，整个家庭都笼罩在母亲的抑郁情绪里面。他们的家庭医生当时起了很大的帮助作用，也目睹了整个家庭经历过这一时期。这一阶段过去后，他们搬去了新的地方，父亲在家，罗伯特在当地上了小学。这是此时的状况。

和父亲见面几个月之后，罗伯特的母亲带着孩子来见了我。我马上能够觉察出，这个孩子行为上模仿了他父亲的一些缓慢的特征，同时智商极高。

我先是当着母亲的面和罗伯特聊了聊天。聊的细节非常普通，但我想这些聊天确实需要一些和人打交道的技巧。这样的技巧既是随意的，又能够保持住一个专业的关系。

这个男孩子站在我旁边，他妈妈坐在软椅子上。小男孩满脸礼貌微笑。我问他他身上的徽章，他很高兴地聊起来，他没有直接谈他自己，但是谈了谈这个徽章相关的活动和意义。

我跟他聊起了学校，他很清楚地表达说他只能按照自己的节奏来学习；尤其是当考试的时候，需要抓紧，而且有时间限制，这种情形下他的表现最糟糕。我问了问他关于花园的事情，我了解到他打点了花园的一个小角落。他对自己的耕种给了一个非常奇怪的描述："这让一块苍白的地方闪亮了起来。"

孩子的母亲让我觉得她是一个抑郁的人，很严肃，而且在咨询的过程中有点儿焦虑。我猜想她首先是想要确定，我是不是觉得这个孩子足够好、足够礼貌周到，因为如果孩子完全按照天性来，你也不知道医生会说什么。但是，她慢慢地意识到，我不是个太关心表面状况的人。

我留心了一下，猜想那个黑暗的、需要被点亮地方可能正是这个抑郁的妈妈——尤其是孩子的父亲提到过（孩子 6 岁时候），母亲的抑郁确实造成过问题。

我们很快谈到了读书这个话题，我问到关于漫画。孩子转头去看他妈妈，我意识到我显然碰到了个敏感的话题。罗伯特说家人不许他看漫画。我后来和母亲聊起这个话题，因为我觉得相比从图书馆里面千挑万选出来的好书，孩子从漫画读起，可能会慢慢喜欢上阅读。罗伯特说："我也尝试读那些好书，但是总有些很长的单词我不认识。"他还说到学校里面流传的漫画都是私下流传的，跟色情漫画有点关系。

我不想让母亲在这种情形下待太久，因为长时间的聊天可能会毁了我真正了解罗伯特的机会。所以我把母亲带进等待室，跟她简单说了说，她和她丈夫试图要把自己的宗教道德标准和品位强加给孩子，但是这并不很好，如果放手，孩子已经有能力建立自己的标准和自己的品位了。这个母亲理解我的意思，她看起来放松了一些，觉得不需要为孩子的好品质负过多的责任。

我回来和孩子待在一起。他对玩这个画画的游戏很配合。

（1）我的画。他说这是条铁轨。

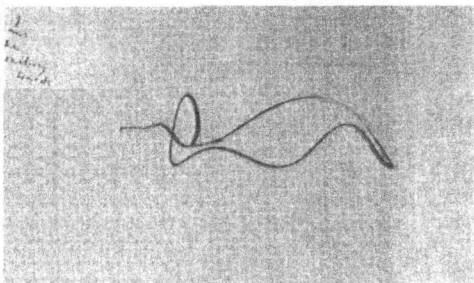

（2）他的画。他说这也是条铁轨。

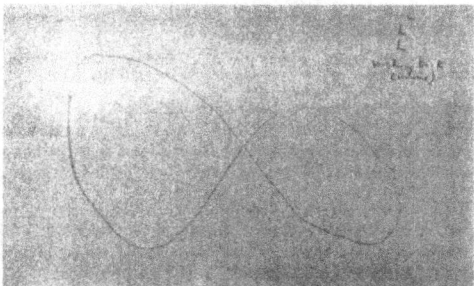

这两幅画透露了他的兴趣主要在铁轨上，他平时和小朋友们玩的。他的妹妹们喜欢玩扮装游戏。

（3）他的画。他说这本来应该是 B 的，但后来变成了 D。B 代表坏事情。

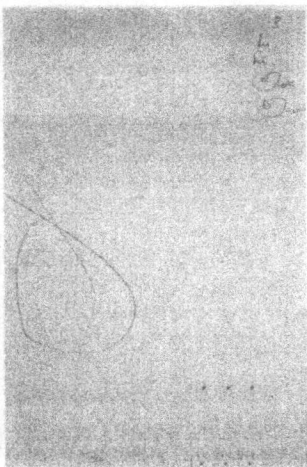

（4）他的画。我把它变成了一种鸟，可能是个蝙蝠（坏鸟）。

（5）我的画。他把它变成了章鱼，重要的是它的一个触角形成了一个圆圈，绕回到它自己的身上，没有终点，就像他一直画的铁轨。

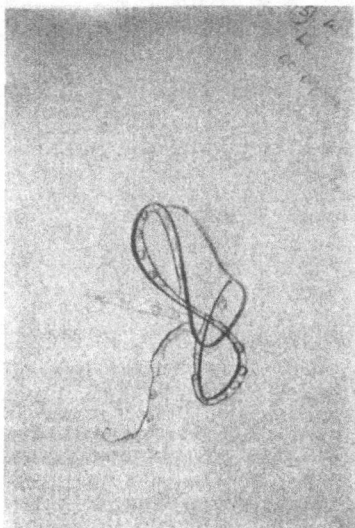

　　我把这个看作章鱼的一种吮指行为，这个行为当然是被吸盘盖住了。他说他从来不吸指头，但是他马上自己说到，他曾经吸吮一个非常脏的抹布，他管这个抹布叫"提西"（Tissie）。慢慢地他妈妈受不了了，就把它给烧了。他哭了很长时间，一直到他把这事儿给忘了。那个抹布上面因为他不断地咬和吸，有好几个洞，那块布是抹地板的。

　　（6）这是他画的提西，上面有两个洞。从他说的看，他1岁时就记得非常清楚，他妈妈擦地的时候，把抹布从篮子里面拿出来。从此后，他就管它叫"我的提西"。

（7）他画的他自己1岁的时候，从篮子里面拿抹布。他非常惊讶地发现他自己穿着裙子，而且好像这触碰到他非常深的记忆。

他做好了准备要谈谈他的噩梦。

(8)他画的梦里面烧着的房子。

我把这个解释为性兴奋，他理解了，因为跟这个梦相关的他确实有勃起。这时候我跟他讲了一些他一直想要了解的性的信息，我跟他说如果他想要了解更多的话，回去问问他父亲。

他说他的另一个噩梦是有一群小偷在偷珠宝。他说他不会画，所以我打算就算了。但是他说："你能不能画一个小偷闯进一个房子？"——他显然想继续下去。我小心遮掩住我画的，这样他也能画出他自己的版本。

(9)我画的。画的时候一直没让他看到我的画，同时他在画他的版本。

(10)他的画。我指出来，他画的打破玻璃的手枪是他勃起的阴茎。我说因为他还不能像成熟男人一样射出精液来，所以他得用有魔法的手枪。

然后我们一起看了这三幅画。画中手枪把玻璃射了一个洞。我把这个和他最初告诉我的联系在一起，他当时说他的花园点亮了黑暗。于是我说："你看，一开始你是个婴儿，你爱你的妈妈，而且你把"提西"咬了洞。将来你会长成像你爸爸一样成熟的男人，你会娶妻生子。现在你在两种状态之间。你爱上了一个人，你梦到房子点燃了因为这种感觉特别兴奋。然后你开枪了因为你没有精液，你没有生孩子，取而代之的是你去抢了珠宝。"我继续说："你做这些梦的时候，你在爱着一个人。"然后他说："我想我是爱我妈妈。"于是我说："好吧，如果你是个盗贼，你闯进房子，你就得先打倒父亲。"他说："我可不想这么做。"我说："是啊你不想，因为你也很喜欢他。有时候你因为你喜欢他，你甚至希望你是个女孩子。"他说："只有那么一丁点儿。"

然后我们谈到了他和妹妹之间很复杂的关系。从父母的角度看，他非常主动，嫉妒而且暴力。他给我描述了他们之间的情形，然后我说："你父母觉得是你和妹妹之间相互嫉妒，我觉得是你嫉妒她是女孩子，而她嫉妒你是男孩子。同时你们俩彼此深爱，但是你们不是成年人，你们不能做爱，你们最接近的方式就是相互欺负和打架。"

他听了这些松了口气。然后决定说他已经做完了我们要做的事情，他该走了。我也很同意。

这次治疗性咨询中的关键时刻是：罗伯特在画从篮子里拿出来提西的时候，惊讶地发现自己穿着裙子。这时候他回到了初始的情境，可能还不到 1 岁。

同等重要的是我能够将"一个苍白的地方被点亮了"和罗伯特觉得自己要为母亲的抑郁阶段负责联系起来，特别是罗伯特 6 岁时候，全家都被影响的那个阶段。

第三个重要的地方是我将孩子对父亲的爱，以及他对女生(或女性)认同的那一部分，和他自己作为男孩子(异性)对母亲的爱，同父亲对峙的这一部分区分开。这就解决了另一个问题：就是男孩和自己父亲，或者和其他男孩之间的关系可以很健康，或者是普通，或健康的同性恋的关系。

我觉得这个男孩子很需要对家里的状况有一个客观的认识，而父母并没有给他这个。我觉得这次会面对他是有治愈意义的，因为他已经准备好要好起来了，而且因为我并没有处理他的疾病。在最后他跟我说："我不觉得你能回答我这个问题。当我离开学校半学期的时候，我一点儿也不想回去上学。但当我上学以后，我觉得我非常喜欢上学。"我对他的这个问题心里有谱，所以我回答说："你看，你在家的时候你非常爱你妈妈，而且你愿意和她在一起。但更重要的是，你得处理一个状况，她很不开心，而且大部分时候她很抑郁。"他说："是啊，而且如果我和妹妹打架她就非常担心。"我说："你在家的时候你会想知道如果妈妈不用担心你她会怎么办。你一去上学，你便远离了你妈妈的焦虑和担心，还有抑郁，你能够把这些都忘掉，你就很喜欢上学了。"我特别重复强调了他需要按照自己的节奏去做事情，而且没人催他。如果他着急他就做不好。其实他学校同意他留一级对他的帮助很大，尽管这让他自己感觉挺糟的，因为他妹妹跳了一级。

他从我这儿离开的时候，感觉他各个方面都有了成长。他说："我的电动火车速度稳定；你可以开关它；你不能让它加速，但是如果你用变速器的话，它可以跑得慢一点儿。"

如果可能的话，我们需要让父母试着把他们寄予孩子身上他们自己的信仰、道德感和焦虑感拿下来。我很确定不管这些在他内心中留下什么，如果有的话，一定是要过一个好的生活。

当时我们为下一次见面定了一个模糊的日期。但是母亲打电话来，说想要推迟这个见面，因为上次见面之后，这个男孩子放松了不少。他踏出大门的时候显然对会面特别开心，他说他都不敢相信，"我们居然聊到了提西"。

我自然地和他父母聊起来，我表达了我自己的观点，说他们忘了这个孩子有自己内在的发展过程，他自己的发展速度，以及他自己逐渐社会化的能力，包括自己为自己建造一个好的生活的能力。父母自身有一个从他们父辈沿袭下来的非常固定的信仰和文化模式，当我提醒他们不必强加于孩子身上的时候，他们显然松了一口气。当然，从另一个方面来说，在他发展的过程中有一个固定的模式，他可以根据他自己的成长方式来选择接受或者拒绝，也是有帮助的。

会面的结果是，父母对待孩子上学这件事情态度有了变化。现在他们允许孩子不受打扰地、按照自己的节奏去做事情。结果是临床表现上有非常大的进展。罗伯特的阅读仍然很慢，而且显然在读书上他的压力很大，但是父母对此不再担心。我觉得对于孩子和其他的男孩子一样，在学校读一些低层次的书（漫画），父母也比以前更接纳了。对于妹妹的嫉妒仍然存在，他还总和她打架，但是有时候他们也挺好的。以前大家认为孩子有问题这个想法，也慢慢地消失了。

评论

我讲了一个很简单的案例。我想重点在于，我的孩子或是你的孩子，都有可能是这样。可能咨询最关键之处在于，家长真的和心理分析师一起工作了。他们以前很自然地会想，分析师可能会说："你孩子病得很重，如果你现在不带他做分析治疗，他就完蛋了。这全是家长的责任，因为成年人的情绪问题都可以追溯到他的童年。"我没有建议他们做分析治疗，不过他们的情况本身也无法进行分析治疗。

对于我，很重要的是从这个个案中找到他正常的地方，而不是揪住疾病不放。尽管这意味着我得评估一下家长和学校的情形是否有不正常的地方。我尤其留意到我们的教育系统，它会要求一个 11 岁的孩子要能够为了考试而苦读。

这样的案例描述中，要谨慎的是，它常常会忽略一个个体的情绪发展过程。这个过程是从出生便开始的，甚至早于出生之前。但是，我们目前能做的有限，我们只能提醒。就像我之前说的，心理动力学牵涉到很多生理学的内容。

我选择这个个案来讲，一个积极的原因是它包含了儿童心理学的一部分，你能马上学习并用到。这个案例中，"提西"是个代表。我之前把婴儿早期用的这些物体叫作**过渡客体**，我也讲过为什么取这个名字。① 对过渡客体的研究有很多值得学的东西，而且对于任何一个个体而言，过渡客体都有好的方面和坏的方面，而且他们都有提供非常重要的信息。更重要的是，如果父母有充裕的时间，父母可以提醒自己去使用这些早期婴儿的技术，同时，通过过渡客体，孩子回溯到他们的童年时期也容易得多。

对于这个孩子的心理分析，我想澄清的是，如果这个孩子的父母有经济能力支付，又能够坚持长期一周五次这样的治疗，我是会建议他做长程的精神分析的。不是因为孩子病得有多重，而是他们的问题太多，治疗会非常值得，更何况恢复一个正常孩子的状态是多大一笔财富啊，这么做效果也会更快。根据多年经验，我知道在精神分析的治疗里面，我们能在这个男孩子身上找出和健康同样多

---

① "过渡客体和过渡现象"(1951)，发表在 Collect Papers, Tacistock, 1958。

的疾病。但是，这个孩子绝不是个有心理疾病的孩子。他确实有抑郁的倾向，但是这更像是母亲的抑郁所带来的重负，而不是他自己的焦虑抑郁。这个孩子已经很好地度过了早期情绪的各个发展阶段，并没有精神崩溃。他的问题主要在人际关系上，他将亲密关系和本能反应这两种关系融合在一起遇到了困难。在这个男孩儿身上，我引入了性的主题。在和发展正常的孩子工作的时候，如果我们跟不上他们带领的主题，那么我们的工作就失败了。这个孩子对父亲正常的爱的情感，充满了矛盾，与此同时，他也讨厌自己的父亲，在梦中这个情绪本能地直指他的母亲。这个案例更复杂的是，这个孩子非常像他的父亲，这使得模仿父亲这个行为看起来像是他要解决这个两难冲突的办法。

因此，我们不强硬地把这个案例放在一个框架下去讨论，尽管这么做我们可能能看到这个案例的全貌。我们给这个个案自己的空间，由此对这个个案的情况有了很好的了解。我们当然还希望了解更多，对写下的所有东西都知晓其答案。但实际上如果我们觉得从咨询中了解的信息不够，还想多了解一些的话，我们只能通过对孩子的分析来了解，这样孩子的世界便能够在我们面前徐徐展开。否则，我们就只能这样了。这对父母用非常专业的方式跟我分享了他们的焦虑，如果有新的问题出现，这对父母会自然地回来向我求助，而不会在家里面做无用功。

后续

两年后，罗伯特去了寄宿学校，他自己很喜欢。三年后，他做得依旧很好。(寄宿学校)成绩优异。放假在家的时候对妹妹也很好，甚至很慷慨包容。可以说是一个正常的孩子，表现优异。可以说他战胜了和家庭压力有关的危机。

其后

目前，他交了女朋友，似乎在逐渐成长为独立的成年状态。他的学习困难消失了，读书也很正常。

个案6^①　罗斯玛丽，10岁

我见了这个小女孩一次，和她的单独面谈中，她自己发现了和自己症状有关的线索。她被带来的原因是"阵阵黑色的抑郁症"。她还有莫名的头疼、恶心和畏光症，差不多持续发作2～3天，卧床不起。她后来退行很严重。同时她早上的脾气很差。

她画了她的一个梦，这个梦里面是她的母亲被撞了，画这幅画的时候，以上所有的症状都消失了。

罗斯玛丽的家庭是工薪阶层，家里一共有两个孩子。

当时的面谈如下。当时有两名访客，还有两名精神科的社工在场。这是个常规的临床案例。

罗斯玛丽开始画画^②，其中展现了她的一些能力。

(1)她画了个女孩儿。

(2)然后我们开始玩涂鸦，她把我的画变成了人头。

1

2

----

① 这个案例首次刊登在《圣玛丽医院公报》，1962年1月及2月号上，原文题目是《一则儿童精神科访谈》。

② 她原本的画丢失了。这是《圣玛丽医院公报》重制的。

(3)她的画。我把它变成了一片风景。

3

(4)我和她一起把她的画变成了"布鲁诺",这是她的过渡性客体。

4   5

(5)紧接着她画了一个更早期的过渡性客体,叫狗狗。它有些破损,从画里能看出来。她说她弟弟把她的泰迪熊拿走了。她弟弟很好,但是太淘气了。她不讨厌他,但是她很生他的气。她想要个妹妹。

(6)她画的是她的弟弟吗?

6

显然她爸爸平时和她一起画卡通画，她画画的某些技术是受她爸爸影响的。

她讲了一些挺好的梦，但是她说："昨天晚上，我和两个朋友裹着浴巾，等待死刑。"

(7)这是个噩梦吗？

她说她5岁的时候（当时弟弟3岁）她做过一个噩梦，这是她画的。

7   8

(8)她的画，这是一个邪恶的继母打碎了水晶鞋。她自己是灰姑娘。

(9)她画了一个灰姑娘。某种程度上，她是那个王子。不过她其实并不想做男人。

她的关于悲伤的梦，是梦到母亲被杀了。

9

(10)她画的。她画这幅画有很大的情绪，而且画得很快。画里是母亲被父亲的车撞倒了。

10

我在这儿做了一个解释，解释了关于她和她母亲之间的厌恶，这在和她父亲的三角关系中也合情理。

这之后她给我讲了一个她的怪梦。

(11)她画的怪梦。梦里很多泡泡冲她过来，都发出巨大的噪声，泡泡都是白颜色的。这个梦在某种程度上受了科幻小说的影响，与彗星和陨石在空间中相撞有关。

11

我认为这些白色很吵的泡泡展现了一种"内在"的生命力，之后的阶段是梦里面死去的妈妈所代表的"内在"的死亡。

在这个个案里，她身上表现出临床的抑郁症状，正是她被压抑的、希望母亲死亡的愿望。她的父母因为她营造了美好的家庭生活，这个死亡的愿望是她觉察到对其父母强烈的积极情绪中体验到的。

个案 7 阿尔弗雷德，10 岁

这一组案例，可以用这个个案来做个圆满结束。这个个案是孩子口吃的心理动力，为治疗带来了曙光。分析结果并没有治好他的口吃，他的口吃仍根据环境的变化而时好时坏。尽管结果并未使症状消除，难以从症状来描述此次咨询的价值所在，我仍认为值得把这个个案的具体情况讲一讲。

我只见了这个男孩儿一次，见了他母亲一次。他还有个 6 岁的妹妹。他因为口吃而被带来见我。他父亲在一家精神病院的办公室工作。他是被父母的朋友介绍来的，但是他对治疗工作真的非常了解，也很有好感。他的父母家庭美满。这个治疗是严格按照 1 小时 10 分钟的设置来进行的，和我的要求完全一致。

我先去接待室，征得母亲同意，将阿尔弗雷德单独带进房间，开始和他交流，很容易。我和他分坐桌子两端，桌上有用作画画的纸。他在回答我关于他父亲和父亲的工作的时候开始口吃，我意识到我不应该问什么问题。因为我一问问题，他就得集中精力想答案，这时候就会口吃。所以我不再问任何和环境有关的直接问题，在一个小时中的间歇，他在我的房间里面，没有任何口吃。他同意和我一起玩画画的游戏，我先画了一个。我跟他解释了游戏是怎么玩的，就是我画个东西，然后他要把它变成个什么东西，然后他画画，我来把它变成什么东西。游戏没什么规则。

（1）我的画。阿尔弗雷德把它变成了一张脸。最开始他说看着像只蜜蜂。他边画脸边给各个部分起名字。我留心到他在做这种全神贯注的事情的时候，每次呼气时都用力地喘一下，全程一小时一直如此。后来我跟他聊起来这个，结果发现这是个非常重要的特征。

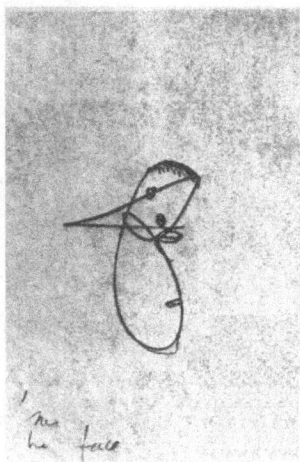

（2）他的画。我把它变成了一个男人的领结。

（3）我的画。他把它变成了两个气球。"我已经尽力了。"他说，语气好像他没有达到我的期待（这句话的重要意义在这个治疗早期已经埋下伏笔）。

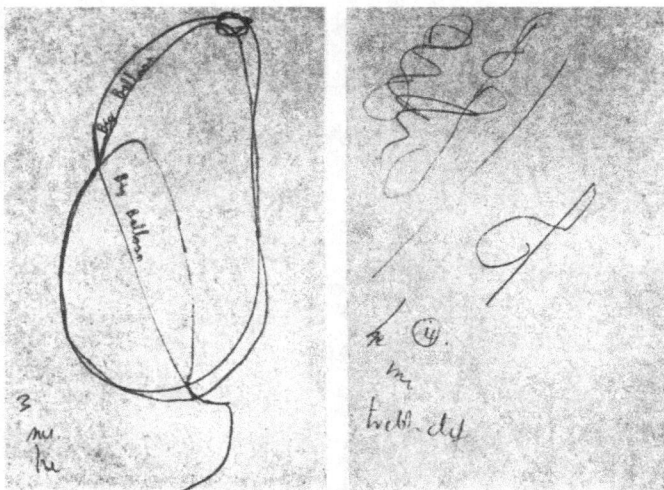

（4）我的画。他说这很像个高音谱符号，所以他没动，没有改或者加任何东西。

（5）我的画。他把它变成了条鱼。他画这个的时候很高兴。

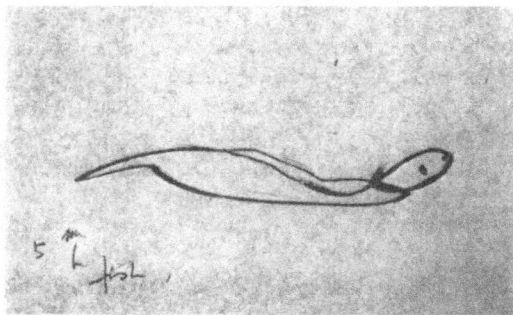

我觉得，这个过程很好地说明了两个人是如何接触的，我觉得他这时候已经非常放松了。我在纸的背面做了些记录，画完我就把纸扔在地上。这个涂鸦画的技术有一个好处是，画画的过程中，你有时间做一些记录，而画本身也是非常有价值的记录。

他的画。他很喜欢这幅画，我把它变成了一个给摩托车看的路标（这是一个超我的象征，但我不是刻意这么做的。当时我根据他的原画，自然地这么画了）。

（7）我的画。我说："噢，我觉得这个不好办啊"，但是他说："噢，我不知道；我有个主意，我觉得。"然后他把它变成了一个公交车的站牌，这个延续了上幅画中我的主题。

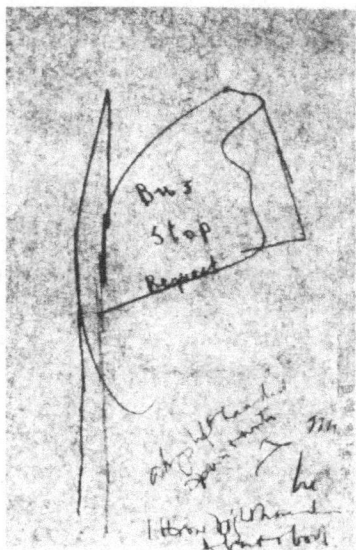

这时候我跟他讨论他左撇子的事情，他说他一直用左手写字，而且他很小的时候就用左手拿勺子。打板球的时候，他用右手扔板子或球。他说"很有趣吧"。（我问他的时候，他说从来没有人要求他用右手。我问的原因是，有一个理论说如果一个孩子天生是左撇子，而被要求必须用右手的话，可能会造成孩子口吃，不过这个个案不是这样的。）

（8）我的画。我说我觉得这个太复杂了。"噢，我不知道；如果我把它翻个个儿，看有没有办法；噢，我有办法了，我试试把它变成一个女士的帽子，是那种软帽子。我会在帽子里面画个脑袋。"然后他在帽子里画了一个长发姑娘的脑袋。

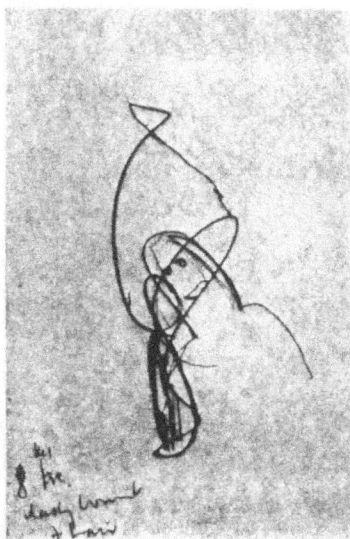

　　这个游戏的一个目的是让孩子放松，慢慢地看到他的想象，或是他的梦。梦是可以在治疗中使用的，因为它既然被**梦到了、记下了、并被报告出来了**，这就意味着这个梦的材料是来源于孩子内在的，伴随着其中的兴奋或者焦虑。

　　这时候我开始和他谈论梦。他说："噢，我一般梦到我做过的事。我下面用右手画吧。"他看起来很高兴。

　　（9）他的画。用右手画的。我把这个变成了拿着扫把，戴着帽子的女巫。然后他就谈起了赛车，和他梦到的关于赛车的事情。但是他说这个的时候，他把我的画变成了：

（10）一个赛车道，还有站台，站台上有很多人。"是的（他说），
我做恐怖的梦。几年前我做过一个。"

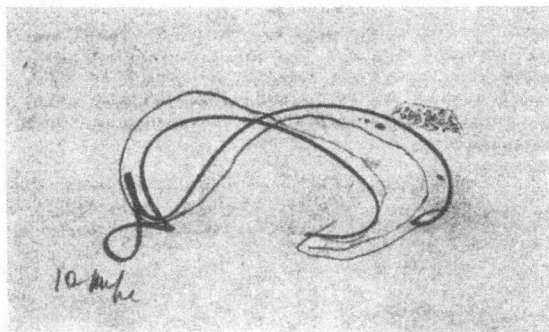

（11）他跟我说话间，我把他的画变成一种很复杂的脸。他给我
画了一堆混乱的线，我其实可以把这些线变成任何东西，也可以变
成什么都不是（他故意画得很乱，画的时候他一直看着我），所以我

说："这是一堆乱线啊！"他故意画成乱线，要让我为难，我把它变成了一张脸。

我们还在等待他对于梦的回答。你会看到，我提的关于梦的问题，意在对他在普通交往之外了解更多，对他深层次的自己了解更多。

现在他告诉我他几年前的那个梦。"巫婆过来，把我给带走了。"

我说："真有趣，我刚才还画了巫婆。"

此时我开始后悔，觉得刚才自己不该画巫婆。因为这个主题一旦重复，我担心会影响孩子个人对这个主题的认识，这样我就无法触碰他最关键的内在压力。

他说："噢，不。和这个无关。这是个我几年前做的梦，从来没有忘记过。"

（12）他画了画，来讲这个梦的故事。巫婆从开着的窗子里面进来，把他带到了一个像煤矿一样的山洞里面。

他说这个梦在他6岁半或者7岁的时候做了很多遍。他说他知道这是怎么回事，因为他们家当时从原来的地方搬到了父亲现在工作的地方。

这段展示了这个过程：孩子对过去史的理解，帮助精神科大夫理解那个时期的压力，也给了他一个机会做更精准的理解。

他说现在生活蛮好的，他很喜欢自己，但是他离开老家的时候挺难过的，以前的房子花园更大，而且因为离主路比较远，他玩得更自由。他现在非常想念以前自由的时光。

此刻，我并不知道他说的自由其实也暗指：有一件事情让他一直焦虑，他很想念不焦虑时候的那种自由感。

我说："没准儿巫婆是把你带回老房子呢。"

我这并不是一个精神分析的解释，但是我在评论这个巫婆**有可能**是用一种非常重要的方式，把他从一个地方带到另一个地方。

然后他跟我说了他的两个祖母，两人都已过世，他又谈到现在和他们一起生活的祖父。我想知道6岁半或者7岁的时候他当时具体的困难在哪，而他没办法告诉我。

看起来，他离开老家所受的困扰，并不至于要巫婆来把他带回去或者带去其他什么地方。但是他很确定的是，这个（重复出现的）梦是在他 6 岁半左右常做的。

然后他又给我讲了一个他同一时期做的梦。

（13）这幅画讲了他的另一个梦。他说"你画不了这个……有很多箭头绕着射到了右边……"在梦里面他沿顺时针方向滚啊滚，好像他在床上滚。"这个梦并不可怕。"

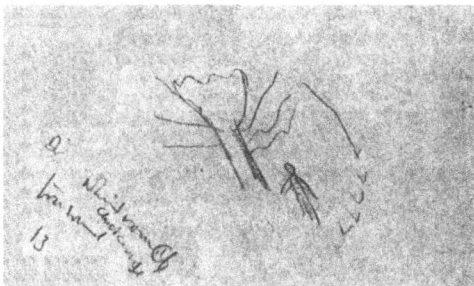

之后，在我的请求之下，他画了下一幅画。

（14）这幅画画的是巫婆把他带到的地方——煤矿。煤矿正在着

火，巫婆的架子上有盆盆罐罐；她戴着尖顶帽子，有尾巴。能看到她坐在一个三脚的凳子上。

这个梦里全是神话和童话里的象征：三脚凳、火、尾巴、高帽的巫婆：盆盆罐罐代表着被烹制调试，黑暗代表着无意识。整个画面直指无意识的材料，但当然不适合最深处的。最深处的无意识材料是无法描述的。一旦一个人能够描述出来，往往它已经离开最深处了。社会通过名字、语言、童话和神话来帮助孩子处理无法命名的恐惧感。

我问他这些巫婆是要吃掉他吗（因为有盆盆罐罐还有火诸如此类），他说："我不知道，我那时候就醒了。跟你讲梦比较费劲的是，做梦的时候一到害怕的地方，我就醒了。"他又补充道："有时间我宁愿自己不要醒来，一直梦下去，看看到底有什么可怕。"然后他就自嘲说，宁愿继续在噩梦里继续被吓到，自由醒来好。

他其实是在邀请我带他去看更糟糕的事情，只是我必须知道怎么做。

此时我跟他谈起来他的呼吸紧张问题。我说他在画画的时候，尽管不觉得他很吃力，但是他都很用力呼吸。他能意识到这个问题。我说："我想知道是什么让你一直这么用力？"

他也不知道。他然后说起他的口吃。他说："因为我一努力就口吃。如果我不努力，我就不会。就像在这儿，我一点也不用力，我就不口吃。可能是一旦我不知道怎么做，有可能，然后我就用力，然后我就口吃。如果我对一个东西了解不多……"但是他看起来很困惑。

我说:"这就好比你一激动①,你就用力,然后你也不知道为什么你要这么用力。"

出乎我的意料,他说:"这是一个重申。"(我不知道他从哪儿听到的这个词)。他继续说:"这最近才出现。"

我们谈了谈学校,因为在学校他很努力。我说:"听起来,就像你想排便。我们要花很长时间才能找到一个共同的语言来描述它。用'屎'这个词不好。我们慢慢地找到'去厕所'这个词,这是我们能描述通便这个行为的最接近的描述。(暗指家庭中否认肛欲期行为的模式)。"

他然后说:"我不想再这么用力了。"

然后他画了下一幅画。

---

① 那时候还是蒸汽机时代。(译者注:激动的英文单词中有一个词是蒸汽的意思)

(15)他画得非常自在，然后他把自己的涂鸦变成了一幅画。

如果一个孩子用自己的涂鸦来画画，总是很好的事情，因为这样画就完全是他自己的了。孩子基于自己涂鸦作的画和他专门画出来的画有很大区别。

这是个带着大提琴的男人，有个皮带捆着大提琴。阿尔弗雷德的父亲拉大提琴。他很高兴这种完全是他自己作画的方式，但是我没办法用他其中的细节材料工作。我跟他说："如果你不用力，有件事你需要做，就是你要去冒险。当然很有可能什么都不会发生。"

到这儿我们的会面到了尾声，已经一小时了。阿尔弗雷德很高兴地回到等待室，我跟他妈妈简单聊了聊。我知道我没有能发现核心线索，但是我确实拿到了一些重要的材料能把我引向核心问题，**就是这个男孩子 6 岁半的那个阶段，他总是梦到巫婆把他带走的那个时期。**

实际上接下来的 15 分钟非常戏剧化。我和母亲会面，和她解释我有意放弃了和孩子最后相处的几分钟。我有 8 分钟的时间可以和她聊。看起来她是个非常讨人喜欢的女人，贤妻良母。她跟我说阿尔弗雷德最近开始口吃。没有任何人要他用力做任何事情，或者强迫他变成右撇子。她也同意阿尔弗雷德的问题来源于他自己。他最近还赢了一个奖学金，她说他自己内在很焦虑，想什么都做好，做什么都非常用力。

我告诉她说我觉得这个孩子在从老家搬来之后，有一段时间遇到了些问题，就是他父亲换工作的那段时间。我说："**我确定是跟**

他 6 岁半左右那段时间有关。"

母亲说："他跟你说过他爸爸那段时间精神崩溃了吗？你看，他爸爸发现自己工作非常严苛，**他极努力想要成功**，他被困在这个念头里面，这使他变得非常强迫，发展成了焦虑性抑郁症。他爸爸一直都很焦虑，后来去医院住了几个月。"

我说我很肯定这跟阿尔弗雷德的病有关。因为我们只剩 3 分钟了，我跟她说我想在走之前再见一下阿尔弗雷德，回家之后请写信给我，告诉我阿尔弗雷德对这次见面的反应。她很快地答应了。

我把阿尔弗雷德带回房间里面，他坐在椅子上。我说："我刚跟你妈妈聊了聊天，我问她你 6 岁半那段时间发生了什么，就是你说总做噩梦的那段时间。你记得你父亲有点生病，比较崩溃吗？"

阿尔弗雷德的脑袋突然向后仰，他努力地回想他父亲生病的那件事情，**他完全忘记了**。我说："你看你这么长时间一直在努力，不是因为你自己需要用力，你也跟我说过你不用力的时候就还挺好的。**你是为了你爸爸才这么努力的**，而且你还在努力想平复你爸爸当时工作不如意时候的焦虑。所以你每次呼气的时候那么用力，而且就像你说的，就是这些用力影响你的工作、你的说话，让你口吃。"

到这儿我们就分开了，他和他的母亲走了，看起来很开心也很放松。

和母亲的会面

和阿尔弗雷德见面后两个月，我和他母亲会面，花了一小时谈她的事情（这个会面其实变得很有意思，但是和此案无关，在此就不赘述了）。

阿尔弗雷德最早引起母亲注意的是他早年的强迫行为，包括一种强迫性惩罚的行为，是阿尔弗雷德一岁半的时候出现的，最糟糕的时候是 3 岁。好像是从走路开始的。他出现了很多强迫性的行为，以至于母亲不停地跟他说："放松点儿，阿尔弗雷德。"现在这变成了在学校非常努力，即便没人给他压力，也没人期望他做那么多额外的事情。（在如厕训练上也没有给他压力。）

如果是做长程的心理治疗，这些细节都很重要。母亲讲述的这些事情并不能解释阿尔弗雷德 6 岁半时候所遇到的危机。通过孩子给我的信息，我能看到这些特别的努力是为了父亲而做，也是为了平复父亲的崩溃状态。

母亲能够清楚地回忆起父亲的疾病对当时 5 岁的阿尔弗雷德的冲击。阿尔弗雷德确实目睹了一个危机状态，这发生在父亲住院之后，他的强迫神经症转变成为一个焦虑性抑郁症。事实上是从这时候起，阿尔弗雷德开始口吃的。

母亲跟我说孩子离开咨询之后，他说："你知道吗，我完全忘了爸爸以前生病这件事。"他看起来很放松也很解脱。几周后，他们谈起我的名字的时候，他说："那个医生很了不起。"

结果

我和阿尔弗雷德的治疗性咨询对孩子和母亲都产生了影响。原则上来说：这个工作该做多少呢？完全不需要我再做什么了。口吃不再是问题了，而且这个孩子不再那么强迫自己做过度的努力了。

还有一个对当时最后一幅画的一个细节的意义。当时阿尔弗雷德的父亲沮丧是因为他去做了一份办公室的行政工作，不得不压抑他有创造力的那一部分。他画的大提琴，提琴外面捆着的皮带正意味着他没法去发展自己在音乐上的兴趣。可以这么说，如果我当时把父亲大提琴上的皮带解下来，这样他父亲就能更有创造力，这样就能和他更深层次的自己有所连接；然后，因为父亲高兴一些，阿尔弗雷德就能够不再通过这些无望的用力和承担压力，来帮助自己的父亲在自己讨厌的日常行政工作中取得成功。因为画画的时候我并不理解这些，所以没办法回去做这个评论。但是，我并不需要再去告诉他了，因为孩子回忆起父亲生病这件事情，已经产成了一样的效果。这次治疗性咨询的积极影响持续了一年，如果有新的问题产生，母亲会带他再来见我。这也是符合儿童精神分析的设置的。

进一步评论

母亲说："阿尔弗雷德的好转并不是从见你开始的，而是见你前一周就开始了。就是我跟你预约成功，知道我要来见你的时候。"这可能是真的，而且在儿童精神分析中，很常见的是症状的改善往往和父母从绝望转为有希望的状态。但尽管如此，儿童精神分析师仍然需要有能力在面谈中认真工作。

总结

本案描述了通过孩子的成长史来工作的一个治疗性咨询。所谓成长史在此并非收集事实；其意义在于精神分析师和孩子建立关系，在过程中孩子引领精神分析师到达他们压力的核心地带。

后续

七年之后，我问起来，她的母亲说阿尔弗雷德的口吃："现在不再影响他了。"尽管在特定的情形之下，他还有可能会复发。他说他不喜欢打电话。

他的成长稳健，他很喜欢表演，也在青年中心做演讲。他对高考充满信心，自己决定要去读法律专业。

他母亲补充说觉得他很好，偶尔喜欢跳舞和社交，和同龄人交往很好。

我当然并不是想说仅仅一次的会面使得他成长得这么好，是这个孩子综合的成长过程以及整个家庭的供给和管理起了作用。但彼时他来见我的时候，他的确需要帮助，而且他确实得到了帮助。

第二部分

导　论

在第二部分中，治疗性咨询的原则和技术是和第一部分相同的。对于从事相关工作的读者来说，要做好准备，接下来这一部分的案例更复杂。一些案例的背景故事尤为复杂。但是，在整个家庭和社会背景下，至少有一到三次面谈中，我是只跟一个孩子交流的。我在这里所说的交流，和平时家里面，孩子和父母，或者孩子之间的交流完全不同。当然，也和在学校里面老师和孩子之间的交流有很大差异。

其中很多案例，是有其他机构在同时为孩子或者其父母提供帮助的。因此，你要将我这里所描述的治疗性咨询放在一个整体框架下去看，这只是诸多帮助中的一个。时常发生的情形是，当父母有能力处理自身的问题，这个家庭便得到一定程度的缓解，致使孩子能够在这个阶段放下防御，使得治疗性咨询能够进行。当然，有时候孩子能够很有效地应用咨询中得到的东西，但是依旧毫无效果，这往往说明家庭或者父母的问题才是核心问题，孩子只是被病态的家庭环境困住，表现出的症状似乎是孩子的问题，但实际上是整个家庭的问题。这些都是有社工参与的家庭问题。

我要重申的是，我讲的这些案例不一定是什么和孩子交流的新鲜想法，这些材料有的时候会有帮助，但一般它们只是为学生或者学习小组作为了解和讨论的材料。一般其中都会有关键点，能够引导学生去关注相关理论或是目前能被接纳的在特定情境下个体情绪发展的基础理论。

我还是要强调一个事实，就是在这种案例的报告下，读者，也就是学生和精神科大夫对案例了解得一样多，所以并不会给讨论带来不便。相反，如果精神科大夫由于时间或现实原因，在报告中忽略个案的很多信息，那么学生在讨论时可能确实不方便。

还需要说明的是，在诸多诊断类型中，本部分没有囊括反社会倾向的个案。原因是在本书第三部分我讲了一组案例，来解释反社会倾向和缺失之间的关系。

个案 8　查尔斯，9 岁

这个案例强调了对细节理解的重要性。在依照治疗原则的前提下，孩子慢慢在面谈中感受到情绪氛围，并逐渐打开自己。这个男孩是我的同事转介过来的，我的同事是个儿童临床指导师，他之前和孩子面谈过一次，两人没有建立有效的沟通。

家庭史

姐姐 11 岁

他自己 9 岁

妹妹 7 岁

家庭完整

这个男孩一直抱怨自己头疼，并且"想法很多"。他的想法给他带来很多困扰，他开始觉得自己有个思考机器。他曾说过他被自己的一丁点儿大脑给操控了。他不断地起誓，并试图遵守誓言，但是他哪怕是手握《圣经》起誓，这些誓言也不起什么作用。

（1）我们一起玩画画游戏。

我的画，他把它变成了鱼。

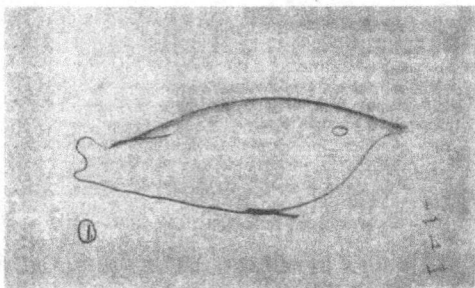

（2）他的画。原本有三部分，我把它变成了一片土地。

　　（3）我的画。他把它变了，他说是个女孩，"因为她穿裙子"。
"有可能是我（7岁的）妹妹"。我们俩聊了聊女孩，我问他觉得她们
是女孩这件事情是幸事吗？他说："不是，我可不想是女孩。我们
总打架。"他说这个的时候喘气很重。他继续说："有一条原则是，
'不要打女生！'但我跟妹妹打架的时候，这条行不通。"他提到说有
个女家教给他上课，他不去学校。这是我同事和他见面开始时做的

决定。他对放假在家很高兴，尽管他其实很喜欢游泳。

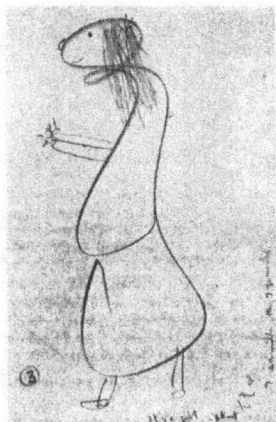

(4)他的画。画画的时候，他谈起打架这件事来。他说到他只有一个姐姐的时候他们不打架，自从有了妹妹，家里变成三个孩子的时候，大家才开始打架。

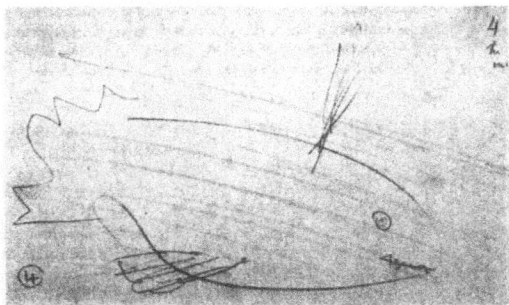

(5)我的画。他把它变成了有火箭发射器的群山。上面有一个大的平台。它很喜欢火箭，但是因为火箭是顶级机密，所以他可能会发射架飞机。他说："我喜欢战舰"，而后他又聊了聊战争。他自己在家的时候，在地板上用粉笔画画。

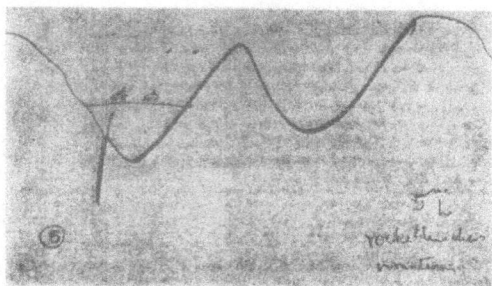

那时候我没有意识到他已经开始谈他自己的想法了。

他讲的故事里有四五个民族，有很多个煤矿，还有些小路。每条小路都属于其中一个民族。他描述了一个错综复杂的煤矿挖掘纠纷，还有其间的战争，每个民族都必须回到基地来，抑或根本没有什么出路。他有很多士兵、迫击炮和手榴弹，他在讲这些故事的时候，都会发出相应的声音。他有一个端着火箭炮的手榴弹兵。俄国人只有一个迫击炮等。

（6）他画的。是他在家里地板上玩的游戏。

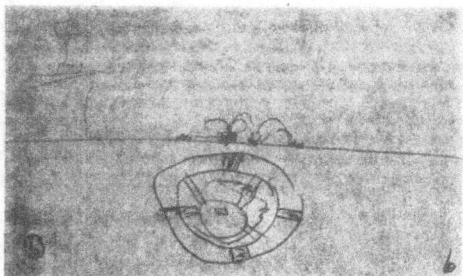

我利用了他画中的材料，提到他第 1 幅画和他的想法有关。我非常专断地告诉他说他用不同的材料，来向我展示了他内心的想

法。这个想法里展示了所有的禁区，在游戏里面，坏人攻击好人。他非常自然地认同了我的诠释，他说："这就像一个开关，一旦打开，所有的东西都开始运转了。"他继续说："只有一丁点儿的大脑在支配手脚。"他觉得它一打开，他就被这一丁儿点的控制。

（7）针对他的游戏，他又画了一幅画。他现在有意识地去作画，这同样也是他思维中的图景。

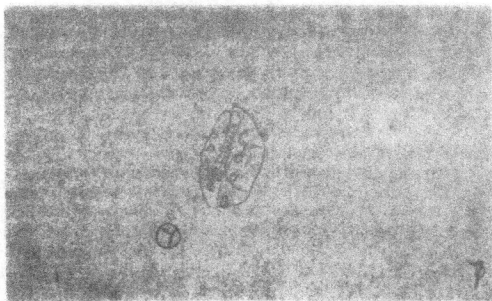

到此时此刻，我们俩之间的沟通进行到了这样一个层面：他跟我沟通了他非常需要的东西，而这些他只能和理解他在地板上的作画以及理解他的战争游戏其实是他的思维图景的人沟通。

（8）我的画。他说这既像8又像7，也像9。我提醒他他曾经说过他想做9，但是他说14最好，因为那时候他就从学校毕业了。他会买辆超级豪车。他不需要工作。这会是他最好的时候"或者16岁，这样我就能玩了"。之后他讲了讲上学的日子，他说"每天12小时里面有9.5小时都在工作。应该有4小时的玩耍时间。每年有8个月在上学，可是只有4个月放假"。看起来他因为这个玩耍时间不够的念头，压力很大。

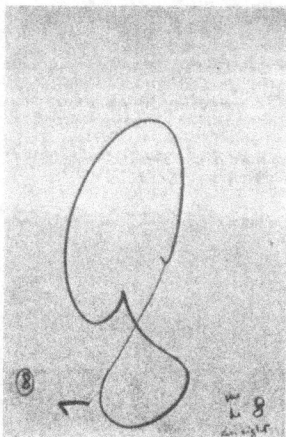

你能从此看出，这个孩子的智商有待开发。如果能给他一些玩耍的机会，对他可能会有些帮助。但随之而来的问题是，如果他有这么多时间，他能不能放下思考，真的去玩。

（9）他的画。我把它变成了奔跑的动物。它说这是个从学校逃跑的动物。

我这时候问他的梦。他说他经常做梦，梦都是彩色的。"梦都很脏，有些超级脏。有一只蜘蛛，颜色特别生动，特别恶心。"

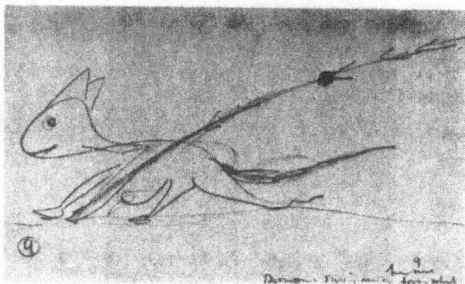

（10）他让我画只蚊子。然后他在上面画了一只巨大的蜘蛛，或者是只长脚蜘蛛，就是梦里面颜色特别生动的那只。他甚至在跟我讲的时候都很紧张。他跟我说他很害怕蜘蛛和长脚蜘蛛。"如果你在国外，这些东西可能有毒。我不怕那些小的，但是我做梦会梦到那些肢体很长的、有翅膀的。有时候在梦的末尾和醒来之间，会有闪回，我会梦到有人盯着我看。每次都是同一个女人。我就醒了。很可怕。我没法把她画出来。"

（11）但是他还是画出了脑袋的轮廓和垂下的头发。这个吓人的女人是黑色长发。"是的，是我妈妈。"

（12）他的画：看起来像个勃起的阴茎。但是他先把它变成了一根指头，然后是一架飞机。他说："画得不好。"因为他画得太像勃起的阴茎了，我就问他自己的身体部分，他说："它伸展开了。"他又说："我不能讲这个。"我问他以前有没有和人聊过自己的阴茎，他说："这是第一次。"

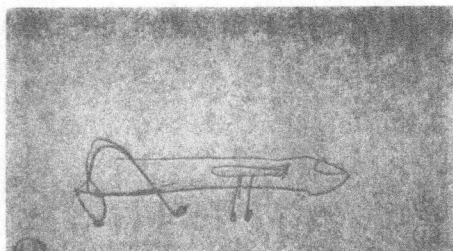

（13）他的画，故意画得很乱。我把它变成了像飞机的东西，想固化一下它的意识。

（14）我的画。他把它变成了一枚炸弹。

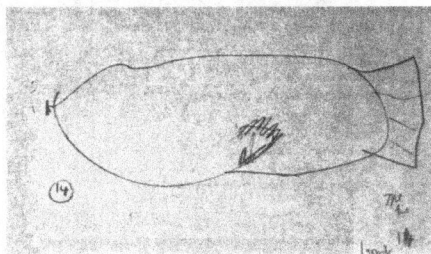

(15)他的画。他还是故意画得很乱。我就继续刚才给他的诠释。我说:"这个还是你想法的展现。你画的另一幅画是你想把你的想法归整起来,但实际的状况是你觉得很乱。"(严重的困惑状态。)他对此表示同意,说一旦开始有感受和想法的时候,就觉得很糟糕。他让父亲告诉母亲,母亲又告诉了其他医生。他说他知道自己很乱,而且把自己的乱分为两部分。确实的部分更大。思考的这一部分比较强势。小的那部分是控制手脚的,诸如此类。(在这里有些细节缺失了,关键是他对此有自己的一套理论。)

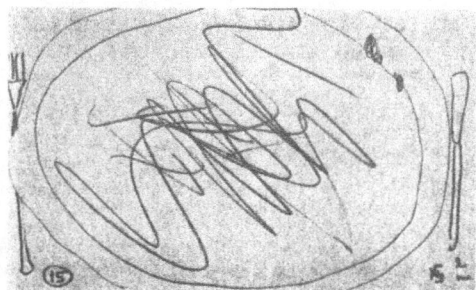

我想让他知道,他一直以来最大的担忧就是彻头彻尾的迷茫感。我绕着他画的一团乱线的轮廓画了一个圆圈,说,这就像一盘我准备下菜的意大利面。他很想继续,说:"该我画画了。"

(16)他的画。是个"可怕的乱线。"我把它变成了一张男人的脸。他说这是 Walter Raleigh 先生的。此处我主要是用分散注意力的方式让他安心。尽管我和他都已经触碰到了关于乱线这个核心议题,我一直在帮助他认识和触碰这种严重的迷惘状态,这种造成他焦虑、令他持续惊恐的状态。

(17)我故意画得很乱。他把它看成一个汉字。这样他再次从一团乱中理出个头绪。他说："我可以把它画成意大利面，不过这就抄袭了你之前第 15 幅画的主意。"

我问他有没有梦到过一团乱线。他开始给我讲了一个相关的梦，但是他开始打哈欠，好像很累的样子。他说："梦里面我在学

校附近走路。有一个巨浪过来，把我卷入了水中。我大呼救命。我叫了'Llewellyn'两次。这是梦里面另一个男孩子的名字。"他继续说："这次在睡醒之前没有见到那个女人！"这个对他很重要，因为每当他做恐怖的梦的时候，这个女人都一定会出现。他说做蜘蛛的梦的时候，女人都会出现。然后他说："差不多我7岁，或者更小一点的时候，我做的这个梦，那时候还不会梦到那个女人。"

我们俩的关系很安全，所以我很容易去问他，这些梦跟性兴奋、手淫、勃起等有没有关系。他说："不，没关系。"

(18)他的画。我把它变成了一只猫。这让他开始谈起来他母亲的结婚纪念日，因为这正好是这只猫的生日。

(19)我的画。他把它变了变，把这个命名为现代艺术。

(20)他的画。他把自己的画变成了直升机。他说在变成直升机之前，这本来是个罐子。我觉得这可能是他自己想脱离开罐子的意思，我就问他有没有尿过床。他说："嗯，我尿过。因为梦里面我在上厕所。我有一两次是这么尿床的。"

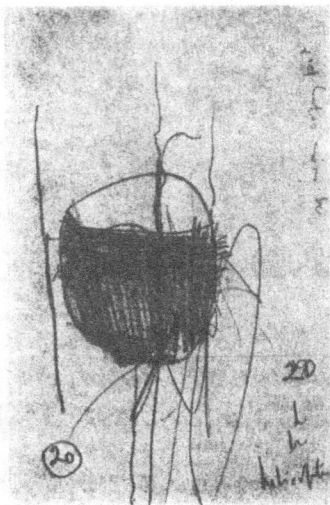

(21)我的画。他觉得很难办。他说，"我试试"。他把画的顶部给涂抹完了以后，他画了加冕街里面的 Ena Sharples（电视连续剧。译者注：里面的一个老奶奶）。他解释关于这个角色的重点是，她有个朋友过世了，她很伤心。有个坏脾气的人在弹钢琴。现在他提到了坏脾气这一点，这让他想到了一段关于厨子的记忆，这个厨子是以前他们家的，对谁都很坏，包括对他母亲也一样。这个厨子有意弄坏孩子们的玩具，包括妹妹的计算器。"女孩子们生气了，这让我很紧张。"他然后开始讲他妹妹如何强迫别人都站在她这一边。

他说:"她开始弄些惩罚,类似于:如果你不……的话,驴子就会死。结果驴子确实因为肺炎死了。"

我发现他非常接受这种女性有超能力,类似于圣母这样的概念。

结果,另一个非常重要的主题浮现出来。在讨论第 10 幅画的时候,他提到在梦结束和睡醒之间的特殊感受。"有个闪回,有人在注视着我。总是同一个女人在看我。然后我就醒了。太可怕了。我没办法把她画下来。"我完全不知道这个自我审视意味着什么。在第 11 幅画中,他能够表达出他看见的——脑袋的轮廓和垂落的头发。黑色的长发。

在第 15 幅画,严重的迷茫状态浮现出来。我觉得这种恐惧和害怕失去对记忆系统中的现实和顺序脱节有关。这个记忆系统中,有些东西是他当时无法理解的。

我们继续一起玩。在第 17 幅画中,跟我讲完梦,他观察到他在做这个梦的时候，那个女人没有出现。他现在能够想起来梦发生的时间"7岁或者更小的时候"，以及"在那个女人出现之前"。

我还是不理解。我置之不理，继续工作。

在第21幅画里，利用电视剧的情节，他回忆起坏脾气的厨子，对连母亲都很坏的人，还有对于他来讲，似乎巫婆这个概念成真的人。

在面谈结束后，我从母亲处知道了这个使整个家庭都很讨厌的人，这个人后来被开除了。这正是查尔斯所说他7岁之前的那段时间，问题发生的时候。

直到面谈结束后，我才明白这段迷茫的状态和这个女人的出现有关。特别是他睡醒时她刚好出现，尤其是有时候他有勃起或者憋尿的时候（见第12幅和第7幅画）。这个迷茫介于在睡醒时候的梦境和现实之间。

这就涉及我们人类共同的一个问题，就是和从睡梦中醒来时候相关的。目前更多的研究是关注于入睡这个更显而易见的问题，这个主题理应获得同样多的关注。也就是我说的，过渡期的现象有其重要意义（这个从梦中醒来的主题在下一个阿什顿的案例中也出现了）。

我觉得我们在这次咨询中能做的都做得差不多了。但是因为还有些时间，我就带他到了下一个主题，我把它称作过渡性客体。

（22）他画了一个"可爱的泰迪熊"。没有画眼睛。他说："画这个太容易了。"他告诉我说，他妈妈很担心绑眼睛的线会伤着他，所以这个娃娃上没有眼睛。但是他说因为当时他太小了，他根本就没有意识到本来是应该有眼睛的。他还给我讲了一个他爸爸留着的一只大的泰迪熊，不过掉了一条腿。他自己把这只画了下来。他跟我说他有个妹妹特别喜欢小动物，还有她有时候会替他看着小熊。换句话说，他知道我们在聊那些有压力的时刻，比如说要睡觉的时候，能给他带来宽慰的东西。

在结束之前，我们聊了聊他和父亲的关系。他在此特别绝对。"两个妹妹应该把爸爸让给我。他们太亲密了。"他显然觉得自己的父亲被剥夺了。

然后他又讲了一个全新版本的邪恶女神。他讲了他一个妹妹是怎么把狗弄丢了，毁了整整一天。她会用耳朵疼或者什么其他的东西毁掉任意的东西。他最后说的是："我本该有最好的爸爸，可是我没有。这太无聊了。"

我又和他母亲聊了几分钟。我了解到我的同事已经建议给查尔斯放一段时间的假，这个建议很恰当。

后续故事

在接下来的半年里，我又见了查尔斯四次。不过第一次面谈始终是最重要的一次。第一次面谈后，父母开始能够管理查尔斯的生活，慢慢地帮他找到了合适他的学校。

4年后，他13岁的时候，我了解到他在一所公立学校，一切安好。我在此不赘述第一次面谈之后，其家庭和家庭医生为查尔斯做的大量工作。从父母的角度，他们说他们随后做的事情都仰仗于这次治疗性咨询，在此次咨询中，我减轻了他心理上严重的迷茫状态。

校刊最近发表了他最近写的一首诗，征得他的同意，我附在后面：

> 我得活着
> 我得活着，他们宣告
> 但我不想活着，我说
> 他们将我从塘中拽出，赋予我生命，
> 但我想死去。
> 如今大家都活着。
> 死了又怎样？我说。
> 一切，他们说，
> 死亡什么都不是，黑暗，邪恶，他们说。

不是这样的，我说

我想死去，我已毕尽我需，

此处我已成桎梏，

彼处，死亡，我可消逝。

我已达成所愿，

我愿见上帝，我说。

上帝是谁？他们说。

个案 9　阿什顿，12 岁

接下来要讲的这个案例，是在治疗咨询进行的过程中，咨询本身自然地向前推进的。我和案例中的小男孩都觉得出乎意料。咨询对这个男孩产生了非常有效的作用，他原本的情绪发展逐渐停滞，正在发展成为一个精神病特征的人格，咨询之后，他能够向前发展。后来他在家和在学校都能有效地接受他人的帮助。

这个案例很大限度上仰仗治疗性咨询的结果。如果当时的作用不是这么好，那么这个男孩就得离开学校和他良好的家庭生活，去寻求他人的照顾，而且要住得离心理治疗师近一些。那么，这个孩子因为需要精神科大夫或者治疗小组，抑或是特殊学校的照顾，整个家庭都会觉得不堪重负，父母也要付给他们自己都无法理解的高额费用。事实上，这个孩子有效地利用了这次治疗，他变得可以利用已有的帮助来帮助自己。其父母支付我的工作费用显然容易多了，他们也因为自己终于能向儿子提供帮助，从学校处获得支持而备受鼓舞。

如果非要给这个个案贴一个精神科的标签的话，我们可以考虑是精神分裂症早期。但是在儿童精神病学中给案例贴标签作用实在有限，尤其是对于青春期前和青少年个案。在我和孩子工作之后，他精神分裂的特征表现在临床中迅速消除了。一如往常，在这个咨询工作中，由于我们在非常专业的设置之下，在我的咨询室见面，男孩对我的信任加剧，这使得我们不止于交流，我们在各个层面，包括非常深层次的交流得以发生。

阿什顿是被他的临床主管转介过来的。他写道：

……天资聪颖，可惜就像大多数天才一样，不免有某种缺憾。这孩子易怒、神经质，担心自己的健康状况。一上学就总是说生病了或发脾气。最近他又习惯性抽筋，在家的情况越来越难办。此外，他的睡眠也不好，总做噩梦……他的父母对如何处理这些问题意见不合……

我先和阿什顿会谈（开始先和他父母聊了几分钟），会谈历时一个半小时，结束时我又和他母亲谈了几分钟，只是简单解释了一下，我之前没和她多聊，是想把时间留给她儿子。

我发现，这个孩子是个非常特殊的孩子，他有个姐姐，已经结婚，还生了两个孩子，他当舅舅了。

注意：为了避免个案曝光，我对这个个案的资料有保留，虽然会失掉一些信息，但这孩子言谈中所显露的主要特征依然鲜明。

要和这孩子沟通不容易。我很快发现这孩子天资过人，事实上他的父母和姐姐也都极为聪明。我在我俩的桌前摆好画纸和笔，阿什顿就和我玩起了涂鸦。

（1）我起头，他接着把画变成一条鱼。

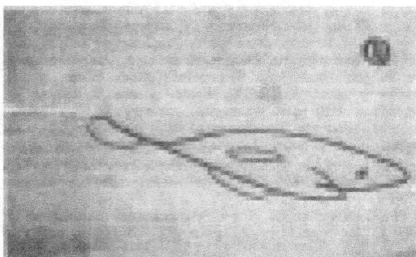

（2）我把他的画变成一名弄蛇人和蛇。

（3）他把我的画变成一条要吞下乌龟或大水母的鱼。他画完后乐不可支，好像这画别有内涵。

（4）我把他的画变成了狗似的东西。

（5）他把我的画变成坐着的兔子。

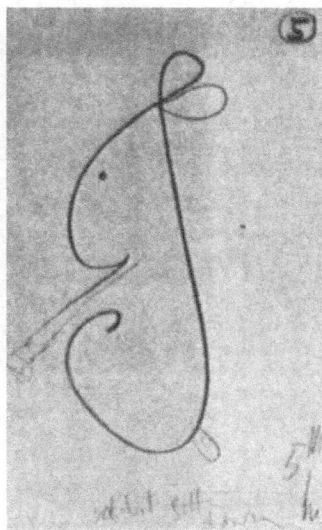

（6）我把他的画变成一张脸。

（7）他把我的画变成一只木鞋。

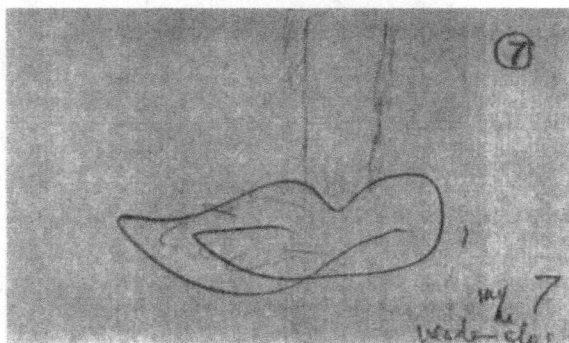

（8）我把他的画变成英镑的符号。

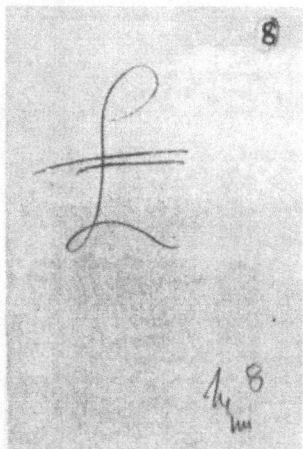

（9）他把我的画变成开瓶器。

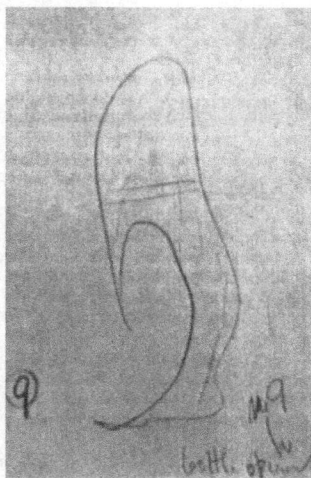

（10）我把他的画变成一个人物或娃娃，从而我们又谈到陪伴人睡觉的东西。他告诉我他有两只泰迪熊。

（11）他把我的画变成一个鱼头，很像他在广告上看到的东西。

此时，我提到了梦。"你做梦的时候，梦到过像这个鱼头一样的东西吗？"

于是，他画出他的梦。

（12）"很奇怪的梦，很难说清楚也画不出来。"它很像鬼，飘来飘去。"它用一根绳子把我绑起来，当我解开绳子时，它恶狠狠地看着我。"

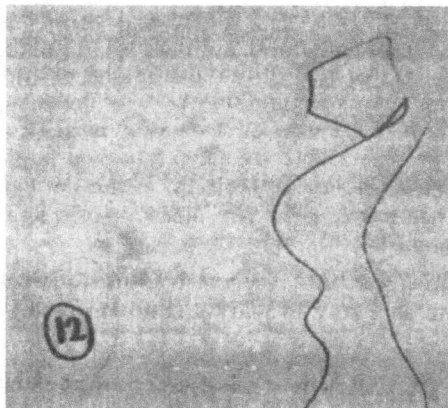

有些难以说明的是，阿什顿此时已主导了会谈，他说话的样子很老练，很夸张，就像年纪更大些或见多识广的人说话那样。他凭他的智力主导局面，能迅速理解知识上的概念，以及概念及概念之间的关联性。

接着，阿什顿谈到他的梦及恼人的噪声。"你没法把它画出来，那个就像是房子倒塌的声音。""有一次很让人难受。我躺在床上睡不着，便听起音乐来，也就是说我在脑子里播放起贝多芬的交响曲。后来，我一定是快睡着了，因为音乐中断了一会儿后，突然响起一阵奇怪的噪声，不是音乐的声音。"这种情况对他来说相当可怕，但这时我却清楚地发现，音乐对他而言意义重大，是他对抗嘈杂噪声的方式：他用音乐来取代幻听。

这时，我们停顿了一会儿，然后他说起他在物理课上曾经制作过一台机器，"如果制造出噪声，那台机器会在沙盘上画出图案"。然后，他又说到一件很恐怖的事。"我在床上翻来覆去睡不着，看见窗帘来回移动，糟糕的是，梦里窗帘被扯动。不过一觉醒来，我发现它并没有被扯动。"然后，像是想从这个梦的深层意义里逃开似的，他说："做梦嘛，你知道，总是日有所思，夜有所梦。比如说，有一天卫生间的灯泡坏了，第二天夜里，我就梦到卫生间的灯泡坏了。"

他借这句话给自己台阶下。然后他谈到用音乐和画画来抑制幻视和幻听。

之后他说："我最近画了一幅抽象画，那幅画很复杂，不过我可以给你画一部分。"这时他画下：

（13）他画的那张抽象画的一部分。

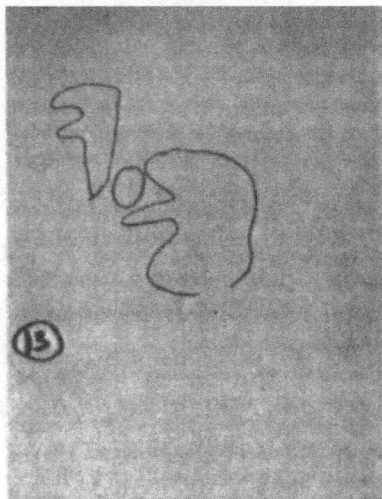

（14）这是他画的整幅抽象画。我知道当时自己不可能靠自己找出画的重点。①

结果，这幅画成为这次会谈的重头戏。我感到，他正把某种重要的东西交托于我，他在告诉我一条线索去理解他的抽象画。尽管抽象画中本身就隐藏着秘密，也是作者心灵状态的表现。这时，我感觉自己正面临着挑战。脑海中出现一个想法，于是我大胆给出了个解释，希望它或多或少切中要害。从原始的心理转机入手，我说："它可能表示接受的同时又想拒绝。"

阿什顿听了这个解释很兴奋，他大声说道："我画这幅画的时候，没想过它还有这种含义呢。我知道这幅抽象画和我前一天看到的画有关，那幅画里有只野兽，野兽的舌尖上有位女士。"

于是我又做了一个诠释。我说："这幅画是你梦产生的映像，对你是有意义的。这和你对你妈妈的爱，其中包括一些特征，比如你想要吃掉她有关。这个怪兽其实是你自己。"我说抽象的那个物体可能是乳房或者乳头，这种不自觉的接纳或是拒绝，可能是他出于对母亲的爱，想要保护她不被吃掉或是摧毁而产生的（阿什顿）内心冲突。

我诠释这段的时候说得很长，我很难想象他能听懂。

出乎我的意料，阿什顿说："我完全理解你说的东西，但是这些对于我来说是全新的。"然后他继续描述他观察自己的外甥拿瓶子这件事。我发现没有人跟他说过母乳喂养这件事情（或者是他自己

---

① 他的父母后来才把这幅画寄给我。

没有内化这个信息），他很想有机会和人讨论母乳喂养这件事。似乎他要强调一下这个，他说："这让我想起来我爸爸跟别人说过的一个故事，我也不知道为什么我觉得特别搞笑。故事是说一个小朋友曾说过：'如果我喜欢什么东西，我就把它给吃了。'"

此处我觉得很被鼓励，我就继续说下去了。因为他抓住了我的想法。我跟他讲了所有关于口欲施虐和早期客体关系，包括最开始由原始的、不顾一切的爱恋感所产生的负罪感。我知道他很感兴趣，他在从我的微讲座中汲取知识。

阿什顿此时很渴望和我自由交流他所感兴趣的东西。他跟我说了一个他做的梦，梦里是一间房子，里面有一个鬼魂。为了摆脱鬼魂，他用了一个魔法配方。他能很详细地跟我描述出这个魔法配方（"隐形的""假的""成熟的"）；其他的都是他自己发明的词，我没法详细记下来。

紧接着他又给我讲了一个他更早做的梦，梦里是一辆车在旅行，车里有一个人。"车里还有一个人，不是在前面就是后面，然后一个人开始打另一个人。我冲过去救他。最可怕的是，我意识到这两个人都是我自己。"

我意识到这是他专门回忆起来，让我给诠释的。

我当时说："这个很好地把你从你和你父亲俩人都爱母亲的冲突中解救了出来。你是你父亲，而你父亲是你。你们俩都丢掉了彼此单独的身份，但是你们并不必相互残杀。"

我很清楚这个回答就是他想要的，因为他继续跟我讲了另一个早年做的梦。是关于交叉口的梦。

他说："一个火车飞驰过交叉口，撞死了一只动物。"

我觉得在这儿的象征意义很明显。这个梦就是孩子对于父母交媾的恐惧感。我什么都没说。

他直接说了他的想法，从中能看到他自己的特征和防御机制。他说："现在我能看到重要的是那只动物死了，但是之前我一直记得的不是动物死了，而是火车来的轰鸣声；然后我就把这个忘了，记起来有音乐声覆盖了火车的声音。"

此处很清楚的是他用音乐来处理噪声，而且用噪声来回避动物（孩子）的死亡。在此处死亡是个概念。

我和阿什顿都把这个噪声和他知道父母在做爱这件事情联系了起来。他当时听到了父亲在做爱时候粗重的喘息声。这随即带来的是对于儿子和父亲之间对峙的进一步探索。他很好奇，不自然地问："这到底是儿子忌妒父亲跟女人的关系，还是父亲忌妒孩子对母亲的占有，和孩子同母亲的亲密感？"他又说："我觉得我的情况是这两种情况的第二种。"然后他又重新建构了孩子躺在父母之间的位置："到一定阶段之前，还是孩子占有母亲；然后过了一段时间，父亲恢复了和母亲的关系，这个孩子就被去除掉了，这就是梦里的动物、火车和交叉口。"

毋庸置疑，这个孩子的领悟力超乎寻常。但这绝不仅仅是一次智力练习，这个咨询对他的整个人格结构都有重要的影响，他的奇怪的特质不见了。

我此时非常累了，这个面谈似乎不可能自然停止，我不得不主动结束了这个1小时15分钟的咨询。阿什顿很愿意离开，他显然对已经发生的事情非常满意。

随即过程

四个月后阿什顿来和我做了第二次面谈。我们又做了一次画画游戏，但这次没有什么重要的事情发生。这次面谈很重要，因为父母必须要脚踏实地地认识到我实际的能力。换句话说，除了在病人所提供的材料工作，我什么也做不了。是在这次注定要失败的小节里，其父母终于放弃了我有魔力的想法。

父母来跟我做了一次很长的会谈。除了让我觉得他们双方都非常聪明以外，他们并没有深刻地理解他们的儿子究竟怎么了。他们比较好地理解了我在会面中告诉他们的东西，他们也提供了很多重要的细节。但是出于他们希望保密的原因，我在此不能谈及。幸运的是，此处的细节其实也并不重要，因为我们并不是做案例陈述，而是在描述一个治疗性咨询的过程。重要的是在这个过程中，有非常有意义的事情发生，使得孩子的症状消失，并使得他摒除障碍，发展出和家庭以及学校相处的功能。

如果我能给出全部的细节描述的画，你可以看出阿什顿这个小男孩（就像我开始说的一样）有很多精神分裂人格的特质，而且几近天才。在来咨询之前，他很退行，在第一次咨询之后，他开始全面发展了，特别是在艺术，尤其是音乐领域，在这一领域他非常有创造力；更甚的是，他再也没有出现曾经定期发作、导致他无法正常上学的间歇性发狂。他在学业上进步飞速，在同龄人中非常优秀。

在这个案例中，面谈并不能解决所有的问题。它最好的作用就是把病人发展中被悬吊起来的部分给解下来，重新运行。在此，其父母之后了解孩子在咨询时跟我做了什么有着特殊的重要性。同时，这个案例中非常重要的是学校付出了额外的努力，来理解和包容这个孩子个人的挣扎困境，并欣赏他的特殊天赋。

对父母来说，在这个过程中，孩子能一直住在家里，令他们感到很安慰。

案例总结

1. 12岁的男孩。临床表现为精神分裂人格，有良好的家庭和愿意合作的学校环境。高智商。

2. 处在游戏的初级阶段。

3. 讨论想象的时候，能够使他想起梦境。

4. 讨论梦境的时候，能够使他想起幻觉里面的声音和图像。

5. 在第二阶段，小男孩冒险暴露了他"抽象画"的核心议题。这个针对冲突的诠释后来被证明是整个面谈中的动力学时刻。

6. 随后的阶段，孩子报告了丰富的材料，这些材料他之前从未抱有过任何被他人理解的希望。这指向俄狄浦斯情节。

7. 这个孩子非常好地消化了整个面谈，以至于他的症状消失。在某种程度上他的人格层面还保留了一些精神分裂的特征，但是在他的情绪发展上，他原本心理退行的行为变为了向前发展。

结语

还是要强调在精神分析中第一次会面的独一无二性。第一次会面所带来的即刻影响是，他在临近返校时不再体温升高，或身体不适。他回到学校后，很快在集体中找到了自己的新位置。那个学期末，他已经能够在学校的音乐会上成功地演奏贝多芬钢琴协奏曲。

事实上，阿什顿很快就融入了学校的其他男孩子中，你不再会因为性格上的古怪或怪异而从一大群孩子中将他认出来。他对音乐的热情高涨，可以说他就剩下了一个主要的问题，是关乎他的职业发展，他应该成为一名音乐演奏家还是作曲家？

六年之后阿什顿提出要见我。他此时已经是一名音乐专业的学生。他大概已经完全不记得我们第一次会面时候的任何细节。他这次带来的是一个冲突，是和他还是学生时候的问题一样，他应该成为一名音乐演奏家还是一名作曲家？我这次只是提醒他，这个冲突在他还是学生的时候就已浮现，也确实在第一次的治疗性咨询中有所提及。从我的角度来看，这个冲突已经在他那个他既是司机又是乘客的梦里有所表现，他对于究竟是他自己还是他父亲更成熟的不确定感。我很愿意让他用生活本身，来解决他的个人困惑。

个案 10　阿尔伯特，7 岁 9 个月

我这里讲一个通过这种方法，自然地收集个案的过去经历的案例。在这个案例中，这个男孩讨厌自己的哥哥。

这个案例的一个本质是，在初始阶段，一切顺利。他母亲和哥哥正在停车的时候，他自己直接进来了。

他母亲曾经给我写过一封信，跟我讲了阿尔伯特的成长比较顺利，只是有一些特别的困难，其中包括做噩梦；她还告诉我说他对是非对错非常严苛。"他有点儿太乖了。"

对于这个案例，画画这个技术显然是会非常有效的。我们立即约了一个时间来玩这个游戏。

(1)我的画。他把它变成了一只鸭子。

他跟我讲了讲他的家庭。

哥哥 8 岁 9 个月

阿尔伯特 7 岁 9 个月

妹妹 5 岁半

弟弟 3 岁半

关于上学，他说很有趣的是，不久前他在中级班是年龄最大的学生，现在到了高级班里，自己变成了年纪最小的。

他当时坐在蓝色的成人椅上，是我让他去坐的。而我坐在儿童椅子上，因为在沙发上做笔记比较容易。

他忽然打断我说："我觉得你来坐这个蓝椅子比较好，因为那个小椅子你坐着会不舒服。"

因此，我们重新调整了座位。尽管其实很愉悦，但是他这种体贴和之前对他的描述"有点儿太乖了"很是一致。

(2)他的画。我把它变成了花。他说如果是他，他会给变成海。

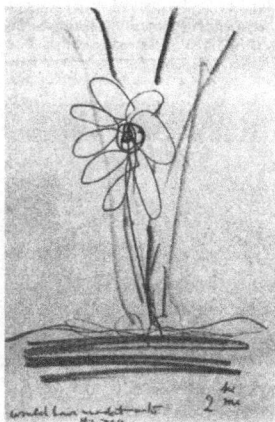

此时我知道我们已经触到了重要的主题，我在想这个东西怎么变成海。

（3）我的画。他画了画，讲了个故事。画的顶部是个钢铁人。海底，在悬崖底下，是兰斯洛特爵士（译者注：亚瑟王圆桌武士中的第一勇士）正在同亚瑟王争斗。故事里面，这个钢铁人从悬崖跌落，杀了什么人，并把争斗中胜出的那个人给撞死了。

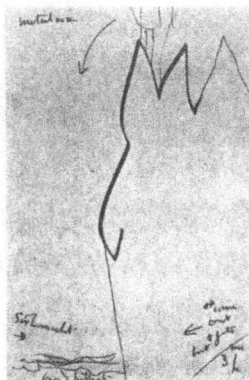

此时我觉得有关海、山和泥一定是有其特殊意义的，因为涂鸦不可能带来这么多图案，而且这些主题重复出现。但我并不知道这些对他意味着什么。

（4）他的画。他变成了两个人在逃跑，"逃离一个巨大的怪物"。

（5）他主动画的。这是架飞机。

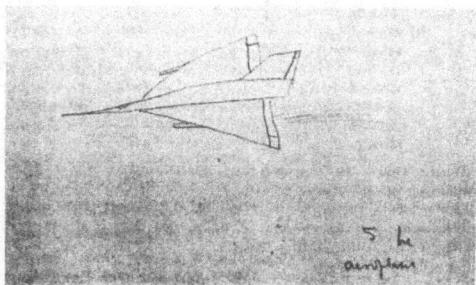

我试着从怪物入手，问及他的梦。我们聊了聊梦，他自己谈到噩梦。但是他很快将话题转移到他和他的一个表姐玩儿，但是表姐好像把她自己的性别弄混了，她好像希望自己是个男孩儿。他表姐还说自己想参军入伍。她说女孩子也打架，如果她是个男孩子的话，她就会在学校打拳击。她想打拳击，因为她很擅长。他安慰了她，说"但是她其实真的可以跳芭蕾"。有朋友给他们一些过家家游戏的材料，他们经常玩儿装扮的游戏。他表姐喜欢扮成公主或者精灵。有人说应该把她放在特拉法加广场（译者注：伦敦市中心的广场）最高的树上。他玩这个游戏的时候，他什么角色都装扮——"但是我还没有扮过恐龙呢"。他扮过巨兽和王子，然后他想到扮成女孩子这个主意，他讲了下去。

这是回溯他刚才讲的内容。画上他穿着一个套头的衣服。衣服上的扣子穿在背面，是因为衣服穿反了。他拿着一个网兜。这看起来非常重要。"你把别人很快套上，然后塞进食品柜里。"他继续讲了讲煮鱼，暗示这些人要被冷藏到吃下一顿饭的时候再拿出来。这些想法看起来和扮成女装有些联系。

（6）他想把这幅画画在第 6 幅画的背面。因为他画的是刚才画里那个人的正面。他的衣服有补丁，显示衣服很旧了。他说，你看他穿的是裙子，脚刚好从底下露出来。"这是正面的我。"他解释道。

（7）事实上他画了个很搞笑的女人，我们进而谈到女巫，他经常会想女巫这个东西。"她们很邪恶。她们还有很多珠宝。这些珠宝本来是其他游戏里面的。有个坏女人把珠宝偷来，然后藏起来了。我哥哥过来把我给杀了。我是好人，他是坏人。"

这是那个"生死之战"关系的第一次明确线索，这是他和他哥哥之间关系的一部分。

"然后另一件很有趣的事情发生了。还有一个坏的巨兽。"阿尔伯特的哥哥去追巨兽。他们沿着花园乱跑。他们的衣服全掉了，他的哥哥掉在巨兽脸上。他有一个长矛，两把短剑，还有一把长剑。他说："唔！唔！唔！"他指向各个方向。"有一个打着我了，我死了。"

他觉得很搞笑，因为在他自己的梦里他本来已经死了。

我问他关于好和坏。他有一次在梦里是"半好"的，因为他其实是坏的，但假装好人。一个巨兽，穿得像个公主娃娃，抓住了公主。他把她押作人质。这个公主就是他自己。哥哥来把她救了出来。在一个场景里面，他弟弟扔了一个足球样子的炸弹。"我是那个邪恶的女人。炸弹炸着我了，我死了。"

我说："你死了好多次啊。"

这时他脱下外罩，说很热，而且他忽然想起来他想给我看看他里面穿的校服。他说："我是个子最高的"——这是说在他家里——"但不是年纪最大的。这个很有用；我哥哥跟我讲他上学的事儿，所以我知道怎么办。"

我又问他关于好和坏。他说坏就是发脾气的时候踢打别人。他发脾气的时候就打所有人，特别是他的朋友。

(8)这是他画的。他把它变成了一个宇宙飞船。

（9）我的画。他把它变成了一条鱼。

（10）他的画。我给变成了个东西。

我们现在接近了一个真实的梦的材料。这是一个和巫婆有关的噩梦。

（11）这是他尝试画的巫婆；这是个小的，还有很多大的。她戴顶大帽子，她在帽子里藏着她所有的魔法书。我说："我觉得你把她画得很小是因为光想想她你就觉得特别害怕。"扫帚应该和她的魔法有关。

（12）这是一个男巫。他把这个画得大了一些，好像不那么可怕了（这是我的观点）。他根据这个又讲了个故事；他是怎么住在城堡里的；他发现城堡令人毛骨悚然，因为里面有人骨。（替代了幽灵一样的人，和有幽灵的城堡这个念头）。这个男巫把他的脑袋撞向地板。这自然魔法使门发生了变化。有一个大木门用铁链锁着。没人知道把手在哪儿。他用魔法把它打开了。画面上面有一个有翅膀的魔法猴子。他们会抓人。这个男巫胡子很长。

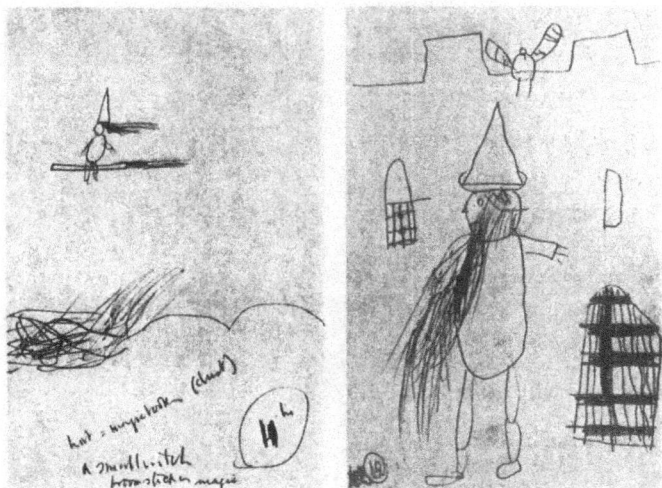

我想知道这个男巫和他爸爸的实验室工作有没有什么联系，但是他对此没有什么态度。这个想法没有任何结果。

他说女巫总是想要飞过去找男巫。我对此的解读是，他对女巫这个象征并没有过多卷入。我也无处可知，这个细节是因为他确实对女巫这个概念非常恐惧，还是因为阿尔伯特是从女巫和男巫想到了男人、女人和父母。

"女巫绕着月亮跑了三圈。只用了几秒的时间。她在拿破仑死去的土地上待了五年。对，埃尔巴。她喜欢拿（是指拿破仑）。"在这儿他用了一些怪强调，包括用很搞笑的声音来说拿破仑·波拿巴（译者注：法国皇帝）。"她也想死在这片土地上。"显然男巫也在这里。

随后他说到关于仙女的好梦。他的画如下：

（13）这是个仙女。"男孩子都不是仙女；他们是天使。"他最后给仙女穿上了衣服。魔法棒是要施魔法，这样你想要什么就有。

这时，他想要换个游戏玩，换成"帽子游戏"，所以我们画了一会儿轮流画出"脑袋、身体、腿"的接龙游戏。

结果我们俩在给这些画起名字的时候，我们都用了"亨利"这个名字。这是他哥哥的名字，所以我们一起笑话了他哥哥。

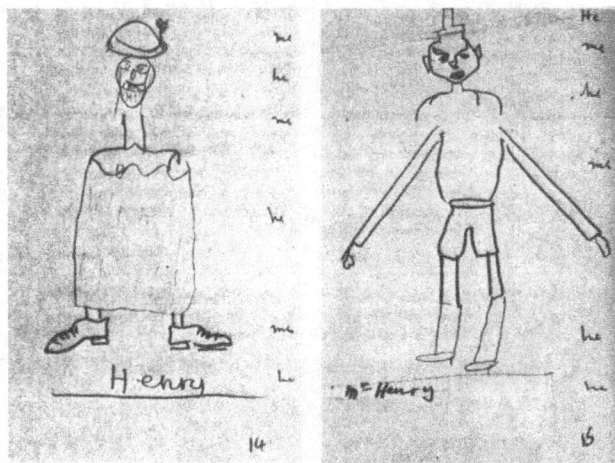

我问他知不知道他今天为什么来，他不知道。但主要是他错过了他最差的历史课。

他说："我本来不想来，因为会错过历史课。"他跟我说了他想玩的另一个游戏，叫作"吊死人游戏"。

(16)他解释这个游戏怎么玩。但他其实不知道怎么玩。

我们到此就快结束了，特别是他能看见窗户外面他妈妈的车。但是我又问了他一次，关于好坏。好就意味着满意，坏则是害怕。他一想到害怕这个词，就会想到他生活中最害怕的东西。他对此很清楚。

(17)他解释了害怕。"当我快要被淹死了。"他给这条河命了名。这幅画里面都是他在涂鸦游戏前半部分出现的材料——一条河，一座岛，山峰和泥淖，还有个金属的东西在穿过它，卡车。他讲了讲他爸爸是怎么救他的。这个画其实是个真实的事件，他说当时的情形其实也并不糟糕。哪怕他爸爸不来救他，他也不会被淹死。这幅画像是对事故的拓展想象，想象中卡车从桥上掉下来，砸死了亨利。这很清楚地表现了他和哥哥在和父亲关系上的斗争。

我在此用梦的意象了解到了一个真实的事件。

我让他更多地讲讲他对父亲的爱，和对他"是个戏弄者"的哥哥的忌妒。他很愿意跟我玩一些语言上的游戏，在游戏中，有时候如果他哥哥被杀了或者怎样，我们都觉得会很顺畅。确实有一次，一个金属做的骑士掉下来，砸到了亨利，这和兰斯洛特爵士联系了起来。

他现在做完了。他去拿了另一套阿斯泰里克斯历险记的书，如果我不说时间到了的话，他似乎要自己看下去。他好像知道这套连环画，他说他会说法语，但是不认识字。他说："我觉得他们不想要罗马人。"这确实是这套书所讲的东西。我说："为什么?"他说："嗯，他们不想(向罗马人)交税。"

在接待室里，他妈妈在喝冰咖啡，弟弟很高兴地在吃糖。阿尔伯特去跟他们一起吃饼干。道别很友善简单，没有频频回头说再见。

这次咨询之后，阿尔伯特似乎不再对自己的身份感到不确定。在过去两年中，父母都跟我保持联系，他没有再出现之前"过分乖巧"的状态。他在学业上进步很大。从材料中，很明显地看到他对自己哥哥的仇恨，他既没有向自己承认，也没有和任何人承认过，致使他整体上压抑了自己的攻击性，进而反映在他的整体人格上。

这个案例有趣的特点是，水这个主题浮现到第 2 幅画、第 3 幅画的方式很有趣，而在最后，又很意外地用梦的形式报告出真实的事件。

个案 11　赫斯特，16 岁

　　这个案例同样示范了在专业访谈中才可能出现的交流。我和这个女孩一起做的工作并未消除她的症状。而在我的治疗结束之后，主要负责她病情的家庭医生和她的父母，终于觉得孩子的状态恢复到了他们可以进行工作的阶段。在此之前，这个女孩拒绝接受自己生病这个事实，使他们觉得无计可施。和我会面之后，她看起来想要、同时也觉得自己需要帮助了。她之前自我管理的能力非常不稳定，但她又固着于此，咨询之后她摒弃了这个方式，变得非常小孩子气；她实际上 16 岁，而她的状态回到了差不多八岁的儿童态。她的父母找了一个女孩子做她的精神科护士，这个护士并未受过精神科训练，但是有这天生的理解力和包容心。这个方式很奏效，因为赫斯特如今变得允许自己成为一个病人。但是，她仍然坚持说她的医生只是她的朋友。

　　我现在仍在继续跟这个女孩会面，我发现她利用我的方式仍然是对我招之即来。同时她严重依赖于她的父母和家庭医生。这个个案的前景尚不明朗，但是我几件描述的治疗性咨询确实给整个状况带来了显著的变化。

　　赫斯特来自于一个完整家庭，兄弟姐妹四个，她排行老三。我会把这个案例讲得非常详细，希望让你们跟我一起来经历整个治疗性咨询的会面过程。我当时对这个案例的所知全部来自其家庭医生给我写的一封信。主要的问题是如今 16 岁的赫斯特自 14 岁第一次月经初潮开始，就持续地紧张。当时父母关系处在危机状态，但现在家庭中的危机已经消除了。

15 岁的时候赫斯特失眠，对其他人对她的看法格外敏感，在学校和她的私人生活中都不自信。她很担心自己是同性恋。她精神上的异常都通过阶段来展现，每个阶段的问题要么重现、要么直接切换到其他阶段。临床表现上看，躁郁双向摇摆。她自己声称没事。

16 岁的时候她病得很重，伴随奇怪的症状。大家很担心她会自杀。她拒绝住院。在家静养的这段时间，她对周遭的敌意消失，她变得很胖。大家觉得她的行为好像是 10 岁大的孩子，做鬼脸，对莫须有的人说话。她的智商测试显示是 130。

赫斯特和她妈妈看起来关系很好，我们三个一起聊关于家庭的事情，聊了几分钟的时候，妈妈决定要去小区外面散散步，把这个非常重的 16 岁女孩子留给了我，这个女孩儿心怀敌意，显然是被打扮过的，给人感觉好像是因为她要来见医生，所以被教导要穿上最好的衣服来的样子。

彼时非常热。我刚刚度假结束，不大在工作状态。我跟她说着这些，看起来她也无所谓。她讲了一点点关于自己的事情。她说学校出了点小状况，她可能要转学了。听起来她从来没有参加过考试或者是任何可能让她失败的事情，因为她什么都不做。这是目前为止在和她的互动中，唯一不正常的信息。赫斯特的态度非常明确，她觉得自己很好，也非常正常；唯一的问题是她的父母"不正常"。她跟我说问题都是母亲父亲的。她说："如果我自己待着就什么事情都没有。"她还说："父亲母亲在我 13 岁或是 12 岁的时候，俩人相处不好。但主要问题是我 14 岁的时候严重抑郁。"她对那套当时因为月经的事情生病的理论毫不稀奇。

我们坐下来开始玩画画游戏的时候，一切都变得容易多了。这个游戏她以前在乡下和一个男孩儿一起玩过。她喜欢乡下，很讨厌回伦敦。很明显的是，我们一开始游戏，她就能够非常投入地将它当成工作，也许也带着一点儿兴趣。

此刻我还要强调，这个画画游戏并不是面谈的关键。这只是我们采用的技术，它能够向我们传达信息，以此来加速捕获其表达的意义。

（1）我的画。刚开始赫斯特从中什么都看不出来，但是她说："给我点儿时间"，然后她画了画，很快就出现了一只老鼠，或者是只老鼠狗。

接下来大家会看到，她自己对很多画都做了评论。这些评论是赫斯特在整个游戏的最后加上的，她想重新过一遍这一系列画，想来理顺每幅画都做了什么。

其中非常关键的是，赫斯特投入到这个工作里面，很感兴趣，也在我和她的关系中很放松。这样她才能真的开始治疗。

（2）她的画，有两部分，一个是循环运动，一个是后加上去的V。我把它变成了一个女孩子。她在惊叫："救命"，然后我们聊了聊披头士。

这个主意完全是我自己想出来的，和她的画无关。在这次工作里面，我让自己有足够的空间，来发挥自己的自发性和冲动性。这个方式并未打扰到这个孩子。诸位读者可对我此的自由发挥各执己见。

（3）我的画。她把它变成了一只正在跳出水面的鱼。后来她管它叫作"跳舞的鱼"。

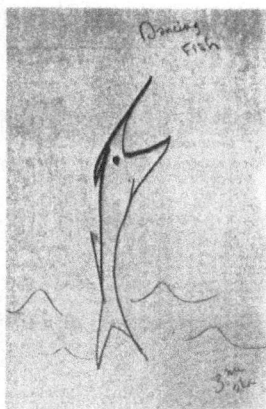

这展示了赫斯特的创造性想象力。她使用了我画中的力量，赋予了画中的鱼。我们可以在这儿做个关于"自我—支持"的讨论，她内在的这部分显然过度了。这幅画让我觉得，随着时间的推移，赫斯特内在有那种的勇气，能够让她敢于使用自己本能的经验，而非被本能经验所困住。

（4）她的画。她自己看到的是张脸。后来她把它叫作"危险人物"。

当然，这都是她自己的画，所以这是一个她自己非常重要的主题。如果让我来变它，我也许也会把它变成一个危险的人。你可以去思考，或者父亲是个跟性有关的，或者是带有邪恶意图的角色，比如说医生是代表父母的，医生在她身上动手脚，这个方式让她觉得对自己是个胁迫。我什么诠释都没有做，这样想让各种意义此时能相互并存。

（5）她的画。我把它变成了电话。我们一起玩的时候我觉得我们都很放松。我在其中某个时刻，用淘气的孩子的口吻说："我猜妈妈还以为我们在工作呢！"

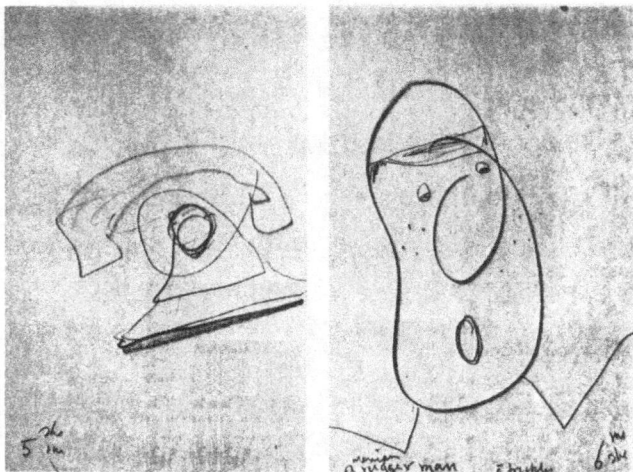

（6）我的画，她给变成了"一个长着雀斑的橄榄球员"；后来她又添上"美国人"。她仍在男人这个主题上，这次多了一点幽默感和嘲弄的意味。

此时我问她，如果能够选择性别，她愿意做男孩还是女孩，她看起来很了解这个问题，她说得很富哲理性，大致是说她觉得人们都喜欢做自己本来的样子。这就留有很大的想象空间，然后她问我说：“**你**愿意做哪个？”我说：“我嘛，就是我的样子；我是个男人，我也乐于做个男人。但是我理解如果想做个异性的想法”，等等。

你接下来还能看到我在这次面谈中是怎么依着自己做的。

(7)她的画。她对画有自己的想法，但是她想让我依着自己的想法来改。后来我试着按她的想法画。这是个小恐龙。“它很笨。”后来她把它命名为Cyril。她非常喜欢这个画，而且觉得这幅可能是我们画得最好的画。在这儿我又重现了关于男性的联想和阴茎忌妒，但是我在这儿还是没有做任何诠释，因为不想把我们之间的交流局限于一个特定的象征。

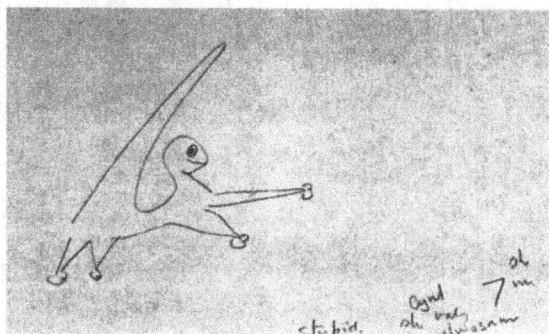

(8)我的画。她非常有想象力地把它变成了杰克和豆茎（译者注：一个童话故事）。后来她给杰克添了嘴巴，在游戏最后，她重看画的时候，又画上了豌豆。

你可以说赫斯特在创意表达上越来越主动，这方面女孩是可以和男孩做得一样好的。在此是不需要阴茎的。她赋予画中的这个男孩儿一个有男性成就感的行为，就是去爬豆茎，可在最后通过加重他性前期或者口欲期的主题（加上嘴巴和豌豆），使这个男孩不那么猖狂。我没有做任何诠释。

（9）她的画。又是一幅有两部分的画。我把它变成了一个男孩和一个女孩在一起。她觉得"非常好"，最后把它命名为"探戈"。

可以说我的主题是某种诠释，是我对她画面两部分本质的观察。

（10）我的画。她马上就知道要怎么变了，她把它变成了一个戴着帽子的女学生。后来她说这可能是她自己。我认真看这幅画的时候，我发现这确实是个很逼真的自画像。我们俩居然用这样的方式为她画了一幅自画像，这让我觉得很震惊。

其中某个时刻，她说她非常喜欢我墙上的一幅画。于是我带她看了我房间里所有的画。她显然是有画画的天赋。她画的一些曲线非常漂亮。我个人认为，这些曲线和她自己的身体曲线是有关的。尤其是她虽然个子很大也有点胖乎乎的，但真的不算胖。我觉得她对自己的身体有很自然的理解，也很自我接纳。

我们从游戏中也能看到，这顶帽子可能说明赫斯特对自己女性身份的接纳，以及她对阴茎忌妒的感受减轻，转而成为帽子和其他男性器官的象征物自然地用女性的装饰品以及她们的头脑的方式，有趣地表达出来，用成百上千种方式向男孩儿和男性表达这个女孩能够逐渐处理好自己的阴茎忌妒，相伴随的是她自如地使用自己女性身体和个性。

此时我觉得我完全相信赫斯特度过青春期，长成一名成熟女性的能力。

她觉得她会去做幼儿园的老师，也可能试试演戏，但在这方面不会有什么结果。

(11)她的画。我注意到她的很多画都是由两部分组成的。我考虑能不能利用这部分工作。我在想这个问题的时候犹豫了一会儿，这时赫斯特建议说，我们应该把游戏规则改成："如果你没办法把别人的画变一个样子，那么你可以挑战对方，让对方来画，对方可以任意把它变个样子。"所以我就让她来变，她把它变成了一个人和一个孩子在一条皮划艇上。"这个人显然很开心，但是这个孩子毫不在乎。"

这幅画全是她自己的，所以主题非常重要。我明白这幅画与赫斯特和她母亲的关系有些重要联系。这个母亲很开心，很满足，而赫斯特觉得被忽略了，很孤单。在此我想评价一下这个游戏，自从赫斯特觉得自己参与进这个游戏，我就可以说我和她确实在一起玩了，我们俩人各自都有机会发挥自己的创造力。这就创造了以下条件，就是我在《游戏》（*Playing*）（Winnicott，1968）这篇文章中说过："心理治疗是在病人和治疗师的游戏的交叠区域完成的。"

（12）她的画。这又是一幅两部分的画，是刻意画的。一个是点，一个是圆。我把它变成了一个女孩在洗完澡后擦干身体。她很高兴，后来把它命名为"普利茅斯的女人"，她知道我刚从普利茅斯度假回来。她觉得这幅画很好。

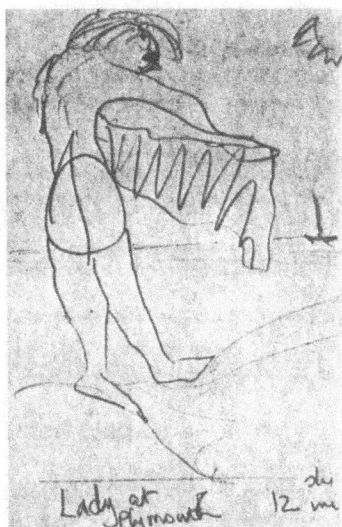

Lady at
Plymouth   12 m

其中一个时间点，我试着问她的梦，期望更深入地了解她。如果我选对了时机，孩子已经到了一个非常个人化、有想象力的时刻，一般孩子都愿意讲一些他们的梦。有可能是一个"昨晚做的梦"，似乎是为了咨询做准备的梦。所以我们在这儿聊了聊梦。

一个有趣的梦：她在跟 Jimmie 一起参加考试。不是小单间，而是几张桌子，桌子上放着名字，比如说"烤牛肉"和"鳕鱼子"。她可能坐错桌子了。

另一个梦里面，她有两个爸爸。

第三个梦里面，一架机坠落了。"飞行的梦很不幸地结束了，因为我忽然意识到我根本不会飞。"

我们聊了聊她真实生活中不会飞是多么可惜的一件事，借此我们讨论了讨论现实的原则，和梦中的自由相比，现实多么无聊。

她说她在和她父亲聊关于鸟的话题的时候，想起了有关飞行的梦，所以她确实有那么一刻，当时在她父亲的公司里，她觉得很失望。

我留心记了一下，她在区分梦境和现实的时候有一些困难。我没有做诠释，也没有提及这些问题。

(13)我的画。她给变成了哈普·马哈思（译者注：美国喜剧音乐演员，戏剧丑角，擅长演奏竖琴）。她很喜欢他，又一次觉得从他身上看到了自己。他去世了，但是写了一本书叫《哈普脱口秀》。他几乎谢顶，但是总是载着一头卷卷的假发套。

在此，她表现出了对男性的认同。从哈普身上的成功、可爱和幼稚中获得价值感；同时假发套和愚笨也使她保留了在生殖器阶段感受到的不自信。这使她尽管智商很高，但是仍然在学业中有不自信的表现。

（14）她的画。这又是一幅两部分组成的画。我就只说了："我们不动这幅画了。我觉得这好像男女守则。"她理解我说的话，也同意不做任何更改。她说我们可以把这幅画叫作"对比"。

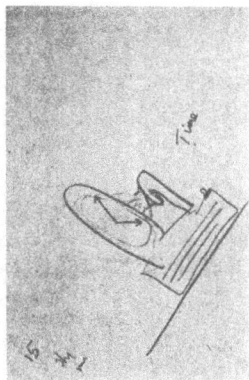

（15）她的画。还是两部分。我很快把它变成了一个床头闹钟和台灯。她很喜欢我这种能够把这幅画变出来的能力。后来她把这个命名为"时间"。

如果问我闹钟为什么会出现，我想是因为我们俩都觉得时间快要结束了。但是时间对于青少年来讲，正是现实原则的主要表现，我们也同时在处理这一部分。就像我在别处说的："时间是治疗者青春期的唯一良药。"（Winnicott，1965）

此时我们快要结束了。她问我，她认识很多人，我是不是也认识这些人？我说我认识其中一些人，我们聊了聊。这个世界上有很多好人，但是有三个**例外**：她的父母和她在青少年中心见的医生。最后这个人刚开始还觉得不错，可她去了之后，他每次让她待一小时，俩人都沉默不语，这太浪费他们彼此的时间了，她特别讨厌这个。很明显，如果她想要走的时候，我必须得马上放她走，否则这个医生就是我的下场。而且时间也确实要到了，所以我们画了最后一幅画。

（16）我的画。她觉得很为难，她说："天哪，这都有可能，它可能是骆驼，或者是一个黑人女人。"

这又是她的一种基本两难困境，正如躁狂与抑郁之间的摇摆。她看起来很了解当两种可能性出现的时候动弹不得的感受。当然，我也想到了，她在画画手法中体现出的两种分别可能代表男性与女性的特征。

她叹了口气说：

"所以这必须得是别的东西。"她先说这可能是只黑骆驼，但后来又把它画成了一只小狗，最后她给它命名为"小河马"。某种意义上，她用生了个宝宝来解决这个问题。另一方面看，她通过分散注意力来解决问题。在结束前，她跟我讲她做过一个跟火有关的噩梦。

时间到了。我们把每幅画又一起过了一遍，又起了名字，我们都很高兴。

她长大以后会要两个或者四个孩子。"你不能只要一个，因为他会被宠坏，而你也不能要超过四个，否则就太不公平了，这个世界上人口正在激增。"

她原本以为我会去见她母亲，而当我说我打算跟她母亲说我不想见她的时候，赫斯特长出一口气，放松了很多。我说："我当然可以从你母亲那里听听她的观点，她的观点会跟你的很不一样，但是此时此刻我只对你的想法感兴趣。"她母亲很快就同意了，面谈的最后，我称赞了她母亲戴的项链然后就道别，尽管她得等一等，我才能给她做单独的面谈，但是我还是让她觉得我对她是有留心和注意的。

之后我接到了一封来自医生的信：

我觉得你的面谈非常有效，而且作用不仅止于赫斯特。尽管她母亲没有参与进来，但是她一点儿也没觉得被冒犯。我觉得这个项目方法很好，但是我觉得我这么想是因为赫斯特确实比她之前好多了。现在我们可以把她当作一个"正常"人来对待了，甚至有时候只有她一个人是对的，其他人都错了。这在一年前，我觉得这对于她的父母、朋友或是我，都是绝不可能的。她当时病得非常重，完全无法承认这个状况。当时我们觉得要试着让她接纳自己生病这个事实，而如果她能够求助，可能就是好转的开始。

我也不知道我为什么要跟你说这些。可能只是想让你知道你能看到她这么好的状况是多么地走运！但我想你能理解我的苦心。

其父母也给我写来信，语气充满感激之情。他们也很快同意我只见赫斯特一个人，而且见得越少越好，也许之后就完全不见了。我们并不确定时间，如果赫斯特想见我，我会尽快根据自己的时间表来安排时间。母亲说：

我觉得，自从第一次见了你之后，她的变化很大，尤其是她对我的态度。比如，她跟我说："我周末想跟你出去（她停顿了一下）。噢，但是我最好别去，因为我们俩目前关系不太好，是不是？"这是数月以来第一次，她（某种程度上）能够看到我们俩关系中她自己的存在。至少我当时是这么觉得的。

我也理解你不希望我询问你的建议。所以我就只跟你讲讲我们是怎么教育她的。我们（在家庭医生的帮助下）决定这个学期赫斯特不必去学校上学了。我给她找了一个家教，一周辅导她一到两次，取决于赫斯特自己的感受。

这件事至此就是这样了。我认为没做什么，而且非常经济（只用了一小时）；而且这对父母和医生在这个个案中的角色并没有被强制替代，而在心理治疗中，这简直是不可避免的。

第一次面谈结束后，母亲说："这是自她 14 岁生病以来，第一次有人能够和她交流。"

后续

这名个案一直在家休养，有一名家庭医生和一个看护，在帮助照顾她。赫斯特对我"随时召唤"，这样我们一年内见了六次。她的躁郁症状有所减轻，临床表现以一种可控的抑郁为主。她想要回学校。

我在此描述的第一次会面，仍然是整个团队合力帮助这个个案的基础。目前为之，小有成就。

由于快速剧变的青春期主导，这名个案的结果无可预期。

个案 12 米尔顿，8 岁

本书的第二部分，我将要用这个案例作为结尾。这个案例中的小男孩在咨询会面结束后，横亘在他成长道路上的一个阻碍被移除了。家里人都发觉这个孩子放松多了，也和大家相处自如，进而大家也都改变了对待孩子的方式。他的家庭通过这样的方式在随后的数月中对这个男孩儿进行治疗，但是如果没有那次治疗性咨询，这个家庭的功能虽在，却不能发挥作用。

家庭史

米尔顿，男孩，8 岁

龙凤胎，6 岁

女孩，4 岁

这个男孩的母亲给我写了一封信，讲述了从她的角度，她所看到的问题。她觉得最大的问题是家里的长子，就是米尔顿从未真正接受过在他 2 岁的时候，家里出生的双胞胎弟弟妹妹。她写道："他们的出生使他陷入一片混乱，在很多方面都用很明显又很激烈的方式表现出来。他变得极度依赖我，并一直这样。"还有一些明显非常病态的特征，比如说偏好施虐受虐的行为，并开始对鞭打着迷。而且他开始有一些潜在的变态趋势，比如说忍不住去看和摸女孩子的裤子。他在家表现得盛气凌人，但是在学校却表现得很乖、很紧张，并不讨人喜欢。他学习不错，对历史和语文很感兴趣。这个母亲还说，她自己也在接受治疗，尽管治疗使她能够和其他孩子的关系处理得更好，但是对于米尔顿的这些行为，她束手无策。

心理治疗性质的访谈

父母把米尔顿带来做治疗性咨询。我们一起聊了一会儿，他们退回到了等待室，耐心地等了 1 小时 15 分钟，直到米尔顿和我的工作完成。他们走的时候没有机会和我聊天，不过我事先告诉过他们这种可能性。数周之后，我跟他的父母见了面，这次我投入地和他们聊了聊。但是如果这次聊天是当天和米尔顿咨询完就做的话，结果会非常不好。

面谈

我发现米尔顿非常活泼，几乎可以说，他处于对什么东西特别渴望的状态。在整个画画游戏中，他一刻不停，他一般都不坐着，非要站着，游戏常常会变成一种胜负之争。我的目的是让他（如果可能的话）来玩画画游戏，但是我一开始得先让步，跟他玩一会儿五子棋，这个游戏（我很快发现）他其实不会玩（见第 1 幅画）。

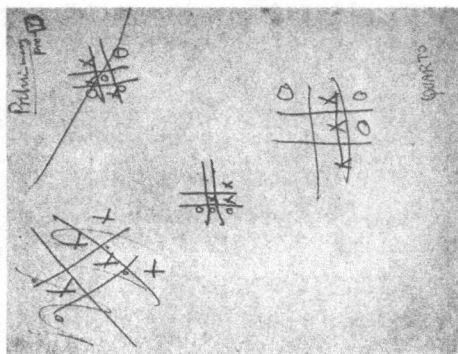

一开始我觉得我和他不可能从这个游戏中建立深层次的连接。但是我还是坚持这么做了，结果让我很欣喜。

画画

我跟他解释了这个游戏，告诉他我先画一个画，他可以按照自己的意愿去把它变成个其他东西。然后我们交换，他来画，我来变。然后我先画了一个：

（1）我的画。他说："这像 8。"他没有任何想法去把它变成什么其他东西。

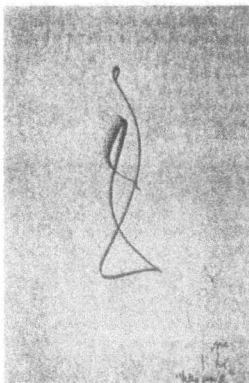

在此情况下，大概是因为他不停地动来动去，我认为可以给他一个当下的评论，这个评价可能能使我们之间这种费劲儿的关系往前发展一点，兴许也不能。

我说："那是你"——因为他刚告诉过我他 8 岁。他马上进入了游戏，画了他的画：

（2）画得非常随意，和我的一样，看起来没有方向，也不刻意。他看了看，很快说："这也是我；这是个 9，我下周就 9 岁了。"

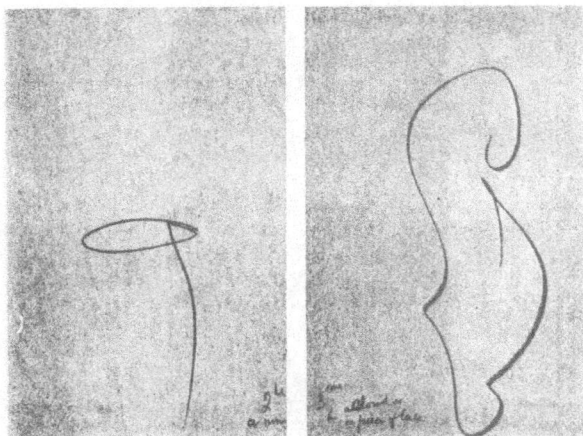

我们现在开始一边游戏一边沟通了，但是他还有很多小动作。我开始觉得有希望了。

（3）我的画。他没有改动它或者把它变成什么东西的欲望。它只是说："这是片云，或者是一片蕾丝。"

这让我想到整个和幻想有关的理论以及我称为**过渡现象**，就是从醒着到睡着那段过渡期的东西。我在这个领域试探了一下，想从他这里了解到他有可能记着的过渡性客体或者过渡性技巧。但在他这儿什么也没有问出来（但是在其他个案中是有可能会有发现的），他只告诉我他记得他 3 岁的时候有一只泰迪熊。所以我们就继续玩游戏了。

（4）他的画。我发现他画了分开的两部分。所以我把一部分变成一个脑袋，另一部分画成身体，结果整幅画变成了一个女孩拎着手包。他从两个层面对比做了评论。表面上看，他说："你画得真好！"然后又用更坚定的语气说："当真这是个灯笼。"

他的意思是说，如果让他改动这个画的画，他会把它变成一只灯笼。这句话隐含的意义是，我还没有触碰到他的想法。他忽然把手包的带子画得和手包贴得更紧一些。他在这儿还是动个不停，走来走去，站着弯腰趴在很低的桌子上画画，不坐。

（5）他的画。他画这幅画的时候坐了下来。画上只有四条线，他马上说："我知道这是什么。"然后他把它变成了一座火山。我说：

"嗯，这又是你。"他似乎很坦然地接受了我这个说法。

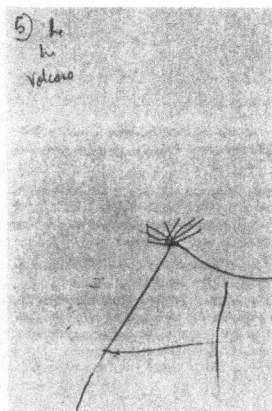

（6）我的画。他说这是个灌木，或者一只蜗牛。他唯一能做的就是来决定应该哪面向上。

留心一下，他的这种懒惰，说明他觉得结果应该来自魔力，而不是努力和技术。这个画画游戏中我们可以去使用这些原则，知道孩子开始觉得愿意主动地参与进来。

（7）他的画。我把它画成了一个盆栽植物，但是他说我这么画

错了。他说:"这是一阵旋风。"我说:"嗯,这还是你。"我又说:
"这些话看起来都和你有关,除了那个女生,不过当然啦,因为女
生那幅是我画的。"我们聊了聊关于他是男孩,或是女孩,他愿意做
男孩还是女孩。他非常偏向于做男孩。当我问他原因的时候,他变
得非常理性,说:"嗯,女孩也不错,但是我恰好就是个男孩子。"

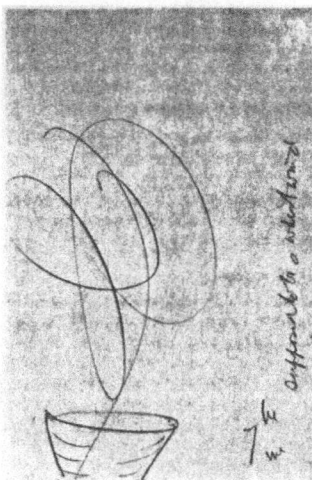

(8)他的画。这时,他玩这个游戏玩得很高兴。他说:"这是本
书。这还是我,因为我喜欢书,我一直都读书。"

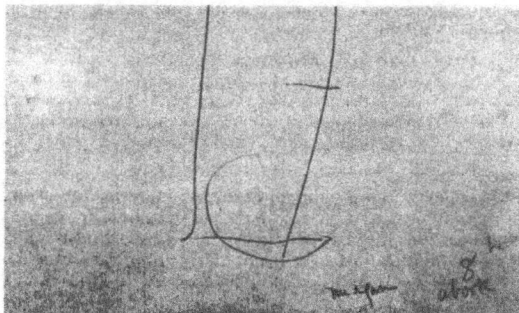

（9）我的画。他说这是个搞笑的植物。我说："嗯，如果你身上有些搞笑的部分，你觉得会是什么呢？"他说："我妹妹总是笑话我。"在思考他能把这幅画变成什么的时候，他说："你有什么推荐的吗？"我说："没有，我画的时候什么都没想。"

我觉得在这儿，是暗示他对自发性和自由联想有些害怕，他因此想通过询问我的想法来求得我的支持。

（10）他的画。他说："它有个领子。"这给了我一些思路，我把脸添上，然后我们再次决定这幅画还是他。

重新评估阶段

我们现在处于一个阶段，这个阶段在很多治疗性咨询中都会出现，这个阶段看起来什么都没有发生。之前有的时候我会想，我们之间的接触可能就到此为止了。但是我逐渐认识到，这一阶段，孩子是在重新评估我们的情境。根据到此时为止咨询室内发生的事情，孩子（潜意识中）衡量这段专业关系的可信赖度，他要花一些时间来决定是否要冒险进入一个更深层次的互动之中。这就像个转换器，如果让他觉得这个咨询会面进行得正常，工作就会深入一个层次。① 在咨询中可能不止有一次这样的评估。在这段时间内，我们做了如下：

（11）这幅画可以看成他自己版本的五子棋游戏。他把它叫作"纵横填字游戏"。我能看到，相比于现实，他更接近梦境的状态，因此需要有控制感。我让他主导局面。他大叫："我赢了！"特别高兴。

（12）他的画。继续玩了他那个版本的游戏。

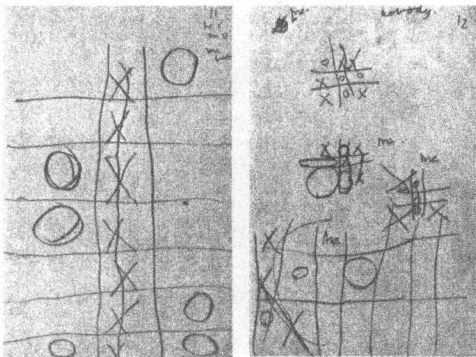

---

① 特别是本书第三部分，个案 13（关于手的案例）。

我现在开始试探他的梦，很清楚我们是在刀尖上行走。他不停地动来动去，这会很容易将他从谈话中游离出去，但是他已经非常接近幻想和梦境的状态，我可以抓住机会邀请他**审视**他的**内在**，正如他之前从外面看着画中的自己一样。结果他非常积极地回答我关于梦的问题。是从此刻开始，我不再担心这次咨询会失败了。我知道我可以把这个咨询的动力留给孩子自己，这种动力会驱使孩子跟我沟通他的主要问题。

在更深层面上工作

他回答我的问题说："我每天晚上都做梦，但是我不记得梦是什么了。我可以给你讲一个**搞笑**的梦。"他也听取了我的建议，拿了一张大纸来跟我讲。他先在一面上画了几笔，然后把纸翻过来，在背面重画。（我学习到的是，我们要重视这些极细小的细节，他的意思是他现在在讲他背后的那一面。后来我从他母亲口里得知，米尔顿一直问孩子从哪出生，因为大家反复跟他说，他一直坚信孩子是从"后面"出生的，而不是"从前面出生"的。）

（13）和（14）这些梦是"很小，大概 3 岁"时做的梦。他说："我做这个梦的时候，觉得非常害怕。但是后来这几年，我觉得很搞笑。"我试着把他的这个梦和家里龙凤胎的降临联系起来，尽管我知道龙凤胎是他 2 岁时到来的。

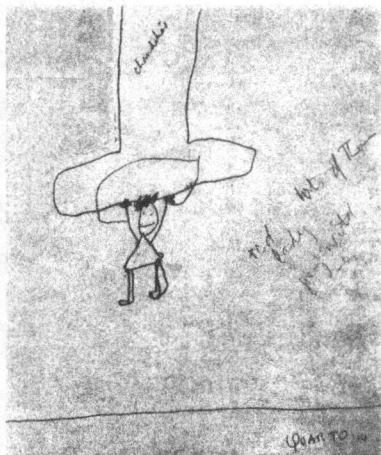

这个阶段他给出的梦非常模糊。首先梦里有一个枝形吊灯，还有一个"红色的女人"吊在上面。梦后来发展成为有雪橇从沙子上滑下来，斜在海岸边"都降落在海上了"。在梦里面出现了很多红色的女人。他说，红色是血水样的红色。他不停地说这个梦有多蠢，从此我可以推论他知道虽然后来这个梦好像很搞笑，但是当时这个梦一点儿都不搞笑，非常有意义。他继续说："梦里的这些角色做杂耍，跳绳；但是好像不是在梦里；这些好像是后来才到梦里的，那使梦变得搞笑。最早我做这个梦的时候还很小，这个梦没有任何好的地方。只是很害怕。所有的东西都是红色的。"

这时我有种感觉，他记起了做梦时非常害怕的感受，他这时就是那个很小的孩子。

他现在把纸翻了过来，继续画（第 13 幅画）。（这是他最开始用的那一面。）在这他画了个 8（在图中看不清楚，因为他后面画的东西挡住了。）我说："噢，又是你。"然后他把脸画上了，还画了副眼镜。我说了一下，他说："嗯，我可能以后会戴眼镜，因为，你看，我读很多书。我真的很喜欢书。我晚上都读书；读历史和历史上的男男女女。"他继续说到纳菲尔德勋爵①，"他捐赠了三千万美元，我不知道他做了什么。他是个资深的工程师。"

这时我放弃了跟他讨论梦，因为觉得他当时面对那种恐惧的感觉已经尽力了。所以我顺着他说到纳菲尔德勋爵是工程师这个话题，问他长大想做什么。"嗯，科学家吧。但是学校的科学课不怎么有趣。"他然后告诉我他父母从事文学工作，显然很引以为豪。他讲的时候，在画第 13 幅画上非常黑的那一部分。我问他，他说：

---

① Lord Nuffield，原名威廉·莫里斯（William Morris），英国汽车工业之父，莫里斯（Morris）汽车工厂的创立者，企业家及慈善家，受封为纳菲尔德勋爵。

"你看，我正在把电话拿起来。"但是在我看来，他本来的想法就是在这张纸上画上非常重的颜色。我觉得这是个无意识的动作，象征着一种压抑，用几乎刻意的断片来否认带来恐惧的事物，比如说血红色的女人。但是，电话是一个积极的象征，代表着沟通。

你会看到我什么诠释都没有做。我让这些丰富的材料用自己的方式发展和呈现，相信病人会利用他对我的信任和这个专业的设置，最终会从对他3岁时做的梦的恐惧中解脱出来。

我们在第二个特殊的时期（译者注：个案的重新评估时期），但我猜我们还要进入另一个阶段。我主动跟他说："你最爱谁？"紧接着我说："我明白。"我觉得我这么做的原因是我看到他很迷茫，我想利用这个事实：他还没有决定好怎么处理我的问题。如果我等他的回答的话，他的答案会很理性。他看起来对我说"我明白"感到很困惑，便让我告诉他。然后我说："你自己。"我自然是受了他的画中自己多次出现的影响。他对我的答案表现得很愤怒。"不，我一点儿都不爱我自己；我谁也不爱。"但是他继续聊这个话题，说他可能爱他的祖父母，没有别人了。他给我描述在家里，双胞胎妹妹和小弟弟玩，而双胞胎弟弟一点用都没有。"他从来都不和我玩，我没人可玩。"然后他告诉我一个他的男生朋友。这个朋友关系似乎是那个男生欺负他。我们现在绝对是在施虐受虐机制中的受虐方。显然这两个男孩子在一起玩得很多，但是他们的很多玩乐都在某种意义上是反社会的活动。他这么解释："有一次我翻窗户进学校，打开老师的抽屉被抓了，但其实里面什么都没有。"我顺着问："你有没有拿（偷）东西？""没有，但是我会玩拿来的东西，我每次都会还回去。"这个阶段到此结束了。

他现在自己重新聊起梦来，说："我每天都做梦，但是没有一个梦是我能看到的。"这似乎是他描述知道自己做了梦，但是忘记了梦的内容或是他本来记得一个梦，但是完全醒来的时候就忘了的方式。他继续说："我从小到大只见过两次完整的梦；一次是跟马和马车有关的，梦挺好的，这个和《黑骏马》那本书有关。另外一次我只能看到一半，也确实很好的梦，是关于挪威神都成真了，特别棒。"然后他跟我讲了他读了挪威传奇。他显然从这本他睡前看的书中了解到非常多的信息。

事情仍然很不明朗，于是我说："你是个开心的人吗？"他说："在学校不是，我被欺负。"然后他开始描述男孩子们欺侮他的一些恶劣行径。但其实他和我见面的这天，这些男生却选他作班级刊物的编辑之一。我问："他们真把你弄伤了吗？""哦，没有。"他夸口说："他们可伤不了我，我练过柔道，不过他们说话很难听，我说的是真话他们都不信，到处说我是骗子。"接着他坦白道："我很会吹牛。"

我们聊了一会儿学校的事，但我一直等待着时机，想把话题拉回到他画的梦上面。最后，他主动回到了梦的主题上。他说："我的龙凤胎弟弟妹妹出生时我吓坏了。你知道，我那时很小，才两岁，后来我的生活完全变了。"他说："我其实倒记不太清楚了，但妈妈说这件事对我有影响。"这句话表明，他还没有真正回到过去被双胞胎所影响的艰难时光里。但他继续说："我不喜欢这个世界，也不喜欢活着，学校里太可怕了。"然后他兴奋地说，学校里笃信上帝，而他无法接受这个观点。

我问："你相信什么事情吗，比如，相信你自己？"

"什么意思，我不明白。"

这时，他很认真地思考起我刚才问他的话。为了给他台阶下，我说："这样说吧，你有没有觉得自己对谁来说非常重要？"他回答道："没有。"然后，为了给自己圆场，他吹嘘说："哦，我可以自己找乐子，我知道哪个电视节目好看。"然后他又一本正经地谈起上帝和相关的一些哲学问题："如果上帝是天父，那么谁又是上帝的父亲呢，谁又是上帝父亲的父亲呢？"最后他下结论说："这个问题能一直问下去，问几百年，问到你死了也不会有答案。"于是我问："你爸爸对你很重要吗？"他回答说："这个嘛，他自然是想有儿子，不过我很烦我爸爸。"然后他又回到信仰上帝的话题上。

后来我发现，他的父母几乎可以同意任何事情，唯独在宗教信仰上不能妥协，也许就是因为这种无法妥协的态度，他才会用"纵横填字游戏"这个词来称呼他自己发明的游戏。

他对我说，他读过了百科全书里所有关于宗教的内容，"书里是用一种科学的角度在讲"。此时，他进入了某种状态，好像在以上帝自居："所有的事，我都是自己去找答案，比如行星怎么运转，万物是怎么形成的。"如此等等。我接着他的话说："所以就某方面来说，你就是上帝，上帝也就是你。"他反驳我说："不，我可不想当上帝！我几乎什么都不懂！我知道的还不到世界的一兆分之一呢。"然后他跟我谈到达·芬奇，他说达·芬奇是世界上最聪明的人，他发明了超越他自己年代的东西，他很好地讲述了达·芬奇的历史地位。然后，他话题一转，突然说起了私人的话题："我弟弟从来不跟我玩，我很寂寞。"

我认为有必要再最后努力一次，分析他的梦，我得让米尔顿转到他"受虐—施虐"中施虐的那一面，因为他当下采取的防御是让自己易受欺侮、被虐待与受冷落。

他告诉我他以前常常捉弄弟弟，所以弟弟不跟他玩也是自我防卫的一种手段。米尔顿回到了自己3岁，弟弟1岁时的情景。他说他小时候常常打弟弟，这次他没有引用他妈妈的话来说："看，我其时很想当独生子！"

这时，他准备好了再次面对自己的梦境，进入由施虐所控制的状态。他好像明白这一切的意义，只是无法表述得让我很明白。"那个大吊灯——哦，不是真的大吊灯，是垂下来的枝形的灯而已。不，是胸。像人的胸。"

他发现他称作枝形吊灯的东西，是从坐在膝盖上婴儿的角度看到的一个男人或者女人的身体。他现在有能力，也愿意谈一谈"红色的女人"了。他说她们的胸都被撕掉了，他说这个是非常自发的。我觉得他是用他弟弟这个关于胸的想法，来表达他非常原始的，对于母亲胸部的虐待幻想，这些想法3岁的时候主宰了他。当然，这些想法也源于他的婴儿期。

他现在表现得非常焦虑，他能够表达出部分梦中的幻想内容。雪橇与在海上降落和出生有关。所以这个梦融合了出生和对于乳房的虐待攻击。他的想法飞速运转："噢，对了，梦里还有个东西；好像个电影；中间有个间隔。其实我讨厌奶油蛋羹，但是，你看，我小时候确实很喜欢奶油蛋羹。"（例如：在龙凤胎出生之前，以及对母亲的态度转变。）"有一个服务员过来；那边有一架钢琴。很有趣是不是！这些人都在吃饭。他们叫：'服务员！'然后女士说了些什么，只有在梦中没有语言，然后服务生就送上了奶油蛋羹。"（他还在他的前语言期。）他在这儿停下来说："我！啊！奶油蛋羹！"然后他继续说："然后他们忽然走到枝形吊灯下；在肚子上怎么有一些胸部；胸或者乳房。"他此时指着画说，他觉得怀孕时肿着的肚子就像一个乳房，这是他在梦中攻击的对象，这导致了流血和表面血肉模糊。（他把他对孕期的肚子的攻击，投射在他对乳房的虐待攻击上。）他又说："当时有六个或者八个女人，全是红色的。"

　　他此时和母亲的身体是在一个母婴关系中，他继续说胸部（乳房），然后讲到一个人，他说："把所有的东西都聚集在阴茎里面，那里装着种子。"

　　现在他脑袋里的顺序非常清晰了：乳房、孕期的肚子、没有胸部，但有阴茎的男性。所有的东西都因为虐待的攻击而呈现红颜色。

　　他继续说："是的，是胸。我记起来了。"我此时觉得他现在真的触碰到了他三岁时做的梦，这个梦在数年之间逐渐变得搞笑。他充分地理解到了他的施虐幻想和施虐冲动，这让我不再担心他的施虐和受虐倾向了。他重新体验了他的愤怒攻击，然后将其隐藏到来自原始关系和对于乳房的兴奋所带来的口欲虐待之中；更甚的是，他通过对奶油鸡蛋羹这个小时候喜爱，长大了讨厌这件事，理解了跟乳房相关的、前矛盾的关系客体。

我们这次一起度过了 1 小时 15 分钟，我们俩都很高兴地结束了咨询。

后续

一个月后，男孩的父母一起来见我。我跟他们详细地讲述了整个咨询的过程，他们觉得他们对自己儿子的认识加深了很多。我觉得这对父母足够成熟，哪怕不这么直接告诉他们，他们也会做得很好。要知道，我们在和孩子做心理治疗的时候，这对父母对心理治疗一无所知，对于他们来说，他们觉得治疗是个谜一样的事情。他们从我这儿听到所发生的事情，对于他们来说是新的，这些东西在日常生活中没有出现。而巧的是，这对父母也会告诉我一两个很重要的细节，也扩充了我对这个个案的认识。

这对父母觉得非常了不起的是，尽管他们一直知道对于米尔顿来说，龙凤胎的降生对于他是场灾难，可是他自己真的第一次说出来，却是在我和他第一次见面之后。同时，父母都发现，原先紧张的关系得到了缓和，尤其是米尔顿和弟弟之间的关系。咨询结束的当晚，他们看见米尔顿和弟弟在沙发上相互玩乐打斗，这在之前从未出现过。父母迄今对这次咨询的结果很满意，也期待这后续的发展。

结语

一个月之后，这对父母对于治疗结果非常满意。男孩的父亲说，好像是 Milton 在和我的这个咨询中"找到了诀窍"。他的母亲说，她一直以为还会发生得什么可怕的事情，因为她之前都习惯了会不断地发生各种意外。但结果这个局面完全改变了，Milton 和他母亲的关系变得越来越好，而这一切全归功于米尔顿和他弟弟的关系大幅改善。

Milton 在结束咨询回家之后，对他妈妈又惊讶又愤怒地说："温尼科特医生说我只爱我自己！"他妈妈形容 Milton 的变化的时候，用的词是："就好像他从里到外都换了一个人。"她解释说，他之前总是吹牛说自己能做什么，而现在，他一般都说自己计划做什么，这些计划都非常现实。而家人也第一次能够和他开玩笑——而不担心他会勃然大怒。他在学校表现和以前差不多，一直都还不错。但是他现在对于成绩和排名等次要的事情放松多了。Milton 的父母认为治疗结束刚刚过去两个月，Miltion 的情况还是有可能随时回到之前的糟糕状况。但是他们也不得不留心到，Miltion 的变化给他自己的环境带来了非常可喜的变化，他第一次能够利用家庭所为他提供的帮助。尤其与妈妈的关系方面，显得轻松多了。

在之后的一年中，我"被要求"见了 Milton 四次。同时我也和 Milton 的母亲有着频繁的沟通，主要是通过电话。在这一年之中发生了很多事情，可圈可点，但是一方面我们篇幅有限；另一方面尽管我们对案例做了合理的模糊化处理，但是讲得越多，病人的可识别信息就越多。

这位母亲的表达非常值得提一下。她非常聪敏，而且她有过被分析的经验，对于精神分析的流程很熟悉。她说："你对 Milton 使用的这个方法，感觉非常不正统，但是在他身上非常奏效。"

我必须补上一句：我工作这么久，没有一个儿童的案例是可以被称为完成的。也许未来有一天，也许是一个孩子长大成人、长成一个非常社会化的成年人、独立的人——那个时候，我们才能对一个人的行为模式健康与否，做出一个真正的评估。

这样形式的治疗性咨询在儿童精神病学中颇为合适。它和精神分析、固定频率、长期的心理治疗不同。在儿童精神病的治疗中，我们遵循的口号是：在门诊中，究竟做多少就够了？当然，这个口号只适用于以下这样的案例：当孩子在发展过程中准备好了要去超越自己的屏障的时候，这些孩子的家庭和学校，以及孩子所处的环境都能够为孩子提供必要的支持，愿意为孩子所使用。在刚才我们所讲的这个案例里面，在咨询的一开始并不太顺利，各种迹象表明这个孩子对于更深层次的情感觉得很恐惧。逐渐地，这个男孩子自己开始能够在这段关系中找到一些自信，开始能够玩起来。因此他记得的不只是一个特别令人害怕的梦境，同时他还能回溯到当他做梦时候放松的一刻——那时候他差不多两三岁，正因为家里有一个双胞胎降生而感到困扰不安。慢慢地，他很认真地和这个梦一起工作，并且对此有了一些新的认识。这样他就能够去处理这些巨大的焦虑感——那些由于原始的爱的冲动，特别是和口欲期施虐相关所带来的焦虑感。他甚至能够回到之前的矛盾之处，以及他3岁时失去的和妈妈的关系早期中好的那一部分（蛋挞）。在临床中及时可见的，是这个男孩子的性格有很令人高兴的、真实的变化。自然而然地，这个男孩子的变化，也对周围的环境和整件事情的结果带来积极的影响。

在这个工作中，治疗师利用了孩子对人信任的能力。治疗师始终保持在"主观客体"（subject object）的位置上，这和常见的精神分析很不同，因为它并没有从对于神经症的移情角度来处理。

我们只做了最低程度的诠释。诠释本身其实并没有治疗效果，但是它能够促进治疗性的发生，比如说，这个孩子能够从害怕的体验中获得放松。治疗师的自我给了孩子支持，在这个支持下，孩子第一次将这些关键的经验整合进自己的人格之中。

第三部分

导 论

在本部分中，我会继续阐述与孩子沟通这一主题。

我从儿童这一群体中收集了一些案例，来阐明这种反社会倾向心理。尽管还包括其他有**破坏作用**的主要症状，但在这些案例中，这种反社会倾向主要表现为**盗窃行为**。

反社会倾向理论

我想在这里详细阐述我提出来用以解释反社会倾向的这种理论。当案例处理不当时，或可能由于继发性获益得以确定为一种症状而使案例变得有几分复杂时，这种理论就更加复杂难懂。进行反社会倾向研究最好采用较为简单的案例或先前处理过的案例，尤其是那些具备环境供给条件的案例，这种环境能适应由于心理咨询而得到改善的儿童性格与品质。因此，在这一系列（个案 13 到个案 21）的全部案例中，人们可以发现盗窃或反社会活动的其他表现形式只是一种症状。这类临床资料便是我所陈述并会重申的理论之基础，也是我已采用过的证据。如果一个儿童之前存在偷盗行为，在接受治疗性咨询后不再偷盗，那么，我们就有足够的理由推定咨询工作的有效性，由此，所依据的理论也就并非完全错误。我对有如此之多的非常严重的反社会型案例并不感到惊奇，我也不希望在描述这一系列时对案例有所改动。当优越环境中成长的孩子出现反社会倾向时，我们首先要做的是建立起能理解、能处理这一问题的可能性，就像是同事和朋友的孩子身上常发生的事一样。

这一理论本身并不复杂。我 40 岁开始对它首次有清晰的认识。

从那时起我写了几篇文章，尽力去阐述这一理论。直到我职业生涯的某天，不管是临床实践还是私人执业中，我都尽量避开反社会型的案例，因为我觉得自己没什么能贡献的，而且也失去了线索。为了向法庭提供一些笔录，我只是把他们当作常规的反社会型儿童来看待。但是在某天之后，我发现自己能够为自己遇到的这类案例提供某种服务。在这些案例中，反社会倾向是主要的症状。从那以后，我准许自己忙于众多这样的案例之中，面对这种案例，即便所有人都想尽力帮忙与表达包容，但还是会给人带来很多麻烦。

该理论如下：反社会倾向是一种性格障碍，常以偷盗或做惹人讨厌的事情的形式存在，常出现在儿童幼年时期，在这一时期，环境能促使儿童在人格发展方面拥有好的开始。换句话说，良好的促进性环境使得发育成熟过程在某种程度上有机会得以建立。那么在这些案例中，我们可以发现由于孩子发育成熟的过程被阻隔，或者被突然中断而出现了某种环境演化。这种阻隔或儿童对新的焦虑因素的反应都会中断儿童的生命路线。这种状况虽然可能会有某种程度的恢复，但**从儿童的角度来说**，在他们的生命连续性上现在会存在裂缝。在环境破坏和某种形式的环境恢复之间，会有一段时期是突发性意识模糊时期。若孩子没有恢复，那么孩子的人格仍然是相对分裂的，临床上会表现为焦躁不安、自我控制不良，需要依赖他人的管理或制度的约束。若孩子得以恢复，据说这样的孩子首先大部分时间是处于某种程度的抑郁状态，绝望但不知缘由，而后会开始获得希望。希望的获得可能源于其所处的环境中发生的一些好事。希望出现的时候，孩子会活跃起来，跨越这种裂缝，回到环境破坏前获得的那种良好状态。有偷窃行为的孩子（早期）会非常容易地跨越过这种裂缝，对重新找到已失去的客体，或已失去的来自母亲的供养、抑或已丧失的家庭结构充满希望，或者不再完全绝望。

后面会看到，每户人家都会有少数的实例，即孩子在小的方面成为被剥夺儿童后，得通过父母一定阶段的溺爱得以治愈（父母觉得孩子们需要这样一个所谓娇惯阶段，这种感觉无须指导，天性使然）。娇惯在这里指让孩子的状态得以短暂地临时性地退回到更小年龄阶段，得以依赖他人，并能依靠母亲的供养。父母往往在治疗具有轻微丧失感的孩子方面取得成功，这些给了临床医生一些线索，以能在孩子开始谋划获得继发性获益之前，获得一些反社会倾向的治愈方法的希望。始终需要铭记的是这些都是在被遗忘的过去和脱离孩子的意识生活的状况下发生的，但是令这一领域的工作者感到惊异的是，在这种特别的疾病中能够如此近地连接到意识上的冲突。沟通可能才是我们全部的需要。

粗略来讲，反社会倾向可以分为两种类型。**第一种类型**表现为偷盗，或通过尿床、邋遢以及轻度的违法犯罪来索取特别的关注，这些不良行为实质上给孩子的母亲带来额外的工作，并令其担忧；**第二种**是由于强势的管理导致的毁灭性，换句话说是没有附加反击性质的强势的管理。粗略地说，第一种类型的孩子的被剥夺是因为失去母爱的呵护或是一个好的客体。第二种类型的孩子的被剥夺是因为父亲，或因为母亲的品质中表现出拥有男性角色的支撑，包括她的严格苛刻，或者可能具备避免攻击的能力、能修补衣服、修葺地毯以及房屋墙窗的能力。

毋庸置疑，精神科医师、社会工作者通过除了儿童病患外的任何人进行的病史采集对儿童病患来说并没有价值。一名儿童自从两岁半在医院接受了扁桃腺切除手术后性格就有些变化，从儿童的母亲或其个人史中得知这点并没有任何作用。对治疗唯一有用的地方在于，发现了一些儿童治疗性心理咨询的内容。儿童可能在一些细节上做错了，也许这些行为细节之后能够得以纠正，而这些细节并不重要，比如剥夺发生的具体年龄。只有儿童自己知道什么才是根本的、重要的事实，同样，儿童眼中可能的丧失也许并未得到父母的注意。

有一些著名的概念。所有有关儿童治疗和社会工作的文献中有许多案例。我想说明的是如何**通过和儿童接触**，从其个人史中获得重要细节的技巧，然后以某种方式应用这些细节。这些内容可以通过对大量的心理分析治疗的材料进行仔细剖析后得到。然而，在所用到的大量材料中，真正被解析的案例的主要特征具有被隐藏的倾向。我觉得学生最好通过研究我在本书中呈上的用于描述的有限案例，来从开头学习应用于反社会倾向理论的重要部分。因此，为了阐述我的理论和技巧，我给出了七个案例。

如我在本书中给出的前十二个案例一样，对于这些案例，我会采用我称之为治疗性心理咨询和采用初次面谈的形式来描述。如果案例比较复杂，就会重复初次面谈，或者将其推广为长达数月甚至数年的"按需治疗"。为了更好地把这一技巧从心理疗法和心理分析区别开来，继续讲初次面谈的运用会更便捷。虽然处理这些案例的方法之间没有明显的界线，但是如果访谈是以一种系列的形式进行的，那么心理治疗就开始了，治疗工作会呈现不同的质量。在心理治疗中，根据移情和阻抗分析进行工作，治疗就会自动地成为系统化的工作，结果是经过几次面谈后，这种治疗更适合以精神分析或分析疗法命名。

在我的第一个案例中，有一个很简单的事实，学生会看到详细的叙述。事实是这个孩子接近我是为了偷我的东西，心理咨询之前，她是一个有强迫性症状的小偷。但是当她离开时，她的变化非常明显，以至于她的妈妈马上就注意到了。从那以后，她再也没偷过东西。她重新找回了她早期童年时的母亲。她现在可伸手去抚摸妈妈的乳房，她不再需要用一种强迫性的方法和无意识的动机去感知两人之间的隔膜。能有这样的结果并非纯属巧合。

许多案例并不像这个案例这么明了，但我希望这个案例能让学生对反社会倾向的研究与探寻工作产生兴趣，让那些大多数时候因生命路线的中断而感觉无望的儿童看到希望，这种生命路线的中断源于儿童对环境破坏做出的自动的、不可避免的巨大反应。

个案 13[①]　艾达，8 岁

现在我要呈现一个针对 8 岁女孩的详细而完整的心理治疗会谈，这个女孩是由于**偷窃**而被带来的（该女孩有遗尿症，但是却没有得到父母的理解和宽容）。在这一长篇描述的结尾，读者将会找到例证，它代表着对该儿童人格结构中解离的治愈。解离是反社会案例的重要特点，它解释了被无意识激发的偷窃行为的强迫性，而这种行为使该儿童感到疯狂，以至于他（她）会开始寻求帮助。

介绍

艾达的学校明确表示艾达的偷窃行为给学校带来了麻烦，因此，如果艾达的症状依然存在，她就必须退学。对于我来讲，和这个小姑娘见一次面，甚至几次面都是可行的，但是她住得离我太远，我不能根据治疗的情况来考虑。因此，在第一次心理治疗性会谈中我必须尽我所能地去做，在此基础上进行干预很有必要。这是一个来自医院门诊的案例。

[①]　首次出版在 *Crime，Law and Correction*，ed. Rakog Slovenko（Charles C. Thomas，1966），在标题"A Psychoanalytic View of the Antisocial Tendency"之下。

技术细节

我看到这个孩子时并没有看到带她来的妈妈，这是由于我还没到要准确了解其家史的阶段；我所关心的是让这位病人真实地面对我，慢慢地对我产生信心，并且逐渐发现她自己可以做深入的冒险。

会谈描述

艾达和我在一张小桌子旁坐下，桌子上放着几张小纸片、一支铅笔和一盒彩色蜡笔。

现场有两位精神病学方向的社工和一位观察者坐在离我们几码远的地方。

首先，艾达告诉我（回答我的问题）她 8 岁，她有一个 16 岁的姐姐和一个 4 岁半的弟弟，然后她说她想画：我最喜欢的爱好。

这次会谈没有用上涂鸦游戏。

（1）花盆里的花朵。

（2）从她前面的天花板吊下来的一盏灯。

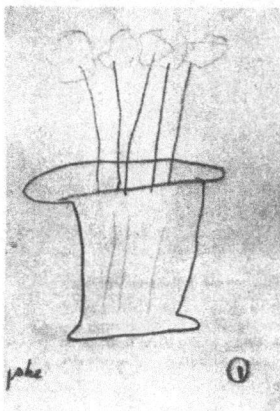

（3）操场上的秋千，太阳出来了，有几片云彩。

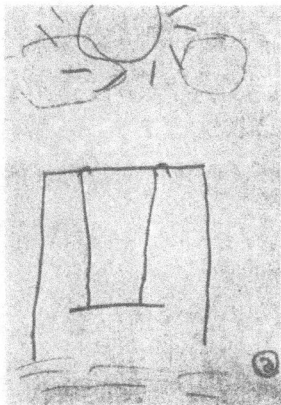

这三幅画没有什么绘画技巧，并且也不富于想象力。它们只是写实罢了。然而第3幅画中常见的云彩有一个意义，将会出现在这一系列图画的最后。在此阶段我还不清楚云彩的意义是什么。

艾达现在画的：

（4）一支铅笔："哦，亲爱的，你有橡皮吗？真滑稽，这支铅笔画得有点儿不对头。"

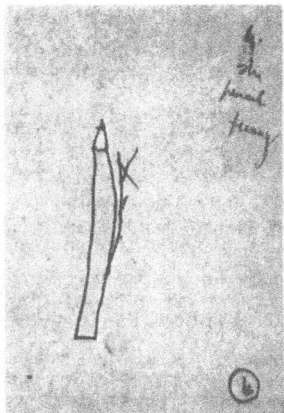

我没有橡皮，我说，如果你觉得哪里不对可以修改它。她作了修改，并且说："它太胖了。"

任何分析师读到这里都会已有各式各样象征意义的思考和多种很可能已经得到的解释。在这次工作中，解释是寥落的，在重要的时刻我们会对其进行说明。人们会自然地在脑海里留下三种想法：（1）勃起的阴茎；（2）怀孕的肚子；（3）矮胖的自我。

我做评论，但不是解释。举例来讲，当小女孩儿正在画这个的时候：

（5）一栋房子，有太阳，云彩（又出现了）和开花的植物。我问她是否可以画一个人。

艾达说她会。

（6）她的表妹，但当她画她表妹的时候说："我不会画手。"

我现在对偷窃主题的出现越发有信心，因此，在女孩自己的"进程"中我可以向后退一些。**从现在开始，除了我必须适应女孩儿的需要且不要求她适应我自身的需要以外，我说了什么或者没说什么并不那么重要。**

藏着的手可能与偷窃的议题或手淫的议题相关，而这些主题之间都是内在相连的，因为这种偷窃常是由于被压抑的手淫或幻想驱使所导致的强迫性行为。

（在画表妹的这幅画中，有怀孕的进一步迹象，但是怀孕主题在这次会谈中并没有发展出意义。它无疑将我们带入艾达3岁时母亲的怀孕。）

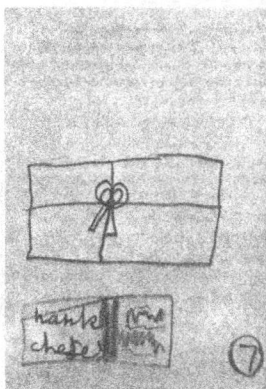

艾达开始辩解，她说："她在藏个礼物。"我问："你能画出这个礼物吗?"

(7)礼物——一盒手帕。

艾达说："这个盒子歪了。"

我问："她在哪里买的礼物?"之后她画了。

(8)约翰路易斯(伦敦主要的商店)的柜台。

注意：画的中间有垂下的窗帘。（见第 21 幅画）

我现在问："画一位买礼物的女士好不好?"毫无疑问，我是想检验艾达画手的能力。所以她画了。

(9)又出现了一位把手藏起来的女士，因为视图中女士在柜台的后面。

可以观察到，这幅图的绘画是一个明显的分界线，即想象中开始包含了概念。

买礼物和送礼物的主题已经包含了女孩儿自己的出现，但是她与我都不知道这些主题最后将产生的意义。然而，我的确知道采用购买的想法通常包含对偷窃的强迫性，采用送礼物的想法通常是含有对同样强迫性的合理化。

我说："我非常想看到这位女士从后面看起来是怎样的。"于是艾达画了。

(10)这幅画使艾达感到惊讶。她说："噢! 她有像我一样长的胳膊；她正在感受着什么。她穿着长袖的黑色连衣裙；这件连衣裙是我现在有的，它曾经是妈妈的。"

由此，现在画中的人物其实代表了艾达自己。在这幅画中，手以一种特别的方式被画出。画中的手指让我想到那支太胖的铅笔。我没有做解释。

评估

事情如何发展并不确定；也许它是我会得到的全部信息。在谈话停顿时我询问了关于入睡的技巧，也就是处理从清醒到入睡的改变，这段时间对面对手淫有矛盾感受的儿童来说是困难的。

"我有一个特别大的熊。"说着，女孩很有爱地画下来了。

（11）女孩儿告诉我她的故事。当她早上醒来的时候，床上也有一只活的小猫陪着她。此时艾达告诉我她弟吸吮拇指，然后接着画了：

(12)画中展示了弟弟用来吸吮的多个拇指。

请注意这两块像乳房样的东西，很像之前画中的云，这可能隐含了她看到弟弟在婴儿时贴在妈妈乳房旁边躺着的情景。我没作解释。

现在我们的工作卡在这里。一些人可能会说这女孩儿正在犹豫走得更深是否会安全(也就是说，有没有好处)。她边思索边画出了：

(13)"一位骄傲的登山者。"

这时正是希拉里和丹增登上珠穆朗玛峰的时候。这个想法帮我对艾达体验成就，并在性的领域到达高潮的能力进行了测量。我能够借这个想法，作为艾达愿意带我走进她的主要问题，并且给予我帮助她解决问题机会的象征。正是我在等待，等待什么的时候，它给了我信心。

我没作解释。但是，我故意提出了与梦的连接。我说："当你做梦的时候，你会梦到诸如登山等此类的运动吗？"

梦

如下是对一段模糊的梦的言语述说。她说得非常快，大概是这样的内容：

我去美国。我和印度人一起，并且有三只熊。隔壁的男孩在这个梦里。他很富有。我在伦敦迷路了。发洪水了。海水从前门进来。我们全部跑进一辆轿车中。我们落下了什么东西。我想——我不知道落下的是什么。我想它不是泰迪熊。我想应该是煤气炉。

她告诉我这是她曾做过的**一个大噩梦**。当她醒来的时候她跑进父母的房间并到妈妈的床上度过了余下的夜晚。她明显表现出一种敏感的精神混乱的状态。这也许是这次会谈的核心点，或者**基本达到她精神疾病体验的低谷**。如果这是真的，那么接下来的会谈可能可以视为从精神混沌状态到康复状态的过程。

之后，艾达画出：

(14)画笔与颜料盒子。

（15）当她谈到蜘蛛和其他梦中出现的"在我的床上一个接一个排成队列的蜇人的蝎子"时想到的蜘蛛抱蛋。

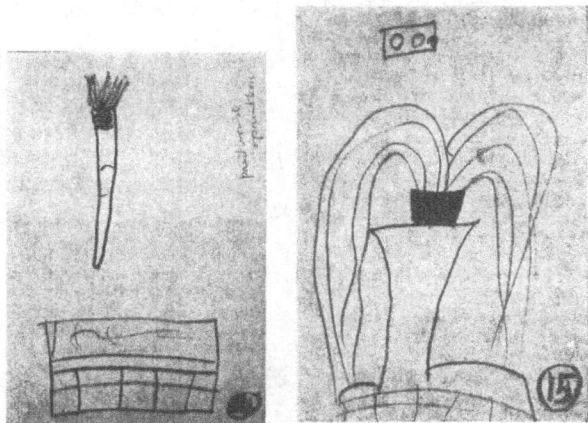

（16）一张混乱的图片，显示出一栋房子混合体（固定的住所）和可供居住的拖车（移动的家，让她想到家庭假日）；而后和（17）一只有毒的蜘蛛。

这只蜘蛛有可以将其与手连接到一起的特点；很可能这只蜘蛛象征着手淫的手与女性生殖器及性高潮。我没有作解释。

我问到它是多么让人伤心的梦时，艾达说道："有人被杀，妈妈和爸爸。尽管如此，但是他们整晚又来了。"

然后她说："我得到了含有 36 支彩色铅笔的盒子。"（依照我提供铅笔的小数目，我猜想，暗示了我的吝啬。）

到此我们已经到了中期阶段的尾声部分。一定要铭记的是我不知道是否更多的事情会发生，但是我不做解释，并且等待已经被这个孩子建立的进程中的工作。在这次会谈中，我可能会将我的吝啬（在铅笔数量上）作为一个信号，即在这一点上，她自身的强迫性盗窃是合理的。但是，我坚持未作解释，并且等待着也许艾达想要走得更深入的情况的出现。

最后阶段

过了一会儿，艾达自发地说："我做了一个窃贼的梦。"

现在会谈的最后阶段开始了。可以看到艾达的画此刻变得大胆得多，并且任何观察她画画的人都会清晰地发现她是被深度的强迫性和需要所驱使。人们几乎可以感到与艾达无意识的驱动以及幻想资源之间保持的联系。

艾达画了。

（18）一位黑人正在杀害一位女性。有某种物体在他身后，上面有手指或是某种东西。然后艾达画了。

（19）窃贼，他的头发竖立着，非常滑稽，像个小丑。她说：
"我姐姐的手比我的大。"

这个窃贼正在从一位富有的小姐那里偷珠宝，因为他想要送给
他妻子一件漂亮的礼物。他迫不及待地把它存起来。

至此，在某种更深入的层面，出现的主题代表了较早时一位妇
女或是女孩从商店买到的手帕作为礼物送给了某个人。我们还会看
到像较早前的画中类似于云彩的形状，现在看，这些像是窗帘，并
且有一张弓。

我没作解释，但是我发现自己已经对这张弓产生了兴趣，它如
果得以整合，会透露一些东西。这可能是开始形成的意识的画面式
表现，或者代表从压抑中得以释放。这些窗帘和这张弓再次出现在：

（20）一个礼物。艾达加了些东西，看看她加了什么："这个窃
贼有件披风。他的头发看起来或像胡萝卜，或像一棵树，或像一片
灌木丛。他真的非常友善。"现在我开始干预。我问了她关于那张弓

的事。艾达说它是一家马戏团的。（她还没有去过一家马戏团）。

她画了。

（21）出现了一位玩杂耍的人。这可能是她试图摆脱尚未解决的问题而成就一番事业的想法。这里再一次出现了窗帘和弓。图画被分成两半，窗帘垂下来，但上面也有，而这个杂耍者的表演正在进行，解离正是通过这个事实得以体现的。

主动的干预

现在我看到这张弓是压抑的象征，并且在我看来，艾达已经准备好将这张弓整合起来。因而我对她说：

"你曾经独自偷窃过东西吗？"

这正是我对反社会倾向的研究主题在治疗性会谈的描述中出现的地方。

这正是为了读者可以被邀请来跟踪这个孩子过程的发展，孩子使用了这个机会与自我进行连接。**她在回答我的问题时有一种双重反应，而这正代表着解离的出现。**

艾达说：(1)"没有！"与此同时，她(2)拿来另一张纸片开始画。

(22)一棵结了两个苹果的苹果树；对此她添画了草、一只兔子和一朵花。

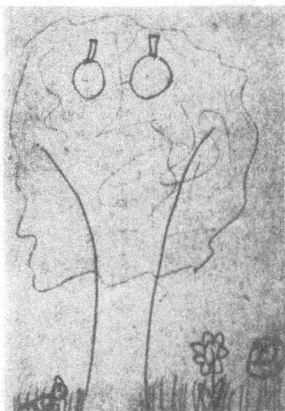

这正体现了窗帘后面的东西。她象征着发现了被隐藏的妈妈的乳房，依照当时的现状看，是被妈妈的衣服所隐藏。以这样的方式，一种剥夺感得以被表征。这种象征通过与图12中得以进行比较和对照，图12中在视觉中直接描绘了她对弟弟婴儿期与妈妈身体接触的记忆，图12对她来说没有治疗性的意义。

我在此作了一个评论。我说："哦，我看到了，窗帘是妈妈宽松的上衣，而你现在已经透过去找到了妈妈的乳房。"

艾达没有回答，但取而代之的是，她满心欢喜地画了。

（23）"这是妈妈的衣服，我最爱的一件。她仍然留着这件衣服。"

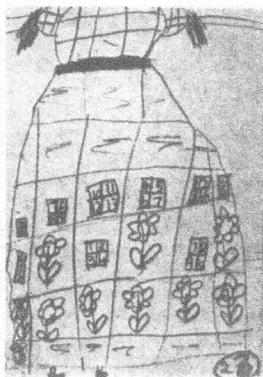

这件衣服可追溯到艾达是一个小女孩儿的时候，事实上这幅画之所以这样画是因为孩子的眼睛大约在妈妈大腿中间的区域。乳房的主题在泡泡袖中继续着。生育力的象征与在早期房子的画作中一样，并且她也正在将其转变为数字。

会谈的工作现在结束了，艾达迟疑了一小会儿以"回到表层"，继续玩了个以数字作为生育力象征主题的游戏。

（24）、（25）、（26）

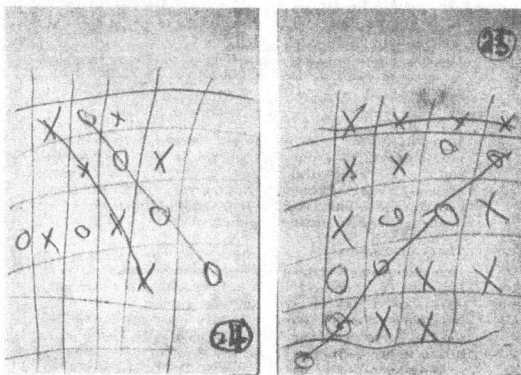

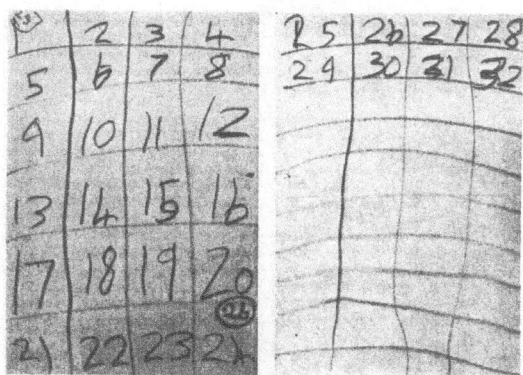

　　艾达现在准备离开，因为她正处在开心并满足的状态，我能有10分钟的时间与已经等待了1小时15分钟的妈妈会面。

早期历史简介

　　在简短的会面中，我可以了解到艾达直到4岁9个月大时获得了令人满意的发展。当她3岁半的时候，她弟弟的出生让她大跨步地成长，她给予了弟弟过度的关注。4岁9个月时，弟弟（那时20个月大）身患严重的疾病，并且一直病着。

　　艾达已经从她的姐姐那里充分得到了母亲般的照顾和关爱，但是现在（当弟弟生病的时候）姐姐将原本在她身上的注意力完全转移到了小弟弟的身上，艾达因此有了严重的剥夺感。丧失了姐姐的关注，艾达因这样的方式受到了严重的影响，父母经过了一段时间才意识到这一点。他们做了所有他们可以做的以弥补问题，但是大约过了两年的时间，艾达似乎才从姐姐如母亲般照顾的丧失感所带来的挫折中恢复起来。

也就是大约在这时，艾达 7 岁时，她开始偷窃，最初是偷妈妈的，之后是从学校偷。最近，偷窃已经变成了严重的事件，但是艾达从未坦白承认过。她甚至把偷来的钱交给她的老师，并且让老师慢慢分发给她，由此显示出她并没有因偷窃行为而受到全部牵连。

伴随着这种强迫性偷窃行为，她缺乏学习时注意力集中的能力，艾达的学习成绩也受到了影响。她总是擤鼻涕，也变得又胖又难看（请看图 4——超胖的铅笔——感觉哪里不对）。

简言之：尽管艾达住在她自己和睦的家庭里，但她在 4 岁 9 个月时经历了相对剥夺。她因此变得困惑，另一方面由于她开始重新找寻安全感而发展出以作为一种解离性强迫而出现的偷窃行为。这种解离性使她不能承认自己的偷窃行为。

心理治疗性会谈结果

这次会谈产生了一个结果。尽管艾达直到会谈时仍有偷窃的行为，但从那以后的六年里她没有再偷过东西。她学校的功课也有了很快的进步。（但是夜间遗尿症直到这次会谈后一年才痊愈。）

母亲说道，艾达从诊所中出来，**与自己建立了一种新的关系**，一种轻松又亲密的关系，好像一道阻隔得以消除了一般。以前的那种亲密感的再现持续下来，这似乎展现了在会谈中所做的工作是真正的母婴联系的重建，当姐姐忽然将她母亲般的关怀从艾达转移到生病的弟弟时，这种联系就已经丧失了。

解离性

这里呈现一个例子，以说明我所指的解离。艾达不能坦白承认偷盗的行为。在面谈时她被问道："你曾经偷过东西吗?"她坚定地说："没有!"但与此同时，她表现出她现在不需要偷东西了，因为她已经找到了失去的东西——在她自己的内在心理现实中，或是心理表征、内在客体中和妈妈乳房的联系。语言并不是关键，关键的是这种解离停止作用，因为它已突然间变为了一种不会再被需要的防御。

该案例的细节很好地说明了该理论可以应用于面对反社会型的儿童和少年犯的多种类型的工作中，无论这种工作是治疗性的还是监护性的。

个案 14　塞西尔，初诊时 21 个月大

　　这个案例记录的是一个男孩，他的情绪发展有这样一个特征：有退回到从前在家里依赖家人的情形。男孩的父母充分地满足其退行，并以此使这种退行转变成积极的治疗经验。

　　这一案例有其独特的价值，因为（治疗）进程跟退行的发作期紧密相连，除了小孩或家庭有精神病的问题以外，在可信赖的家庭环境中，小孩的生活都有这么个特征。

　　共进行了六次咨询，时间如下：

日期	男孩的年龄（1953 年 10 月生）
1955 年 7 月 12 日	21 个月大
1955 年 10 月 12 日	24 个月大
1956 年 2 月 8 日	28 个月大
1957 年 2 月 6 日	3 岁半
间隔	
1961 年 10 月 17 日	8 岁
1962 年 2 月 1 日	8 岁

塞西尔的幼儿园老师带他来见我，这家幼儿园在伦敦郊外。

1955 年 7 月 12 日　与塞西尔的父亲进行会谈

我和塞西尔的父亲初次会谈。他是个真心关心儿子的父亲，并且出色地控制住了整个局势。在一小时的访谈里，他告诉了我塞西尔生活中的一些细节。

家庭：

这个家中有两个小孩，一个是塞西尔，21 个月大；另一个是肯尼思，仅一个月大，还处在母乳喂养阶段。父亲描述妈妈是"聪明但并不总是放松的"。塞西尔正常出生(7 磅重)，然后用母乳喂养了 8 个月，他有些急不可耐，总是在他需要时就得喂奶。事实上，他有些贪婪，往往在入睡一个小时后就会醒来，从 6 周大开始就不好好睡觉，因此还被送往医院门诊，服用催眠药物水合氯醛来帮助睡眠，总的说来，他是一个快乐的宝贝，很早就会开始玩耍。他后来很听话，8 个月断奶也没什么困难。

塞西尔的父亲说他妻子在养育肯尼思时更加游刃有余，因为他从一开始就比他哥哥好带，这也说明塞西尔刚出生的几周的确存在困难。10 个月大时，塞西尔会搭积木，在正常年龄学会坐和走路。但是在 21 个月大时，他还不会说话。

症状的出现

塞西尔的父亲尽力描述出他向我咨询的难题。他说塞西尔在 1954 年11 月，也就是 13 个月大的时候发生了变化。他的妻子 10 月怀孕，在怀孕初期容易焦虑，他把孩子的变化跟这些联系到一起。

13 个月大时，塞西尔开始恢复以前的状态，重新表现出他父亲口中的"婴儿困难"，特别是出现失眠，甚至对母亲缺乏信赖，结果就是父母中必须有一个人陪着他。与此同时，他对玩具失去了兴趣，每晚要醒来好几次，每次都得爸爸或妈妈跑去他身边。醒来时，他会惊叫。从好的方面来说，他吃得好，以正常的速度成长，还开始喜欢音乐。

便壶的使用

如果塞西尔想要做的话，他可以用便壶了(13 个月大时开始会的)，但是在这个阶段，他完全放弃了。他不再戴尿布，但是他会去摸地上的尿，弄得全身都湿乎乎的，他的父母对此并没有进行严格管教。

与父亲此次会谈的五周前，第二个孩子在家里出生，此时，塞西尔 20 个月大。就在他的弟弟出生前的三周，塞西尔的病症越发严重，尤其是入睡困难和醒来的尖叫，他开始抗拒上床睡觉。在我和他爸爸会谈的前晚，他哭了 45 分钟，把所有的东西都推开，踩脚，打自己。他几乎每天打自己，有时甚至一天两次。

在他弟弟出生前，他父母就尝试着告诉塞西尔该期待什么，但是塞西尔并没有向他父母告知的那样去理解。弟弟出生后，塞西尔对他并不感兴趣，他会看着弟弟，戳弟弟的鼻子或者耳朵，把父母的视线引开。同时，他自己会想钻进婴儿车或简易床里。

过渡性现象

在进行常规的询问时，塞西尔的父亲告诉我，塞西尔首先吸吮拳头，后来是一个拇指，但只会在去睡觉时这样。他从不喜欢特别的东西。然而，在上个月，也就是他弟弟出生后的上个月，他整天都吸吮拇指，尤其是在弟弟被喂养的时候。塞西尔并没有想去碰妈妈的乳头，但是他非常喜欢在给弟弟喂奶时吃饭。父亲说，塞西尔现在(21个月大)已经不再玩耍了，水和沙子已被忽略，玩具对他也没有多么重要了。塞西尔有时会变得抑郁，坐着吸吮他的拇指。另一方面，他也开始发展新的积极的爱好，那就是音乐，他还喜欢做家务，佯装洗餐具，用吸尘器吸灰尘。

全科医师在塞西尔的治疗上还是有所帮助的，但是当药物已经无法对塞西尔起作用时，有效治疗的时间也就到了。

会谈进行到这个阶段，我意识到曾经有个同事在电话里咨询过我有关这个特别案例的治疗。塞西尔的父亲告诉我该医师曾建议他和他妻子给塞西尔雇一位保姆。当我发现我在强烈抵触这个建议的同时也是在反驳我自己的时候，这让我感到很好笑。这告诉我置身之外给出的建议跟你实际接触这些案例时的处理方式会有多么大的不同。他们尝试着雇了一位保姆，虽然塞西尔似乎蛮喜欢这个保姆，但不久，他就拒绝接受这个保姆了。

评析

既然我不再是跟同事在电话里讨论这个案例，而是实际接触这个案例，我会发现自己不但不会建议雇保姆，而且我会完全沉浸在父母自身有能力去治疗孩子的疾病的想法上。考虑到塞西尔除了制造些麻烦以外，他也是深情款款、天性美好的孩子。他最后甚至慢慢地对弟弟产生了喜爱之情。除了他有时会发出毫无意义的阵阵哭泣声之外，他还是能在父母的床上好好地睡觉。

我被迫同意塞西尔爸爸的意见，认为刚开始那几周的婴儿早期心理失常的模式似乎在 11 月这个新的时期复发了，也就是在此时，塞西尔的妈妈也开始因怀孕而变得焦虑。

这次访谈后，我写了一封信给我同事，内容如下：

这是一封有关治疗对象塞西尔的正式信函。我发现自己现在处境困难，访谈了一位男士，中间发现他之前咨询过你。我先置所有礼节于一边，我自己都感到很可笑的是撤销了我之前给你然后你传达给孩子父母的建议。我跟塞西尔的父亲说了我们常一起讨论案例，我记得你曾谈及你就这个案例提出的建议，那时我似乎觉得非常合理。由于种种原因，我发现这个家的状况跟我基于二手信息而预想的画面不太一样。

这个孩子从去年 10 月开始发生变化，此时正是他妈妈意识到自己怀孕的时候，她怀孕时往往会近乎病态地焦虑（疑病症性的），塞西尔现在处于相当严重的退行状态，但是他的胃口和整体健康并没有受到很大的影响，而且他爸爸目前似乎还能满足儿子的需求。只有当父母双方实在是不合格时，把孩子交给保姆管才算是一个好主意，我确定在这点上你应该和我的意见是一致的。是否可以认定父母在满足孩子需求上存在着过失，这只是仁者见仁、智者见智的问题。我猜想现在塞西尔的父母并没有让孩子感到失望，而且我觉得他们能够带着孩子走出目前的疾病状况。

不管怎样，我确信，这个孩子虽然似乎并不介意弟弟的出生，也喜欢弟弟，但当他妈妈去年10月成为孕妇而变得焦虑时，他妈妈态度上的改变却深深地影响了他。

尽管心理治疗会给他们家的日常家庭生活习惯带来很大的困扰，但是这对父母还是会考虑对孩子实施心理治疗。我建议把所有的事情搁置到假期后再进行处理。

1955年7月14日，我收到了这位爸爸的来信：

您就塞西尔提出的建议帮我们树立了更多的信心，正如我们想做到的，使我们相信自己能够帮助到他。按照您的建议，我会在8月20日再写信。

这封信证实了我之前的想法：这位爸爸和他的妻子希望在我的帮助下能靠自己的力量治愈塞西尔。我在7月15日做了如下回复：

我坚信，如果你们自己能帮助塞西尔渡过难关是最好不过了，这远比从外界获得帮助要更令人满意。另一方面，如果有必要的话，我们一定不要害怕采取其他方式。自从和你交谈后，我想要鼓励你自己尝试去这么做。

在这位爸爸8月的来信里，他报告事情的进展，给出了正是我想知道的详情：

记得您让我写信告诉您，自从7月见您后，我儿子塞西尔的治疗进展。

在过去的三四周里他大部分时间比较开心，中间有几天很糟糕。饮食、睡眠、玩耍、协作，这些时而改善时而恶化。现在我跟他睡一块，他晚上只醒一两次了，偶尔会起床哭闹，但跟以前比时间更短。早晨和午休时，只要和我妻子睡在一起，他现在醒来后几乎就不会哭闹了。但是在床上他有点乱来，喜欢钻进钻出好几次，还经常睡地板上。

他比过去玩得更起劲。他仍然狂热地喜欢音乐，并且随着音乐跳舞。他非常喜欢看图画书，仍然不喜欢说话，但是会发出更加多样的声音(22个月)。

他有时会很吵，发出笑声；有时会很沉默，看起来有点心情低落，然后他会吸吮大拇指；他经常看起来脸色苍白，显得疲惫。

如果您能来看望塞西尔和我的妻子那就太好了。我们急于知道他是否该接受治疗了，或者您认为不用治疗他也能快乐成长。我非常希望我的妻子能见到您，因为我觉得她已经丧失了信心，虽然不必如此。我认为如果您能来给我的妻子描述整个情况，那将会对我们有很大的帮助。

收到这封信后，我安排好了和塞西尔的妈妈见面。我开始意识到她很容易抑郁并出现疑病症性恐惧。

1955 年 10 月 12 日　和塞西尔的妈妈进行会谈

塞西尔的妈妈把塞西尔也带来了。整个咨询过程中，塞西尔几乎一直枕着他妈妈的大腿睡觉。这时候他已经两岁了，他弟弟四个月大。

她慢慢地告诉我她眼中的整件事情。她讲的和她丈夫大致相同。她告诉我，塞西尔现在比以前丈夫带他时（21个月大）开心多了，睡眠也好很多。在我给他弟弟喂奶时，他偶尔还会尖叫或者闹一闹。

然后她讲到塞西尔的一些变化，也正是他们向我咨询的事情。一岁前，他正常玩耍，但之后就失去了玩耍的能力。

说到这时，塞西尔醒来一伸手，一只手指伸进了他妈妈的嘴里，同时吸吮着自己的大拇指。

他妈妈详细讲述了11月即她怀上肯尼思两个月时发生的事情，那时她身体状况不太好，塞西尔（大约13个月大）的行为开始变化。他不再用便壶，像个婴儿，躺进婴儿床，非得像婴儿一样洗澡。在玩耍时，他喜欢把床弄高，就像他妈妈之前为了宝宝而弄高一样。现在（2岁），他和洋娃娃就是这样玩。他最近有时候会生气（妈妈说的），然后打他妈妈和他弟弟。她也注意到他在其他方面有所改善，就这样他把自己变成了一个婴儿。她觉得塞西尔的这个举动，比起把自己退化成婴儿的伎俩，倒算是一种进步。她说自己那时的心思都在新生的婴儿身上，塞西尔起初对此有所怨恨。当与妈妈的关系紧张时，塞西尔会以一种亲切而深情的方式来对待爸爸。现在塞西尔（2岁）可以自娱自乐，但只是自己玩，也就是说并不像他生病之前一样**玩玩具**。他现在对清洁几乎有些上瘾，他很开心可以经允许帮着干家务和做饭。他可以在少许的帮助下自己穿衣服和正常吃饭。

为了回答我的询问，塞西尔的妈妈告诉我，塞西尔自婴儿期起就有一只泰迪熊玩具，不过不怎么在意它。现在他有了一个相貌奇怪的木偶，这个木偶到对他很重要。他会对着它讲话，制造出一些噪声，把它放被窝里，对着它的肚脐喂它东西①。

她觉得塞西尔不好的地方主要在于他不说话。但是他需要大人们理解他，满足他的所有需求。并没有小朋友能和他一起玩儿。

塞西尔的肌肉紧实，现在又开始喜欢洗澡了，他喜欢在洗涤槽里玩水龙头和水。

家里来了生人时，他会变得焦虑不安，站在妈妈身旁吸吮着拇指，不跟生人接触。塞西尔的妈妈说她丈夫从没对塞西尔发过脾气，一直都很忍耐。当他爸爸整个礼拜都不在家时，他会呜呜地哭，她认为他是想他爸爸了，这会让她有时候不耐烦。她可能更希望自己的丈夫严格一些，因为只要丈夫一离开，麻烦就会出现；而只要丈夫一回来，塞西尔就会跑向爸爸，而不是跑向妈妈。半夜哭醒，塞西尔喜欢紧紧黏着爸爸，而不是她。②

10月13日，我给同事写了封信，继续跟进这一咨询进程。信的内容如下：

这封信也是关于那个孩子的。24个月大时，他就不说话了。另

---

① 回顾整个故事，我们可以发现：不玩玩具意味着某种象征意义的丧失，这种象征意义的丧失源于某种象征性客体的缺失。最终就会导致偷窃行为。

② 现在似乎对我们而言所有的都错了，因为塞西尔在这个阶段需要的是一个像妈妈一样的爸爸来代替不合格时的妈妈。

一方面，他在很多方面有改善的迹象。他妈妈一边带弟弟，一边纠正大孩子的行为，同时做到这两点是有困难的，他妈妈现在在积极有效地应对这一困难。塞西尔逐渐想要像弟弟一样是个婴儿，当妈妈和弟弟在一起时，他会表现出对他们的愤怒之情。他也在他妈妈认可的界限内，帮助她解决部分问题，比如干家务活，在这点上，他表现得很好，同时他像她妈妈对弟弟那样来对待他的玩偶。一个好征兆是他现在首次接受了一个物体——一个相貌奇怪的木偶，也开始对他很早就有的泰迪熊重新感兴趣了，之前他会或多或少地忽视它。他有时仍会吸吮大拇指。

他看起来很开心，会享受临时保姆的陪伴，对干家务和玩水上瘾，几乎都是自己穿衣服，饮食很好。他几乎完全不玩玩具，这仍然是一个主要的症状。显而易见的是，去年11月他因妈妈发生的改变而生病之前是会玩玩具的。

他到我这里来时就睡着了，几乎整个咨询过程都在睡。在不是非常清醒的情况下，他把自己的手指放进他妈妈嘴里，把拇指放进自己嘴里。最后他醒了，行为举止像个聪明的孩子。他还是有点困倦，但会拿着我给的玩具玩，并且把它带走了。他还没说过任何可辨识的词。但是他能用自己的语言跟他的玩具说话。他清楚一切事情，也会让别人理解他。

他身体非常健康，我认为他的肌肉结实，不松弛。

从这些说明可以看出，我冒险建议由这位妈妈去照顾塞西尔可能是对的。虽然塞西尔仍然存在睡眠障碍，但通常是醒一次，情况不是很糟。他高兴地上床睡觉，第二天早晨也会高兴地醒来。

有个重要的因素，那就是与他妈妈性格的神经质相对应的是，他爸爸的性情温和。他爸爸不会命令别人或者发脾气。妈妈说，如果这个家有人生气了的话，那个人一定是她自己。因为这样，周末是最糟糕的时候，因为他爸爸在家，塞西尔会一直哭哭啼啼，紧紧地黏着他爸爸，并且把妈妈推开。而在平时，他爸爸不在家，他并不难带，不会总是哭哭啼啼的，而是看起来很开心①。

这个孩子还有很长的路要走，但是只要我们用更宽广的眼光看待什么是正常的话，他还是可以恢复正常的。

1955 年 10 月—1956 年 2 月

我第二次见到他妈妈是 1956 年 2 月，这次她又把塞西尔带来了，她丈夫也来了。

据悉，小婴儿（8 个月大）之前得了湿疹，但其他方面都很好，现在仍然是母乳喂养。塞西尔（现在 2 岁 4 个月大）非常快乐，他已经开始说一个音节的词了。

当我在和他父母说话时，塞西尔一边用嘴吸吮着自己的大拇指，一边把另一只手放进他妈妈的包里。

跟去年 10 月 2 日的那次会谈中塞西尔的举止行为相比，这次他妈妈的包代替了他妈妈的嘴巴。

---

① 看起来好像跟之前的陈述有所冲突，但是塞西尔对于他父亲究竟是母亲的替代，还是父亲就是父亲的不确定性的确有所改变。这时的他正处于中间阶段。

据悉，塞西尔比以前更爱玩了，但是他会不停地关注妈妈，以确认他的妈妈就在那儿，看他妈妈是否留意他。他开始对他弟弟表示出一点点兴趣，有时甚至会和他亲密，有时会表现得很讨厌他弟弟。塞西尔吃饭时安静多了，不再硬是要和父母一起吃饭。他和妈妈亲密的关系得以恢复，和他爸爸的关系一直很好（这点有时令他妈妈心烦）。现在他和父母待在一起很开心，也能接受父亲离开家，也不再郁郁寡欢，并且现在已经能用便壶排便了。

在说话方面，塞西尔能够表达出复杂的想法或下命令。例如，他会显示出他的鞋带松了；如果他妈妈没把鞋带系起来，他会说："松开了！"

在会谈的过程中，塞西尔在吸吮大拇指时发现了房间里的玩具。他妈妈的钥匙掉在地上，他把钥匙插进妈妈包中的锁里。这是把手指放进妈妈嘴里的另一个版本。这里钥匙代表他的手指。从这可以看出强迫性偷窃对钥匙和锁感兴趣的根源。

尽管他妈妈说，"他并不是真的非常喜欢它"，但是塞西尔原本还是想把他那相貌奇怪的木偶带来。最近，他已远不像以前一样那么频繁地吸吮拇指了。

当我们在说话时，他把他妈妈包里的钱都拿了出来。

跟之前的行为比较：

(a)在他妈妈嘴里的手指

(b)在她妈妈包里的手指

(c)现在，包中锁上的钥匙

（d）从他妈妈包里拿钱

所有这些都与不断改善的人际关系有关。他对我房间里的玩具一直没兴趣。显然他对我房间的玩具有潜在的兴趣，但是他无意靠近。他从他妈妈的钱包里拿出一颗纽扣并递给他妈妈。他妈妈说："从我的外套上掉下来的"，但是她并没有接纽扣，这个细节表现出他妈妈身上某种微妙的东西，这种东西构成了她与别人沟通交流上的困难。孩子的这么一点儿心意，她也不接受。但是，要记得的，她正关注在和我的谈话上。

塞西尔妈妈说，塞西尔还是会睡父母的床，在父母的卧室里有为他准备的床。这么看来，父母一起外出仍然会有些困难，因为塞西尔从 9 点起很容易醒来，而后会期望看到父母在家。

我在 1956 年 2 月 9 日又写了封信给我的同事：

这封信是为了让你能跟进塞西尔的治疗进度。他现在看起来像一个正常的孩子。尽管不能一句句完整地表达，但是他已经会说很多词语，自由无障碍地交流，自娱自乐，不再总是让他妈妈把他当婴儿对待。他会步入正轨，但还是会有些余留的症状。虽然不像以前那么严重，但他主要的问题还是在夜晚。他现在能接受父母待在一起，不会再因为他爸爸去上班而烦恼。另一方面，他需要睡在父母的床上，同时他爸爸得一直面朝他。这也就意味着他父母无法睡在一起，他妈妈也会觉得这极其可怕和受挫。若确定这种牺牲值得，他们希望过几个月再提出这点。

总体而言，说是"溺爱"不为过，它似乎已经产生了很好的效果。此外，他妈妈说她自己也能逐渐转变想法，和孩子沟通时能够多包容，这点可以体现在她与第二个孩子的关系上，虽然第二个孩子得过湿疹，但他其他方面都很正常。

之后跟这对父母的联系是塞西尔妈妈写来的信（1956 年 7 月 2 日）。在信中，这位母亲详述了塞西尔针对弟弟的攻击性行为的新困难。她看到这种攻击性行为有正反两面，一方面它证明塞西尔在健康发育成长；另一方面从他弟弟的角度来说，这种攻击性行为对其不利。我给这对父母写了回信（1956 年 7 月 4 日），如下：

你把弟弟放家里的办法看起来很合理，但是我觉得我就不能为治疗塞西尔余留的症状做很多事情了。要意识到塞西尔有理由讨厌他弟弟这点一定很难。我也期待他能喜欢上他弟弟。如果他弟弟不在身边，他就不可能会喜欢上。你说得很对，没必要让他感到内疚，你的工作就是别让他伤害他弟弟。无须原因去解释为什么他不应该知道，但是他的行为只会驱使你偏袒他弟弟。塞西尔每晚会跑来跟你们夫妻睡觉一定很让你困扰，但我想说的是，如果你能坚持下去，这就是治疗他病况最好的方法，等着他成长。

之后的一次接触是塞西尔妈妈来拜访我（1957 年 2 月 6 日），那时的塞西尔已经 3 岁半了。

这次是塞西尔的妈妈一个人来见我的，聊了半小时。她讲述了巨大的变化。塞西尔不仅长大了，还更开心了。但是，他还是不去自己的床上睡觉。她和丈夫在一起的每个晚上都有塞西尔在。塞西尔现在会在自己的床上睡到凌晨 2 点，夫妻俩于是好利用这个时间有些性生活。她说，塞西尔感觉自己有权睡在父母的床上，他还曾经说到这点，我们跟他说了我们对此已感到厌烦，他回答道："等我长大了再说。"他现在挨着他爸爸睡，或者睡在床尾。他妈妈说她非常爱他，但是她偶尔也很恼怒，"肯尼思就好带多了"。

这一家子现在已经搬家了，新的邻里比以前有更多的小孩，其中就有一个5岁大的女孩。但是塞西尔并没有跟其他小孩建立稳定的友谊。他妈妈说他会各种玩法。他妈妈还说："他很期待小朋友来家玩，但是当小朋友来了，他很可能变得不欢迎他们的到来。"同样，他跟他弟弟的关系也有点难以预测。她说："简言之，塞西尔的性格具有两面性，一方面是愉快欢乐的；另一方面是占有欲和妒忌心强。当他处于后面那种状态时，他会自己一个人玩，想象着自己是一位工匠或者其他的什么①。"

在穿着上，他更喜欢把自己打扮得像个女孩，而不是男生装扮。很明显，他忌妒女性的角色。他继续吸吮着拇指，没有一个固定的客体，我称之为"过渡性客体"，但他有很多泰迪熊玩具，他把它们都放在婴儿车里，这些玩具就是他的孩子。他仍然很喜欢他的爸爸。看着他的弟弟被医生注射预防针，听着弟弟的尖叫声，他对医生慢慢产生了一种恐惧症。他会抓自己的全身，好像记起了肯尼思的湿疹，幸亏最后没出皮疹。跟父母在一块，他会很快入睡。但是自己一个人时，他会清醒地躺着，高高兴兴地坐着抓自己，一直到把自己弄出血。目前还没看到他有生殖器的手淫行为。他话很

---

① 可与1961年10月他8岁时个人面询时的复杂阶段进行比较。

多，非常喜欢故事。他妈妈现在可以不靠任何帮助自己一个人照顾孩子们。一个新的特征是当他对妈妈生气时，他会故意地打他妈妈。他妈妈觉得自己现在有时能缓解那种生气情绪。打完妈妈后，他会懊恼后悔。

经过讨论商榷，我们认为如果塞西尔的父母能够忍受的话，他们晚上必须继续给予孩子这种特别的溺爱。他妈妈压力极大，于是我又多费口舌地告诉她我能理解她的压力。

这次会谈过后，我给我的同事写了下面这封信（1957 年 2 月 7 日）：

塞西尔的妈妈来拜访了我。显然这个孩子恢复得很好，因为他几乎就要从依赖的状态中走出来了。这对父母很好地满足了这种退行，他们去"溺爱"孩子。余留的症状就是他仍然需要继续睡在父母的床上，这给他的妈妈带来了很大压力。但是她愿意再坚持一段时间。

当然塞西尔还有很多情绪困扰问题，尤其当他的父母试图用溺爱之外的其他方法来应对他的主要症状时。大多数时候，塞西尔是开心的，并在玩耍。

后来，我收到塞西尔妈妈的一封来信（1957 年 3 月 9 日）。信中提到她采纳了送他去幼儿园的主意：

几周前，我因为塞西尔（3 岁半）的问题去见你，你也觉得把他送到幼儿园会对他有帮助。当我为他找当地的一家幼儿园时，我才意识到到处都是等待入园的长长的名单（有人还说听了别人劝告，孩子 6 个月的时候就排队等入园名额了）。我尝试了公立幼儿园和私立幼儿园。在公立幼儿园，我被告知：如果我能写信给有关教育部门，告诉他们塞西尔存在某些方面的困难，如果我能从您这拿到一封推荐信，说明塞西尔的病情能通过上幼儿园而得到改善，他就能够进幼儿园。我不知道你觉得做这些是否值得，还是应该把它留给更加值得帮助的案例。

由于收到了这封信，所以我向有关教育部门写了封信（1957 年 3 月 13 日）：

我了解到×夫人按照我的建议行事，已经为塞西尔向您们申请了幼儿园的入园名额。基于以下事实，我想支持她的申请：塞西尔度过了很长一段压力巨大的紧张时期。我认为即使他已有了改善，但仍然急迫需要幼儿园能提供的这种帮助。

塞西尔第一次来见我是他 21 个月大的时候，他自从意识到他妈妈怀孕后就有了严重的情绪困扰①，其中一个主要的症状就是睡眠困难。

我知道等待入园的名单很长，我所希望的是您能够考虑到他的困难并能参考我的意见——只要他能够进入幼儿园，这对他来说就意义重大。

在郡教育委员会对我的来信给予的答复中，批准了塞西尔进入当地幼儿园的特殊许可。

---

① 这封信中，在描述塞西尔母亲因怀孕而产生的病态反应对塞西尔造成的影响时，我本不会那么谨慎小心。

8 岁时

时间间隔：1957 年 3 月到 1961 年 10 月

后来一次联系是在 1961 年 10 月，也就是一所小学让我去看望 8 岁的塞西尔的时候，原因是他偷了东西。他妈妈带着他来找我，我先看到妈妈，之后看到塞西尔。塞西尔那时只有 8 岁，他弟弟 6 岁，两人上同一所学校。

塞西尔的妈妈汇报说，他比以前好多了，但一直以来他都不属于听话的，不好管教，在各个阶段总都会存在困难。从上幼儿园到上小学期间，他开始偷东西。也就是说，他第一次在家以外的环境中遇到了困难①。塞西尔一直有一种矛盾心理，一方面想长大，另一方面又想当小娃娃。他在家就偷过东西。之前从他妈妈包里拿钱，到不久前偷朋友的东西。他还"捡到"一块手表。除了盗窃行为外，他在学校表现良好。他似乎从不担忧去学校，直到这次会谈前的一周。这种忧虑开始的表现是以醒来会伴有胃疼为症状。他妈妈说："他总会有一肚子的火气，喜欢向人挑事儿，这点与他对弟弟的忌妒有关。"

我把母亲现在的抑郁状态记录了下来。在处理家庭事务上，他爸爸一直很有耐心，他妈妈大体上还是焦虑。

见了塞西尔的妈妈后，我和塞西尔进行了很长时间的个人面询。我在我们中间放了一张矮矮的儿童桌子来让他画，来和他交流。

---

① 现实原则跟治疗性溺爱有所冲突，或者说对特殊性需要的适应与退行性依赖相关联。

我清楚地记得在他 21 个月大和 2 岁 4 个月大时我跟他的接触，再次和这个已经 8 岁大的孩子进行联系自然让我觉得很有意思。

和 8 岁的塞西尔的个人面询(1961 年 10 月)

图画

(1)他把我的第一幅画改成了一个池塘。

(2)我把他的画变成一个男人或男孩。

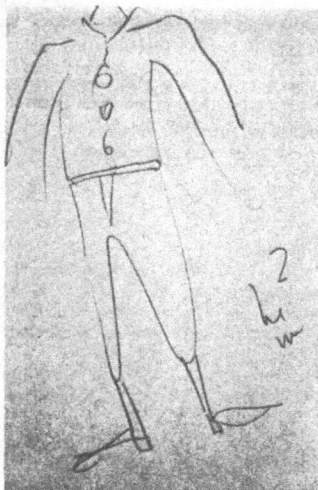

（3）然后他把我的画变成一辆汽车，他的每幅画都体现了其丰富的想象力。

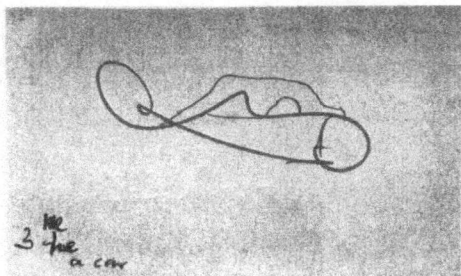

（4）我把他的画画成某种动物。

（5）他把我的画变成一个人。

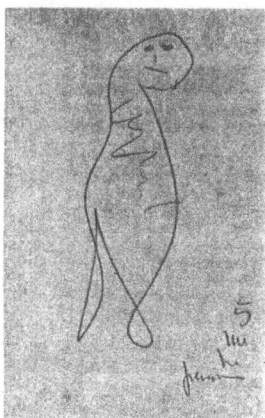

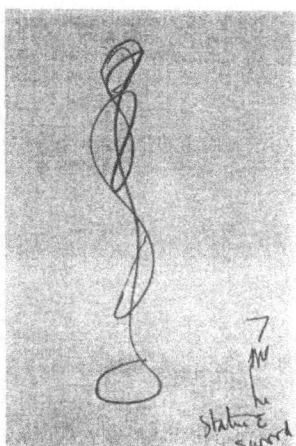

（6）对于他的乱涂乱画，我只能改类似一个"图案"。

（7）他把我的画变成拿着剑的雕塑，再次体现出他心灵手巧，富有创造性的想象力。

（8）我把他的画画成一只鳄鱼。

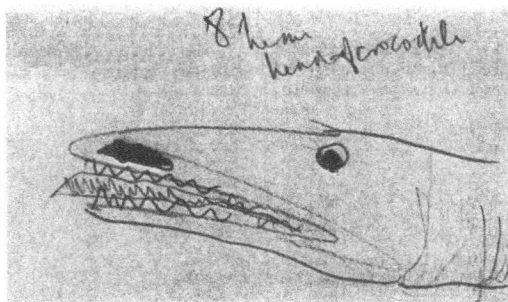

（9）他把我的画变成了两个连在一块儿的苹果。

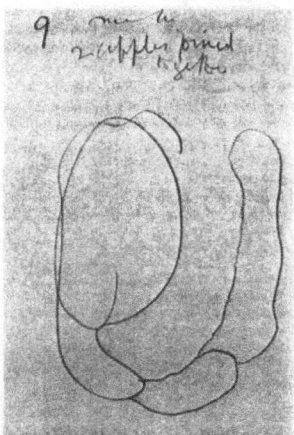

我想起了他 24 个月大时会把手指放到他妈妈嘴里，同时吮吮着自己的大拇指。这里体现的东西应该是之前同一个事物的一种复制。

（10）然后，他乱画了点什么，我说是三个苹果，问他："你曾梦见过苹果吗？"

他回答："我梦见了昨天发生的事情，梦见自己做过的事情，感觉很好。"当我问他做过什么不愉快或令人伤心的梦没，他回答他曾梦见一个朋友弄伤了他的手臂，他很难过。

（11）他的涂鸦。在梦里，他住院很长时间。事实上，他真的把胳膊摔断过，是在学校旁边的小路上摔的，只在医院待了 2 小时。

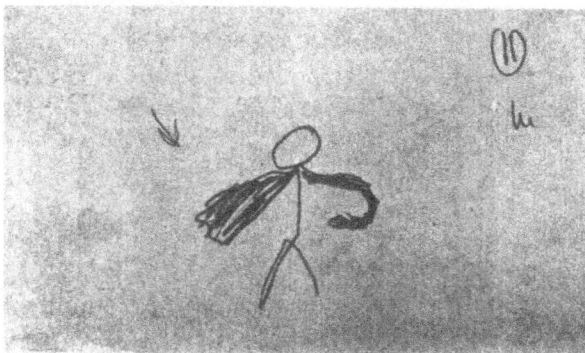

（12）他把我的画变成岩石。在法国，这与假期有关系，岩石代表悬崖峭壁。

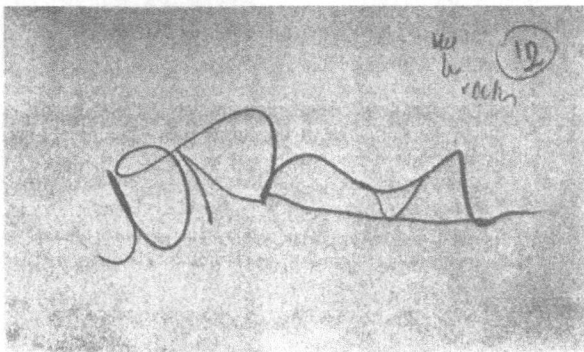

（13）然后，他把自己的画画成一个字母"G"，他说这与吊袜带有联系，因为他刚刚加入了幼童军。

（14）我把他的画画成他所称的松鼠。

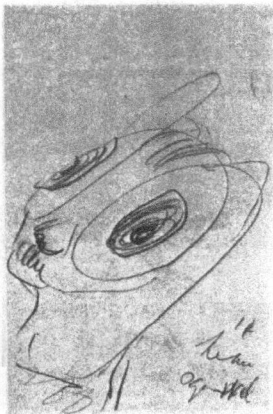

（15）他把我的画成插着一束花的花瓶。

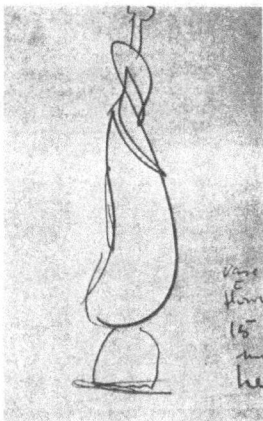

（16）我把他的画改为盛在盆里的一朵花。当我们在玩这个时，他谈到了孤独和悲伤。他说他知道孤独是什么。刚上学的那几天，

他不确定作为一个走读生应该做什么。第一天就把所有的事情搞乱了，祷告结束后，他迟到了。然后我问他长大了有什么好处，他回答道："我不想长大，告别自己的小时候是多么遗憾啊①。"

对于这点我提出了一个解释。我认为这里所说的苹果代表乳房，代表着他想跟自己的婴儿期和母乳期一直保持联系的需要。

我现在（1970年）想到了他第10幅画里面的三个苹果，我觉得就一种母性的夸张形式而言，它们代表三个乳房。神话里存在有着三个乳房的女神。阿耳忒弥斯的三个乳房被看作丰收的象征。

我的主要观点是，这种解释对这个男孩而言看起来自然合理，他通过退行与他的婴儿期客体关系保持联系，这种退行通过父母的教育得到充分的满足。

我在此问了关于他爸妈的问题，问他当想被父母当作小孩一样看待时，他是怎样做的。他说他经常是通过妈妈，因为他爸爸总会告诉他该怎么做，比如给草坪割草等。也就是说，他感觉他爸爸一直在推着他向前成长。他并不认为他爸爸在他幼小的生活中有多重要。他说自己善于挖掘，"我已经知道我最不擅长的就是上学，比如说数学；学习它们毫无意义，特别无聊。我能做些令人激动的新奇事情"。

然后我直接问了他一个关于偷窃的问题。他跟我讲了一个小偷以及一个偷小车的梦。

---

① 听一个8岁的孩子评论自己3岁大的时候是件有意思的事情。"当我长大了"与到时候跟父母分开睡相对应。

（17）这个梦是在一个真实的事件后做的。在真实的事件中，小轿车里装有出国旅行要用的行李箱，所以这一家要去离家近些的某个地方。这幅画与这男孩的关联是：画是男孩现实与梦境的混合物。他还告诉我他从同学那里借来了一支钢笔，其实相当于偷窃。然后他还说自己无意中发现了件重要的事情，就是"我弟弟两岁时，他偷了我1先令"。

我想，他以这么坚决的方式表达出弟弟侵占他的权益，对他来讲非常重要。

至此，此次咨询结束，男孩离开时，我们两人相处得很愉快，他非常满意地离开了。

通过这次会谈，我能够对于之前的接触，即在塞西尔眼中，我和他父母的一起出现有了新的理解。续发事件是，他首先把手指放进他妈妈嘴里，是说其他任何人都无权占有他妈妈的嘴巴，后来，他用他妈妈的包包和里面的东西（包括钱）代替妈妈的嘴巴，如今，他告诉我他偷别人的东西以及被别人偷的事。

这次会谈与主线相关的主要的细节，是苹果的图画和我的解释对他来说有意义，因为它们是沟通过去和潜意识的桥梁，这孩子的退行倾向使得他的过去和潜意识是开放的。父母在对孩子的教育管理上接受了这种倾向，并满足他的这种依赖心理，因而把它们变成了一种治疗过程[1]。这一切的背后是母爱的剥夺，和他妈妈怀孕后的反应相关。

然后，我写了下面这封信给那个小学的校长（1961 年 10 月 20 日）：

您可能知道，我见到了塞西尔，其实我和他在 1955 年就见过。他妈妈跟我说他自身的某些困境已经给学校带来了困扰。我想借这个机会说说我对他的看法以及与他整个成长有关的一些症状。

就他的情况来说，现在这种偷盗行为与他想重获婴儿早期对他人的依赖有关。您可能知道，这种倾向伴随着相反的独立倾向。1955 年他第一次来见我时，我发现他受到了他妈妈怀孕的负面影响，因为他妈妈的妊娠反应很激烈。这事发生在他 1 岁半的时候（1954 年 10 月）。

我明白学校对所有孩子的教育必须一视同仁，不可能迁就其一个孩子的整体发展，以及他自从婴幼儿时期起就有的困境。虽然如

---

[1] 例如："回避与退行"（1954）在收集的文献：《从儿科到精神分析》，塔维斯托克出版，1958。

此，我还是想让您知道这一情况，因为学校可能还是能够采取一些措施，来帮助塞西尔度过这一段困难的时期，而在此期间，他可能会有一些古怪的症状出现。孩子的教师如果知道这样一种情况也许会对他的工作有帮助，即孩子身上有些症状看似不合理，或就孩子有意识的生活来看不合理，但其实都是有道理可循的。

我收到了如下回复：

感谢你关于塞西尔的来信，让我们放心多了。

我们似乎已经度过了这次盗窃事件的艰难阶段，因为其他同学没有意识到他们的东西被偷与塞西尔有关。这很大程度上要归功于他父母的大力合作。

很高兴能告诉你，塞西尔似乎心满意足地安下心来了。

针对我的进一步询问，他爸爸给我写来了一封信(1961年12月4日)：

相比上次被我妻子带来见你时，现在的塞西尔无疑更轻松了。他仍然会有和以前一样的一般性症状，但是出现的次数已少多了，他的睡眠质量更好，不会经常抱怨胃疼了，他也不像以前那么悲伤抑郁了。

他有时还会非常孩子气，容易忌妒他弟弟，但是期间也会拥有更加轻松和满足的时光。他好像喜欢上了学校，对此也没那么焦虑了。

就我们所知，从上次见你之后他就再也没偷过东西。

我上次跟校长谈话时，他也认为塞西尔的状况在改善。我希望他在给你的来信中也这么说。

其他症状依然存在，比如孩子气地发脾气，但是程度上减轻了许多，而且，显然不再有偷窃行为了。

后来我再看到这对母子是在 1962 年 2 月 1 日。

我先见到了这位妈妈。她跟我说塞西尔再也没偷过东西，他跟母亲以及其他人的关系良好，也比以前更开心，塞西尔很高兴能再见到我。他仍然会有点孩子气的痕迹，但发脾气时，母亲会继续满足他。他弟弟变得有点惹人烦，总会戏弄他。塞西尔能经得起这一新出现困难的考验。圣诞节过得愉快顺利。塞西尔在学校很努力，在班上名列前茅，并收到了不错的成绩单。虽然他不偷东西了，但是他在学校喜欢讲诸如"我有 9 个兄弟姐妹"之类的故事。

谎言癖幻想某种程度上通常伴随反社会人格倾向和盗窃行为的出现，有时盗窃行为消失时仍有谎言癖，这是解离的表现。

在我看来，塞西尔的妈妈没以前那么疲倦，也不抑郁了。她说塞西尔到目前为止还没有交到好朋友，这是主要的遗留症状（从精神病学的角度来看）。第二个遗留的症状就是易疲劳，他妈妈要面对这一问题，有时必要的话她会让他五点就睡觉。

易疲劳和早睡觉里就隐含着忧郁与退行的痕迹，也包括他想替妈妈承受抑郁情绪的责任感。

最后，塞西尔的妈妈第一次提醒我，或者告诉我说："你明白的，医生，对吧？为了照顾塞西尔我从不敢踏出家门，即便是他刚出生也从没有过。我是通过照顾他弟弟意识到这一点的，我和他弟弟从一开始就相处得很轻松，我们一直很自在。"

在我看来，塞西尔的妈妈已经能说清塞西尔的病因了，因为塞西尔的状况改善了很多，她也就不再感到那么愧疚了。也正是因为她和她丈夫长期以来一直满足塞西尔的特殊需求，所以塞西尔才取得这样的改观。

在和他妈妈见过后，我和塞西尔见面了。他与我保持着一种积极的关系，相处非常轻松。他首先选择画图，确切地说，画了一个犹太教堂。我们聊到他很可能成为建筑师。他平时常画房屋。然后他让我画个画①。

（1）他把我的画改成一个茶壶。

（3）他给自己画的鳄鱼加了嘴巴（我之前在第一部分就介绍了这条鳄鱼）。

我问他是否还记得第一系列中那个拿着宝剑的人，他回答："记得"，他开始对这些画的编号感兴趣。

（5）他把我的画画成一只翠鸟。

（7）他把我的改成一条美人鱼。

（8）在他乱糟糟的画上，我添进了碟子、刀叉，暗示有人在吃东西。在这一点上，我受到了他画的鳄鱼的影响，这鳄鱼可能吃掉我，也可能代表职业关系中我自己的一个方面。

（9）他把我的改成一枚火箭，一架喷气式飞机。

（11）他把我的改成一个女巫以及一个扫把。这与他知道的一个

---

① 我觉得这里就没必要再展示这些画了。

故事以及咒语有关。惊悚的梦因此成了我们谈论的话题。

（12）他说这就像一个女巫的梦。这幅画是他画的（不是他改过来的）。女巫进房间后他就醒了。他说："睡觉还好，但是只要一醒来，你就不知道自己身在何处。"我于是问他："你会做美梦吗？"他回答道："会"，于是他画了下面这幅画。

（13）他兴奋地画了一辆自己驾驶的柴油发动机车。

（14）一个有意思的梦，一群小孩在观看的小丑和马戏团的表演。他说："我可能要当小丑哦"。我问他是否梦到过学校，他说："没有"。

"你有朋友吗？"

"有，很多，但并不是我真正的朋友。"

"你碰到过你想和他成为真正的朋友的人吗？"

"没，没有。"

我们然后聊了很多奇怪的细节；他那相貌奇怪的木偶现在正放在橱柜里，等等。20岁时他可能是一位老师、修路工人、农民，或者驾着柴油发动机车，驾着一辆柴油发动机车是他非常喜欢做的事情。我说："我们还画吗？"他回答："嗯，再画一幅。"

（15）他把我的画改成一个雪坑。'昨天的积雪融化了，但我们圣诞节玩雪了，滚了雪球，堆了雪人。不知怎么地，我们慢慢讨论到年轻人和老年人之间的区别，还说到他87岁的爷爷。

这次接触，我并没发现特别的特征让我联系到他还有没好的病、性格困扰或者人格障碍。我感觉这男孩王表现出自由的思想以及幽默感，这都是健康的标志。在这次心理咨询的材料中，并没发现有退行倾向或逃避的证据。

总结

（1）这一案例叙述得很详细。为了说明儿童精神科对这类个案的处理，我详细呈现了我所掌握的资料。这个案例历时 6 年，共进行了 6 次会谈，其间多有书信来往。

（2）该儿童慢慢发展出退行和依赖他人的能力，这种状态一直持续着他的父母则满足他的需要。就这点而言，这种退行具有治疗价值，而且也让通向婴儿时期的感受之路一直敞开着。

（3）这次治疗之所以有必要是因为孩子受到相对的剥夺，这与他妈妈再次怀孕时的病态反应有关。

（4）这个男孩退行的倾向以及父母甘愿并满足他的依赖，造就了父母对孩子的"溺爱"，这种"溺爱"的案例几乎会发生在任何在可信赖的环境中长大的小孩身上。

（5）该案例中，这对父母希望能扮演好自己的角色。他们迫切盼望能靠自己治疗他们的孩子。他们的确做到了，但是需要我这个全程负责的精神科医生不时从旁协助，告诉他们该怎么做。

（6）这个案例最终因一次治疗性咨询而得以推进，访谈中，这个 8 岁的男孩因他的反社会倾向（偷窃）而和我见面。他 8 岁时，通过一个画图游戏，我们回到了深层次的乳房接触，于是从那次临床之后，偷窃的行为就消失了。

（7）这个孩子身上还存在着一些残留症状，包括很难交上朋友，很难维持稳定的友谊。不过，这个男孩能和他的家庭以及社会环境发展出健康的关系，就这一点而言，这个案例最后的结果是好的。

初次咨询 14 年后的进一步说明

在我进行干预的这段时期内，我跟这个孩子以及他父母有过多次会谈。我发现，他妈妈的抑郁倾向是根本因素，因为他妈妈一直在接受心理治疗，并且治疗效果明显。她已经证明自己是一位非常努力去给孩子提供所需环境的母亲，由于情绪障碍，她能做到这点实属不易。在全局中，这位父亲一直是绝对必要的稳定因素。

这么多年里，我们做了大量起到至关重要作用的干预，特别是选择了正确的学校。塞西尔从第一次和我会面就把我看作他一生中稳定的因素。事情一旦变得有点棘手时，我希望这些父母能向我寻求帮助。

在这个案例里，应该说自从第一次会谈开始，我在这些年里进行了 12 次连续的会谈。当我回过头来看档案时，我发现这个案例中，生病的人始终是这位母亲，我是受她之托来治疗由于她的抑郁症而给自己儿子带来的影响。同时，这位母亲也在她自己接受分析时，更全面地治疗她的抑郁症状。非常明显，她的分析师能够处理与她的客体相关的抑郁症性的焦虑。但是当她的焦虑对象是一个受到不良影响的小孩时，那么其他人给小孩以帮助就非常必要了。但是，当孩子的个性、性格以及行为出现了综合症状时，有必要明确这是一个由他的妈妈疾病主导的案例，而不是综合症状主导的案例。

这个男孩现在已经上了高中。他学习成绩很好，各方面看起来也像个 17 岁的孩子该有的模样。他身上也还残留着一些退行的特征，包括吸吮大拇指，缺少特别要好的朋友。他不再依赖于他妈妈，独立性越来越强，自然也经过了一段与他爸爸对着干的时期。随着这个男孩的长大，他似乎能够慢慢成长为一个健康的年轻男性，相比之下，他妈妈的抑郁症症状可能会越发明显，因为她再也不能以担心塞西尔的特殊形式表现她的忧郁了。

个案 15 马克，12 岁

在下一个案例中，随着治疗性的咨询的进程，个案会有一个明显的临床上的改变，这个男孩和我之间交流带来的改变比这个男孩在他的家庭中态度的改变更多，接下来将会呈现。读者可以看到，这个男孩儿对水格外关注，最后他通过出海确立了自我认同。

对于这个案例，我觉得应该提供我尽可能知道的全部信息①。这个案例是为了说明人如何在有限制的时空内工作，并且避免心理治疗时衍生出的大量细节，这些细节不可避免地使心理治疗的过程混乱。这种在实践领域的限制使得儿童精神科医生很可能在工作中承担很重的案例负担，但是心理治疗师，尤其是精神分析师，在任何一段时间内都只与有限的几个个案工作。儿童精神科医生有可能同时处理一两百个这样的案例，所以说，这份工作需要面对不小的社会压力。

我认为需要被理解的是，正如我不断说明的，从事这项工作需要对个案的长程心理治疗的扎实的基础训练，甚至是跨越多年每日进行的精神分析治疗训练。

---

① 除了因保护该案例时所做的必要的改写或省略。

家族史

女孩　16 岁

马克　12 岁

男孩　8 岁

男孩　7 岁

马克在他 12 岁的时候被父母带到我这里。父亲是我的一位同事，大学的一名教员。在这个案例中我首先看到父母在一起，因为他们希望在面对问题的过程中获得我的帮助。很多细节以常见的方式出现在自然的会谈过程中。

这个家庭是完整的。接下来报告了马克情绪发展重要的标志：

马克是母乳喂养的，并且很难断奶。"他非常强烈地拒绝断奶。"

这是非常多理论的研究兴趣所在。在我的经验里，当一个婴儿"很难断奶"的时候，常常是妈妈自身存在困扰，这种困扰或者是一种情感上的矛盾冲突，或者是一种抑郁的倾向。这两种状态显然相关，但是在抑郁状态中，有更为巨大的对冲突的压抑。

父母继续说他们关于马克想说的话：

马克从来没老实过。（之后父母说这是马克两岁开始具有的稳定的特点。）

马克到了 7 岁（或者更早）的时候，他想要的必须得到。

马克从 8 岁开始偷窃。（下面会看到关于这一细节的小部分的更正。）这发生在当他离开家，和朋友们在一起的时候。在他 10 岁的时候，他开始从妈妈的包里偷钱，而且说谎。经常会有他从拒不认错到承认错误的故事。最近(12岁)严重的偷窃行为发生了。这与他钓鱼的热情有关。偷窃是从父亲的钱包和姐姐的包包开始的，共计5英镑和10英镑。他发誓没偷，这样说时，他还归罪于他的弟弟偷了钱。只有在手印的证据面前他才坦白。然后他买了鱼竿和精致的钓具。马克提到"我的商人"并声称在他生日的时候他将得到这个商人送给他的特殊的鱼竿。事实上他买了两根鱼竿并藏了起来。他已经做好了精心的预防措施以防被发现。

家庭的态度是蛮通情达理的，这是有可能的，因为这个家庭的整体关系是良好的。虽然马克承认他从没被惩罚，但是父母对强迫性的谎言感到特别疑惑。他们同样感到不可思议的是所有的麻烦发生在马克身上，他却没有一点儿不高兴。

最后，更多的事件发生之后，父亲不知怎么办，只能使马克感到羞愧；马克必须在厨房吃饭，禁止他去钓鱼。马克仍然没有一点内疚之意，并没事般地继续祷告。

父母继续和我交谈，以逐渐帮我建立马克早年生活的历史。

马克以前很开心。事实上，在他两岁时他说："活着真让我开心"，他觉知到充满爱的生活。

在此可能有对父母生活哲学的一种束缚，父母的生活哲学中包含了"培养生活的乐趣"。

马克选择在家生活，而不是继续去寄宿预科学校。学校这样陈述道："如果马克努力了，他会做得更好。"他是玩游戏的高手，并且被认为有平均水平的智力。最后他作为走读生到一个文法学校上学，在那儿他尝试通过"努力学习来拯救自己"。马克非常喜爱自然课，并且在这个专业领域有不可思议的知识储备，可以以聪慧的方式阅读书籍。

当我问到睡眠方法时，这对父母陈述道："马克在睡觉时的姿势让人难以置信。他睡得很好，像木头一样一动不动。一旦上床，马上会睡着，并且从不说出他的梦。"马克的脸最近也总是抽搐，包括不断地眨眼。

他们说马克有很多朋友，但是没有知己。他也对大一些的人具有吸引力。父亲敏感地问及他关于性的议题。一旦兴奋，马克就会流汗，脸就会抽搐，因为这样，他被认为有些神经紧张。马克喜欢做手工，但是在艺术方面没有特别的天资。他有鉴赏力，但可能会被美的东西所打动。他生活中的一个特点是他姐姐的聪慧。他很清晰地意识到这点，可能与这个特点相关的是对他父亲的一种恐惧，这种恐惧是在当他一段时间在学校表现很差时发展出来的。

马克在身体上是勇敢的，游泳已经成为他最喜欢的运动。事实上，马克的主要兴趣与水有关。马克原本设定从3岁到8岁去当海军，但是当他被告知必须要去工作才能被接受时，便临时放弃了这个想法。

父母指出，他5岁时被新出生的小男婴所影响。马克称他为"我们的宝贝儿"，而且他一直尤其喜欢这个弟弟。现在他们说当马克在6岁或7岁与这个男孩共用一间屋子时，他第一次从妈妈那里偷了东西。（之前妈妈已经记载马克的第一次偷东西是在 8 岁。）

在与马克的父母咨询过后的一天，我开始了与马克三次重要会谈中的第一次会谈，紧接着的是一次与马克次要性的会谈（此处不描述）。尽管我知道一个不错的可以与马克玩的纸牌游戏，但这对工作也许并没有什么价值。治疗真正需要的是一种不同方式的病史采集，一个可以根据男孩儿与我的交流所呈现的病史。在第一次面询中发生了很多事，但在这里还是报告我与他一起玩儿的"涂鸦游戏"。

第一次会谈

在我与马克的第一次个人接触中，我使用了涂鸦游戏。他很高兴玩儿这个没有规则的游戏。

（1）我的画，他改成一只鞋子。

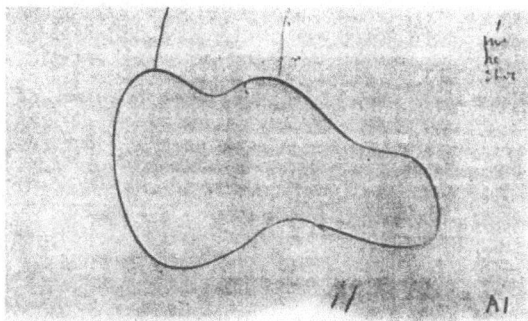

（2）他的画，我改成一个水壶。

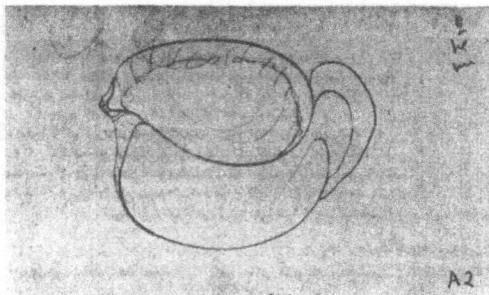

（3）我的画，他改成一个有胡子的男人（非常古怪）。

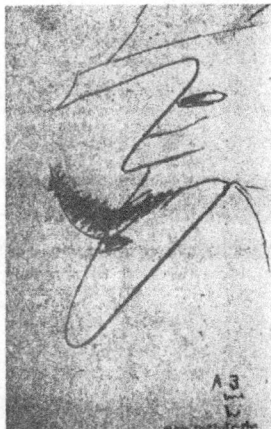

（4）他的画，我改成一种动物。

(5)我的画，他改成一张脸。

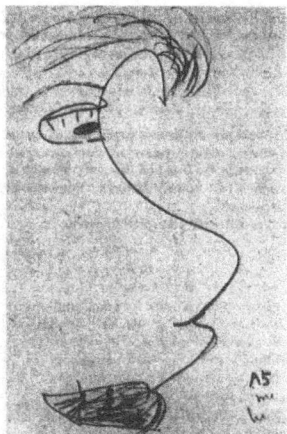

(6)我把他的画变成紧紧靠在一起的两条虫子。我们谈了很多这张画的内容，他说到"马鞍"的作用。他觉得这两条虫交尾的样子有点像马鞍。

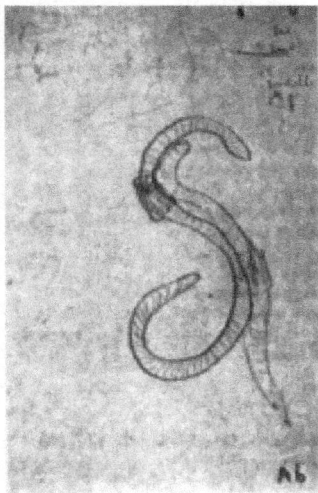

（7）他把我的画变成古怪的人脸。

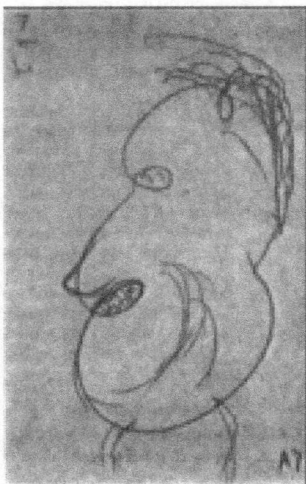

这时我已注意到，这个男孩有贬抑幻想的倾向。这一点倒印证了他父亲所说的："他睡得像个木头人，也没听他说做梦。"

（8）我把他的画变成男教师。

（9）他画的男人。他之所以这么画，是因为我说我会通过画中天马行空的内容引出人的梦境。提到梦似乎令他很吃惊，画中的这个男人出现在他的梦中，他的腰部以下看不出人体的轮廓。这时，我用他的话"冲动"提到偷窃这个问题。我说，偷东西的时候，就像做梦一样，其实是把头脑中的想法用行动表现出来。他说他做过的梦都记不清了。我说，当一个人想不起做过的梦时，就会借着冲动重新捕捉梦境，所以，梦主导一切，并会在人的生活和行动中再现。

这时，我知道马克能理解我关于潜意识和梦境内容的观点，这个观点对他来讲很新奇，一是因为他对自己的防御机制还很陌生；二是因为这个观点与他的家庭教育很是不同。总之，我们沟通得还不错。

第一次会谈后，马克的母亲寄来一封信：

上周马克离开您的诊所之后，我丈夫只是随便问了问情况，没敢直截了当地多问。这孩子既没有太高兴也没有太烦恼。到晚上，他和我说起与您交谈的内容，说了不少，他对您说的梦以及梦的意义感到震惊。他不解的是，您认为梦很重要，而且坚持这种说法。我衷心希望这些努力都有帮助。他提到诊所里的玩具时说："弟弟高兴坏了。"

（会谈室里有一些玩具，是给年幼的病人们玩的。）

在与马克第一次会谈的两周后，且在第二次会谈的前一天，马克的父亲打电话给我报告情况。马克与我第一次会面后，就被禁止钓鱼了。他想要与弟弟乘坐一艘特别的船到池塘，他对妈妈说这作为他的生日礼物。他可以用一英镑买到那艘船吗？他被这艘船深深地迷住了，以至于他只有一个想法，就是要立即买到这艘特别的船。妈妈很坚定地拒绝了。他已经把这艘船的事情告诉了弟弟。让父母感到震惊的是最终马克屈服了，并接受了这种不悦，答应不买这艘船了。因为多种事是前所未有的，这对他们来说似乎值得关注，他们把这归功于和我第一次会谈的事实。我们将会看到，这次的事件又涉及水。

第二次会谈

我和马克第二次见面时，他已准备再玩一次涂鸦的游戏。

（1）我的画，他非常巧妙地改成一个人头。

（2）他的画，我改成一只乌龟。

（3）他把自己的画恰当地修饰成一个茶杯。

这里体现出了他独自完成绘画和其潜在意义的愿望。非常自然，这幅画没有丰富的想象力。

(4)我的画，他变成一个背包的人非常危险地在岩石表面攀爬。

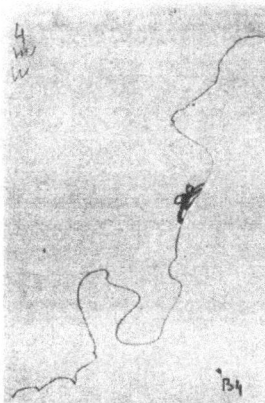

(5)我把他的画改成一个女孩。

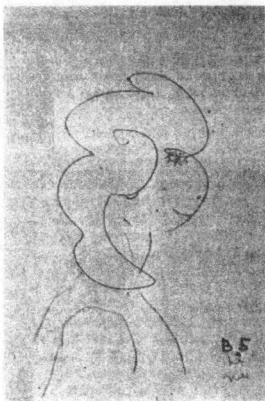

(6)他把我的画令人惊奇地改成一个池塘，池塘里有芦苇，一只水禽享受着美景，并且把头伸到水下寻找食物。

　　这是一幅画，它向我展示了马克综合性的能力和他爱的能力。这个整体象征了他与妈妈持久的爱的关系（既是本能的，又是依赖的）、对于水的喜爱，以及对于普遍而繁盛的大自然的关爱①。它也向我闪现了马克特别的知识领域。马克的自我部分的整合力量是很明显的，我知道我有权力继续对呈现的材料进行解释。

　　(7)他的画，我改成一位女士的脚和鞋。

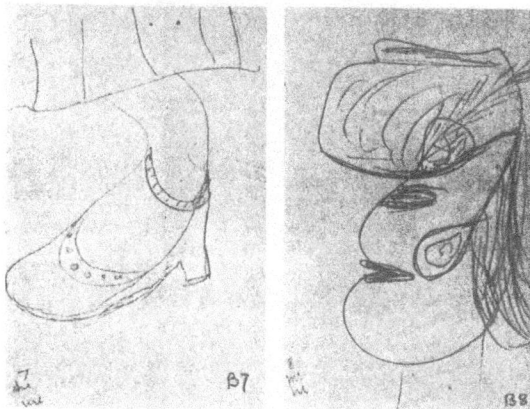

　　① 人们此处可以猜测到他能够通过水来将妈妈的抑郁情绪（伤心的眼泪）进行积极地运用。

(8)我的画，他改成一张非同寻常并且古怪的脸。

在这里，想象又一次以非同寻常的形式出现，这不是自由的梦境材料。随着所有这些材料的收集，我和马克有很多的谈话，并无所指到特定的事件。然而，马克从所发生的一切中可以感觉到，无论现实和幻想哪一个将出现，我都对它们同等感兴趣。他也可以理解我对这幅画的欣赏。

第三次会谈

在第三次会谈中我们再一次玩起了涂鸦游戏。

(1)我的画，他改成一只有长长的腿的鸟。

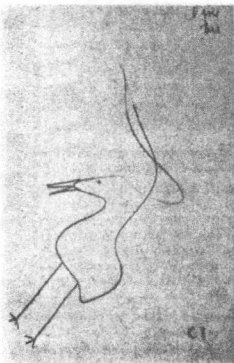

(2)他的画，我改成有一张大嘴的鸟正在火前取暖。

这个游戏指引着马克表达出他的想象，而且不会觉得这种想象很可笑。摆在他面前的这幅画完全是他的，且其整个想法出乎意料地从他自己的无意识中被唤起。我在这里起的作用不是去解释。主要的治疗性因素是这个男孩已经找到了一架通往他内心世界的桥梁，这种发现在某种程度上是非常自然的。这幅画很像一个有价值的梦，因为它被梦到过并且仍然被记得。

(3)我的画，他改成一个人在月亮里。幻想继续着。

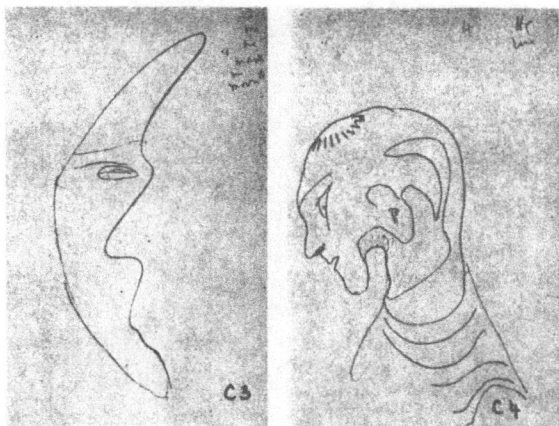

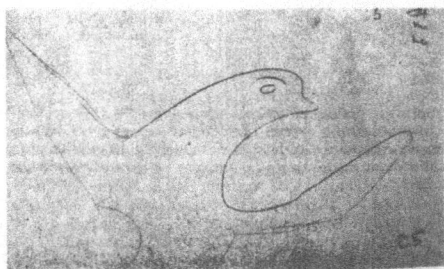

(4)他的画，我改成一个脑袋和肩膀。

（5）我的画，他改成一只在非常有力地向上飞翔的鸟。他对画做了最小幅度的添加，并且从描绘的过程中得到了很大的满足感。

（6）他的画，我改成一张脸，他命名为"双面"先生。他从我的角度通过快速画出了什么样的是眉毛证明了这个名字的合理性。从他的角度看有一张嘴，我画的嘴从他的角度看成了眉毛。所有这些在瞬间就完成了。

这里象征着与偷窃相关的马克人格的解离。在这点上马克到达了一个阶段，他可以几乎意识到他自己的分裂使他没有羞耻、内疚、焦虑地偷窃。我对此没有作解释。

（7）我的画，他改成一种有一对胳膊和一只腿的非常奇怪的人类，一种松软的个体类型，非常像鸟类，这幅画确实是滑稽的。

在这里可看到，在其他的事物中，幽默感总是一种在给予个体施展空间时的自由信号，可以说，这样就协助了治疗师。

(8)他的画，我改成一张脸，他称他为因纽特人。

(9)我的画，他改成一个男人奇怪的脸。此时，我很自然地问到他的梦。他说："我全忘了。它们只是可笑的梦而已。"如果他会记得它们，他明显害怕会被嘲笑。不过，他开始画出下一幅画，这幅画并不是以涂鸦为基础的。

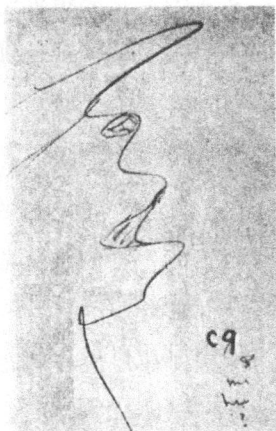

（10）这幅画中他正跪在街上，在尘土中玩涂鸦。这是一场梦。

这是一个重要的时刻。这幅画带出了忧伤的主题。他称这幅画为"感觉无聊"。

他说："当我醒来的时候有一小会儿我会觉得无聊。我经常认为它是陌生的生活；也许生活就是一场梦。"

此时，他是一个非常严肃的人。代替了一直在隔离的状态中的他，这时的他变成了一个个体，一个忧郁的人。

为了回答他是否曾经真的感觉到心情低落，他提到当他离开家时的那段时间，因为他的姐姐得了麻疹。他那时也许是8岁。他说他想家，感到伤心和孤独。

此时，正如从事这份工作经常会发现的，病人会将诊疗师带到病人饱受压力的日子里。在马克8岁时，他做了许多无法容忍的噩梦，这意味着严重的压抑的心情。这种心情意味着自我结构和成熟性，和某种应对人格瓦解威胁的能力。

记起艰难的断奶史，我提到在他伤心的背后是妈妈的爱，他对与妈妈的分离感到很伤人。他对此的评论是："如果妈妈离开了，事情就不同了。"

然后我们讨论了钓鱼。他清晰地表达了对妈妈的爱，在深层次上，是由他被压抑的记忆所产生的。所以，他的绝望感的程度在于与妈妈的分离。

（11）最后，我画了个画，他改成为一位奇怪的人。

他现在准备走。

总体评论

在这三次心理治疗咨询的过程中，产生了一个在马克的意识和无意识之间自然发展出的桥梁，或者是在内心世界和外部现实之间的桥梁。如果在一开始就问到关于梦的部分，他不能够记起任何事。（"他睡得非常好，像木头一样一动不动，并且从不报告梦境。"）在第三次会谈的最后马克能够告诉我关于他最为紧张的时期，他记得因为一个带他进入抑郁状态的梦境，这种抑郁是对和妈妈的分离的反应。这正是在他开始偷窃的年龄（除了以前他曾从妈妈那里偷过一次东西外，那是在他第一次与婴儿时期的弟弟分享一张床的时候。）

自然，所有这些都是有预兆的。在马克的案例中，意味着一种对剥夺的连续反应的反社会倾向，这种倾向要追溯到断奶。（毋庸置疑，这里母亲的心理需要得到关注，因为有一个几乎成定论的说法，即一个很难断奶的婴儿的母亲不是在孩子断奶期间很忧郁，就是天生就有一些忧郁。）

该案例的反社会倾向表现在：

（a）幻想性谎语癖（从 2 岁开始）。

（b）我想要的必须得到（从 7 岁开始）。

（c）从母亲那里偷东西（8 岁时）。

讨论：

这个案例说明了三个主要的问题：

（1）第一次会谈中，父母很清晰地介绍了个案的情况，并重新界定了问题所在。但这并不是为了我能在治疗中应用。

（2）与马克的三次会谈给了我对这一问题的全新视角，并且使我有机会做非常深度的心理治疗。所有的关键细节都在材料中：

对母亲的固恋，断奶时的第一个证据。

8岁时重要的分离。

跨越"断奶"缺口时的偷窃行为，在隔离的人格结构和由外部到内部的心理现实之间来回往复。

对幻想的低估。

由于咨询得以治疗的分裂性防御与谎语癖。

古怪人的重现，然后找回幻想的能力。

人格的整合，带来的是压抑的梦和一种忧患意识。

海洋固恋，是对水痴迷的另一种可能，被证明是对母亲固恋的完美升华。

（3）这个案例也说明了作为一种对剥夺（不是贫困）反应的反社会倾向的理论，对于客体关系而言，在临床上和希望一同出现。在这个案例中，偷窃与在马克八岁时为了对抗感受到的抑郁情绪而产生的狂躁性防御有关，同时也与在马克人格中的分裂有关，这种分裂使他在临床上表现为两种人，一种总会有强迫性偷窃行为；另一种有强烈的道德上的原则和成为父母那样的人的愿望，和在世界上有所成就（在涂鸦"双面先生"中体现）。

所有的工作都是基于这个理论，根据这个理论，这个男孩儿在偷东西时是无意识地在寻找母亲，这个他有权利从她那里偷东西的人；事实上，他可以偷窃，因为她是他自己的母亲，**这个以他自己爱的能力创造出来的母亲**。换句话说，他正在寻找生理上已经断奶但心理上还未断奶的母乳喂养。他在断奶中的困难以当下面对挫折时的不耐烦的状态再次被激起，并且需要通过伸张权利的偷窃行为来避免挫折。

结果

马克在第一次会谈之后有一个临床上的提高，表现为一种新的现实接纳感。在一个月之后他的父亲写道：

据我们看来，马克在各方面都处于良好的状态。远比以前，他尤其对学校的学习更有兴趣，并且对待学习更加严肃认真，成绩也有进步。他开始学习一种管乐乐器，这是他自己的主意；事实上他对此非常喜爱。马克原来在学习钢琴，但是他对此并不太上心，并且不得不被迫练习，而他却渴望练习这种管乐乐器。

复活节我们带他外出几个星期，待在海边的亲戚家。马克没有要求去钓鱼，他知道这仍然是被禁止的，但尽管如此，在海岸上待着还是使他非常开心。他已经将他的兴趣从钓鱼转到航海模型船上。他非常熟练地制造这些船，但他有时表现出对于这些模型船痴迷的信号，这使我们有一点焦虑，因为以前的麻烦（在我们看来）正是由于痴迷于钓鱼而引起。他想要不停地谈论这些模型船和他对池塘的考察。

又过了三个月之后，这位爸爸写道：

这学期我们已经对马克的进步感到非常高兴。他在学校表现得非常好，在年级名列前茅，在各个方面都有非常好的成绩。他似乎在道德感上更加强大，并且似乎是从一个习惯中获得的力量，这种习惯是每天早晨我让他跟我说今天要把诚实放在首位。

我们正打算送他去一个纪律严格的男生夏令营，去放个长假。他对此极度渴望。在那之后他将会与我的一个老朋友待上一周，并且我第一次告诉他可能在那里钓鱼，如果他真的很想并且能非常谨慎的话。他说做得到。让我们拭目以待吧。马克又变得非常开心了。

从这封信可以看出，这位父亲不断地将道德规范灌输给孩子，这是他们家一直以来的模式，我也并未尝试去改变它。爸爸也在马克的生活中扮演了一个更为重要的角色，男孩的妈妈自从第一次会谈后已逐步退居幕后。我发现马克的偷窃行为已经彻底中断，说谎也不再是他生活方式的一部分了。

在第一次系列性的治疗咨询的八年后，马克的父亲再次写来信，这时的马克已经20岁了。

谢谢您的来信。我非常高兴地向您汇报马克在过去的四五年中的进步。

他已经在坚定不移地从事着他选择的职业——水手，在这个特别的星期他完成了在航运公司作为海军军校学生为期四年的学徒生涯。他总会到远东地区，并且经常会花上几个月的时间航行。尽管他发现在海洋上的生活包含了极度的生理和情感上的困苦，但仍会让他拥有深度的满足感，尤其是在早些年间非常明显。他以极强的坚韧精神面对这一切。

当然他在各个方面都得到了成长，并且成熟得多。他在为航运公司工作期间拥有了极强的自豪感，同时，也拥有了义务感与责任感。

我们的家庭对他意味良多，他整个假期都留在家里。现在马克明显感觉到家庭成了他生活中的稳定因素。他感恩于家庭频繁寄来的书信，这些书信胜过任何其他东西，他在每个港口都会写信给我们和他的兄弟姐妹。考虑到他在任何情况下都不是一个爱好文学的人，这点是值得注意的。他在书信中饱含深情；但他在家的时候表面上却会显得非常的随意。马克有一个在学校认识的很要好的朋友，当他在家的时候他们就会形影不离。

马克被女孩深深吸引，并且享受和她们跳舞的过程。在岸上的时候，他和我、我的妻子自由地谈到他的女性朋友，并且把她们带到家里。他坦率地谈到希望在他有资格成为军官的时候结婚，尽管我并不认为他已经找到了想要结婚的对象。

在海洋上不随时间而改变的生活质量似乎对他充满吸引力。他经常在信中写道，每天悄然逝去，时间在轻易地从他身旁流走。在海洋上会有固定的线路，但是没有时间的压力，对日期或周几也没有感知，他发现在陆地上这所有的一切会令人非常厌烦。

马克对钱已经变得敏感得多。他每月都会将工资的一部分寄给我，我也把这笔钱都为他攒了起来。他给家里带回了来自东方的大量的礼物，做到这些对他来讲意味着很多。

但他在家的时候，除了与女孩的约会，他需要的是没有责任或约定的无计划的生活。他的房间总是很乱，这与他作为海军军校学生在船舱中被要求的整洁形成对比。但是他对个人的外表却非常讲究，总是穿着漂亮的衣服，但是作为一个男孩的时候，他会尤其不注意自己的穿着与外表。

我们期望十个月没有回来过的马克下个月回家，然后他会在家参加为期三个月的航海学院的学习。看到他从自己主导的生活转换到截然不同的生活会做出怎样的反应是很有意思的事情。

如果有任何其他您想要知道的事情，请毫不犹豫地告诉我。据我们看来，这个小伙子正在变得越发令人满意。如果您有任何建议或者警告，请讲给我们，我们自然会对此非常感激。

1962年，在最后的追踪中，这位父亲报告道，马克继续从事着他的职业，并且显有成就。那时他26岁。

这是一个令人满意的儿童精神病治疗的结果。治疗并未过度消耗这对父母的资源，并且给了治疗师很少的压力。这对父母做了大量的工作，并且提供了必要的持续性管理工作。

然而，至关重要的还是我在这里已经描述的三次重要的心理治疗性会谈，它给了马克从人格解离中摆脱出来的机会，这种人格解离使得他说谎，并且导致其毫无愧疚感的反社会行为。

个案 16 彼得，13 岁

下面的案例旨在证明这样一个事实：通常情况下，大部分工作是由家长完成的。我和彼得的个人访谈是整体程序中一个相对重要的部分。然而，这确实让我得到了我所需要的源于病人的病史。在此基础上，为了案例的管理，我能够为家长所需要的极大变化提供帮助。家长们可以成功地看懂孩子的心理，因此，在经历了退行性的片段之后，孩子们可以借助坚实的基础，开始获得新的成长。

在这个案例中，我们所画的一系列画无须在此呈现。

私立寄宿学校把彼得送到了我这里，他带来了一封学校医生的信：

彼得于今年一月入校，住进了学校宿舍，宿舍的监管是由校长担任的。学校对彼得的正式评价是"尽管智力迟缓，但为人友善"。他曾两次患病住进休养院，休养院的其他员工同意我的看法，即在这两段患病休养期间，彼得并不讨人喜欢，攻击性强，以一种奇怪而冷漠的方式表现得傲慢无礼。在那期间，他给人们的印象是他认为自己确实在各方面都优秀，至少所有的休养院成员都是这样觉得的。他似乎渐渐地被同龄人接受了。我倾向于把这种侵略攻击性归因于过度"膨胀"，这种现象在彼得身上并不罕见。

昨天，校长告诉我彼得和三月初以来扰乱学校宿舍的一系列不端行为有关。第一个众所周知的事件就是，一个高年级的学生从病房里回来后，竟然发现枕头和床单被割破了。第二天晚上，所有新来的男孩的床铺都受到了同样的虐待，墨水喷洒在墙上到处都是。从那以后，宿舍里还相继出现了一系列盗窃案件，被盗的东西有现金、钱包、钢笔、鞋子和手套。并且，孩子们还经常在盥洗室发现一些家里的来信，这些信件已经被撕开并毁坏了。这些信件一定是在收信人接收之前，被别人偷偷拿走了。

校长非常负责地将事件始末打印出来，我随信附上。毫无疑问，彼得要对这所有的反社会行为负责。丢失钢笔一事需要彼得一个人面对（床单割破事件需要问责的是全体宿舍人员）。一系列的犯罪证据导致了认罪，彼得承认了他在校长注意之前，在盗窃和拆信这些事件上的罪行。他说他让收信人找到那些信件，目的是让他们知道，他们的私人财产已经受到了别人的干涉，这也正是彼得在盥洗室留下证据的原因。

昨天，我和彼得聊了一会儿，我发现他非常镇静，怡然自得。他说他偷了一些东西并且被发现了，但是没有得到正式的回应和关注。他对自己的未来毫无想法，并且做了这样的评论："放学之后，这种偷盗行为也难以摆脱。"

当被问及这样做的动机，彼得显得茫然若失，他说："为了找回自己。"随后他承认许多受害者和他都素未谋面。他不知道自己为什么偷别人的钱、鞋子和五指手套。

至于撕割床单事件，他攻击那个高年级男生床铺的原因是那个人曾经对他不友好。原来，那个高年级男孩在乐队练习时坐在彼得的旁边，两人弹奏同样的乐器。彼得说这个男孩儿的指法不对，彼得跟这个男孩儿说了并且想告诉他应该怎么弹奏。彼得说这个男孩儿的反应并不那么高兴，因此他就向男孩儿的床铺报仇。尽管宿舍给了严重警告，第二天晚上他是撕割了包括自己的床单在内的所有新生的床单（他自己的床单受损最严重）。这样做的目的是宣泄他对他们（5个男孩儿）之一的怨恨。我怀疑他患了一种疾病，患病的原因是当晚他吞食了大量的叶绿素牙膏或者其他含有叶绿素的东西。那天晚上，彼得呕吐了12次，第二天早上他被送进了疗养院，在那里建立了他的呕吐物标本，这种标本含有大量的绿色液体。不幸的是，我们当时正被困在冬季消化道流行病的迷雾之中。并且，在那个特殊的早上，有5名呕吐病例患者从学校被送进休养院。尽管这种不寻常的案例让人困惑不解，但我很抱歉地说，我没有对此案进行追踪调查。

　　昨天，我突然问彼得是否吞食过牙膏，他立刻回答说："只有使用固龄玉牙膏的时候我才会吞食。"

　　这让我想到了精神病性人格的出现指征，我建议彼得的家人把他带回家并征询专家的建议。

　　今天，我见到了彼得的父亲，他父亲的勇气和对重要危机时刻的控制给我留下了深刻的印象。他看上去是个品格优秀的人。

　　和这封信一起附寄的还有一篇校长的详情陈述，以及彼得陈述、校长详细记录的打字文件。这些陈述说明了以前的学期发生的事实、导致小偷被发现的事件以及校长与彼得面谈的方式。该文件讲述了许多偷窃钢笔的细节，彼得曾经写信回家问："你们给我寄了一整箱的钢笔等东西吗？"手写的信件显现出烦闷的信号，和几天前的手写信件完全不一样。校长收到了一封匿名信，他怀疑是彼得写的，信的内容如下：

彼得没有偷窃这些东西！是我偷的！因为我讨厌他，所以我诬陷了他。他最近对我很好，请不要惩罚他。如果你们能够找到我，那就惩罚我吧。我的宿舍是 E 室，我拿了所有的钢笔，我觉得学校的每个人包括您在内都很高尚，在不久的将来我要自杀，所以，请你们注意。

很明显，从这些信件和陈述中可以看出，校长和校医生都觉得彼得在精神层面已经病入膏肓了。基于诊断的信息可以判断为"**精神病态人格**"。他们决定有必要让彼得离开学校。

第一次治疗性咨询

家史

姐姐　17 岁

彼得　13 岁

弟弟　11 岁

彼得和他的父亲一起来看我，在和他父亲短暂交谈之前，我花了 40 分钟的时间和他面谈。我们进行了一些表面上的接触，他利用涂鸦游戏分散注意力，以避免和我直接接触。在这个案例中，患者彼得向我展示了许多他想让我知道的东西。他告诉了我一些有关他17岁的姐姐和11岁的弟弟的事情，这让我对他形成了初步印象。彼得四五岁那年，9岁的姐姐养了一缸鱼，被他扔在地板上摔碎了。那时候还发生了另一件事情，当他和姐姐一起爬过厨房和餐厅之间的餐口时，撞倒了一个盐罐，玻璃罐碎了。这个是偶然事件，但另一个却是故意为之。我觉得这两种记忆的重要性在于它们都含有东西被破坏了，并且他都报告了其自身对暴力的恐惧。

彼得说他很喜欢他的父母和兄弟姐妹，但是他和家庭以外的交流很少。

我问了一些他睡觉的方式，他告诉我他的弟弟吸手指，骑着人睡、摇晃，并且在房间里移动床位。彼得自己也吸手指，他不记得其他的东西。在家的时候，彼得很快就睡着了，但是在学校难以入眠，要胡思乱想一个多小时。在学校他起床困难。在家的时候，玩耍是很平常的。他姐姐在一个走读学校上学，弟弟远在唱诗学校。彼得喜欢音乐，会拉大提琴，会声乐。音乐是他最美好的体验。他不想再回公立学校上学，家里请了一个家庭教师教他。他不知道自己未来想做什么，上私立预校时他偷过几回，在公立学校时他大肆偷盗。

我知道这次咨询不会起太大的作用，但是他确实向我吐露了一些事情。

和父亲的会谈

彼得的父亲探索了关于身体障碍的想法，希望通过药物和激素进行治疗。父亲自己接受过这样的治疗并且成效显著，所以他怀疑儿子是否也需要同样的治疗。但是他接受了我对此做法的否定意见。彼得在孩童时期有过酸中毒的经历，同时，耳部，排泄也存在很大的问题，疼痛难忍。在上私立预校的时候，彼得患过严重的高烧，被认为是小儿麻痹症，但是当时还没有麻痹症状。他曾经患过许多小的疾病，身体从来没有特别健康过。

当说到其他的孩子时，父亲说大女儿行动灵敏但是缺乏耐心，最小的儿子十分聪明。他们也很喜欢彼此，只是会不断地争吵。母亲性格直率，在家庭中很有地位。彼得看上去对父母一样喜欢，他总是很难忍受被戏弄。

（父亲说）彼得觉得父母爱别的孩子胜过爱自己。这种现象在他5岁或者3岁时起就表现得十分明显，尤其是小弟弟刚刚6个月大的时候。就像是他失去了作为哥哥的地位，并且开始以一个竞争者存在。彼得既不是最年长的孩子，也不是最年幼的孩子。

两个故事的连接点在于十分重要的3岁这个年龄。

父亲描述的症状有些模糊不清，例如，当有人来访时，彼得会通过做鬼脸等行为强迫自己引起别人的注意。还有其他和剥夺感有关，程度较轻的反应。当私立预校发生了两到三起偷窃事件的时候，这些反应就变得更加真实了。

去私立预校之前，彼得在家附近的小学里过得很开心，但是小学的快乐时光很短暂，他对乡村也有无尽的爱意。在早期时候，彼得偷了妈妈的家用开支（一英镑），给朋友们买了礼物，并且全花光了。

公立学校的校长希望可以收下彼得，他说："这正是我们需要做的。"但是那些反社会行为必须要改变。女舍监看起来与彼得心目中对悍妇的想象非常吻合。我不确定她到底喜欢什么。

彼得对他的家人都饱含深情，特别是在上一个假期经历在学校的精神疾病之后。他有种想要乐善好施的欲望，无论是在花园里，还是在家里，他都积极完成任务。那时候他不尿床。

他疾病发作阶段人格上仍然有成长，认识到这一点是很重要的。

在咨询的两天后，我收到了彼得父亲的来信，内容如下：

从周二早上开始，彼得就看起来疲惫不堪，昏睡无力。但是他觉察很灵敏："他和我玩儿涂鸦游戏并且一直问我问题（彼得解释道）。"我们回家之后，他知道了如何进行交叉实验。他没有和我们谈论起和您的谈话，我们也没有刻意问他。

我们偶尔也会听到有关彼得的在校表现，并且他也很高兴和我们分享。

我们想起的其他方面是：他的言语有点口齿不清，他的眼睛从婴儿时期就有点远视，视觉劳损（最近检查："完好无损"）。7岁以后他从树上摔倒了硬地面上，但是没有明显的受伤。本周五，彼得会自己来找您，我妻子也期待着以后能有机会见到您。

第二次咨询(三天后)

彼得一个人来了,很明显,这将是一次令人为难的谈话。我们一起玩儿游戏的想法又一次没起作用,我发现我自己一直在问他问题,然后(总结问题)说:"我似乎像一个审判官,但是因为没有其他人讲话,那我们的谈话方式也就改变了。"所以我转换到画井字游戏,他对这种游戏很感兴趣并且把我打败了。我试着以他在身旁画画的随意的方式和他进入谈话,但是会谈从没使他有任何的心灵暴露。也许我们谈话中了解彼此最接近的部分就是当他说道,如果再次让他回到公立学校,他认为麻烦还是不会停止的时候。他的部分意思是说那里的孩子们永远记得他就是小偷,他以前做的事情让他不能继续在那里生活。但是他还暗示他会不可避免地再次盗窃。

核心主题

彼得出现了一种想要在家生活的强烈愿望,他一直有这种想法,尽管父亲说附近没有合适的学校,但是他还是仔细考虑了如何找到一所走读学校,这样就可以在家住了。

然而,附近其实有一些合适的走读学校,彼得也从来没有放弃过寻找这种地方的希望。

我结束了长达一小时的谈话。精准地报告这一小时的效果是不可能的,因为在这期间,发生的事情很少。闪过我脑海的是这样一个念头,也许这个孩子真的是智力有问题,我要求给他做个智力测试。我的心理学同事给的测试结果是智商=130。

现在我安排了与他母亲见面，我为了解到彼得对住在家里的渴望做好了准备。

和母亲的会谈

母亲和我讨论了关于彼得可能在家住的想法，彼得的目的是重新发现家庭，享受家的爱意。然后，他可能去一个当地的走读学校，我告诉了她这样做的期望，并且表示，我不知道彼得把家作为精神港湾还会持续多久，在这里他可以退行到依赖阶段，并且附有婴儿期行为，但是我觉得这个阶段会持续一年。最主要的是要告诉彼得：**"温尼科特医生说你病了，你需要离开学校，住在家里，然后，如果你病好了，我们可能会为你找一个走读学校。"**

随后，我给校医寄了一封信，内容如下：

我已经见过了彼得的妈妈，我现在观点很明确，这个孩子现在不能返回学校，尽管贵校条件优越，例如环境优美，校长善解人意，家长富有名望，学术标准严格，您可以想象我是经过深思熟虑后才提出这样的建议的。如果彼得返回学校，会产生更多的麻烦，最终还是会离开。到时候，可能是带着羞辱离开，而不是带着疾病离开。

尽管这个孩子除了情绪发展的障碍以外没有任何身体疾病，但是您已经识别出了他的病症，在这种情况下，可行性的治疗是彼得应该住在家里。这种方法虽然他的父亲也许不是很赞同，但对其母亲来说是可以接受的。

见过彼得的母亲之后，我觉得我相信她会处理好彼得从病患到康复这一恢复期。我不介意他会在一年里无所事事，但是可以帮助整理家务，浇花割草，做一切他喜欢做的事情。所有这些都是有裨益的活动，包括像一个小于 13 岁的孩子一样玩儿火车模型。我不知道这个孩子还需要多少努力才能摆脱对家庭的依赖而继续前进，以获得青春期的正常发展。但他还没有做好进入青春期的准备。

如果您能告诉校长我对其父母规劝的方式以及建议，我将不胜感激，同时，希望您能代我感谢他，他的陈述对我很有帮助，彼得从疾病中恢复健康并且有朝一日重返学校的可能也不是完全没有的，但是这些目前尚不需讨论。他重返学校的问题在最近一两年之内不会被再度提起，我觉得这个孩子更有可能进入一所走读学校。

我想您可能有兴趣知道一件事，我让一位教育心理学家对彼得进行了一次智力测试，他的智商是 130 或者说是"高于平均水平"。很明显，彼得的情绪困扰严重地影响着他的学业成就。

我也给彼得的母亲写了一封信：

对于彼得，您面临着一项巨大的任务，我很想邀请您每周给我寄一次简易的记录，以便于我随时了解微小的细节。您可能会觉得这太烦人，如果这样的话我们可以给彼此打电话。

还有另一件事，见过您之后，我理所当然地认为我们已经为彼得制订了一个行动计划，然而，我也清楚地意识到我们还没有与您的爱人谈论这件事情。但是，我觉得每个人都会理所当然地同意我建议的行动计划。我希望您能告诉我我的理所当然是否过多（这个计划是否可行）。

在这个案例中，我十分明确地向家长提出了建议，因为我感觉他们似乎需要我全权处理孩子的休学问题，而且这样做看起来很必要。

此阶段总结

这个男孩儿资质聪敏，家教良好，但是表现出一种被我称之为"反社会倾向"的严重症状。被直接询问的时候，他说他也不知道为什么会被强迫以疯狂的反社会方式来行动。由此出现了一定程度的隔离，而这种隔离的程度还不能称为分裂。

精神治疗咨询的病史采集得出这样一个结论，3 岁对孩子是很重要的时期。在这个年纪，这个男孩经受了相对剥夺，父亲的故事就证明了这一点。随着弟弟的出生，彼得感觉自己失去了在家中的地位。

现在，彼得有要住在家里这一有意识的愿望，我有必要扩展我的社会诊断范围，来确认家长有能力来完成自己孩子的治疗。因此，我安排了单独会见彼得的母亲，同样，我也给了她一个小时的自由谈话时间。我在这一小时里做笔记是很不明智的，因为在这期间她更多的是谈论她自己。但是我仍然记录了一些彼得小时候的生活细节。

这个家庭其乐融融，彼得的姐姐和弟弟都外出上学，生活充实的母亲总是希望儿女能够在家里。

父亲在战争期间十分忙碌，因此，在彼得 3 岁之前很少见到他。但是当彼得 3 岁的时候，弟弟刚刚 6 个月，这时父亲把所有的注意力都给了弟弟。对于父亲来说，弥补彼得所需要的东西已经太晚了。这里提供了彼得 3 岁童年时期的危机背景。在这种意义上讲，他在 3 岁就被相对剥夺了父爱。

早期病历

出生情况：快速出生婴儿、体重大、健康。

母乳喂养：3～4 个月。

彼得两个月的时候，请了保姆，保姆一直照顾他到 5 岁，照顾弟弟到 2 岁。保姆思想狭隘，占有欲强，但是在战争后的这个阶段，全家也别无选择。母亲一直在旁边。母亲在家做饭，教彼得学习。当保姆走了以后，彼得很高兴，但还是要继续拜访她。

饮食：他自己吃饭缓慢，粗心大意，从来都不慌不忙。

排泄：正常

3 岁之前尿床，早期开始白天不尿床。

彼得 5 岁时进入了走读学校，9 岁半进入私立预校，当时他可爱，有朝气，天真无邪。

睡眠：最近彼得会在夜里醒来，母亲告诉了我她的孩子们的入睡方式：姐姐吮吸拇指，睡觉时穿着长袖的运动衫；彼得 5 岁之前也吮吸拇指；弟弟睡觉时容易晃动翻身。

母亲说她天生就是个当妈的料儿，一直喜欢自己的孩子们。父亲工作很辛苦："他辛苦劳碌，这对他来说意味着情绪压抑，他从服用甲状腺药物中受益（因此，他坚信给彼得服用身体的药物进行治疗）。"

还有一个更详尽的细节：6 岁那年，彼得逃跑了一天。他说："我绕着湖边走了走。"现在回忆起来，这也有可能是他不开心的一个症状。他从来没有想过自己长大之后要成为什么样的人。

在这期间，他的姐姐和弟弟都在寄宿学校上学。

他母亲给我写了下面的两封信：

感谢您的来信，根据我们制订的行动计划，我想我应该观察彼得一段时间，然后告诉您彼得对家庭生活的反应，以及他不再返回学校的消息。我们应该再见一次面。我爱人和我都非常想要一起来看望您。我们有一些事情想问您，并且希望您在彼得的教育方面给予我们进一步的建议，这些我们想要在您面前提出来。

见过您的第二天，我告诉彼得他无论何时也不用回寄宿学校了，他整个上午都很忧郁。当他父亲建议他做一些不同的小型木工时，他也很阴沉。那种不开心很快过去了，也是从那以后，他就没有悲伤过。他被家务和花园工作带来的幸福包围着，他经常玩耍但不做幼稚的事情。他和我共同购物，散步，他比以前睡得好，胃口也很好。今天他和他的姐姐一起游泳，晒太阳，周三他要和他父亲一起去伦敦为他的生日购买鱼竿。

我告诉他这个学期或者接下来的一年他都不用去学校了。我们谈论了许多有关走读学校的事情。我向他和其他人解释说彼得有精神疾病，他要住在家里，等待好转。

两星期后

这是另一个记录，来告诉您彼得过得怎么样。他仍然很开心，并且对家里的一切都很感兴趣。偶尔有一小段时间他也会有点烦躁，无所事事，但是他很快就能找到有趣的事情做，比如园艺，读书，做软糖等。昨天他制作了一架飞机，在燃料的驱动下，居然可以前进了。他和附近的一位年轻教师及其妻子成了好朋友，他们极具同情心，善解人意，很喜欢彼得。我想他们的友谊会对彼得产生很大的影响。

他有时会抱怨睡不好，但是我觉得他不会醒很久。他胃口很好，脸色也好多了。他变得感情丰富，热情奔放，并且经常用双手抱着我。

他经常游泳，并且只要他喜欢，他随时可以去游泳池。即使有认识的人在那，他也毫不害羞地去游泳。他偶尔会对无生命的物体生气，然后跑进花园，到处乱扔东西，并且猛击。但是在接下来的一周里，这种事情没有再次发生。

我们可以过来拜访您吗？

第三次治疗性咨询

我第二次见到彼得时，距第一次谈话已经有 6 个星期之久了，这一次，在谈话中他对我和图画都不做表态。之后，我见了他的父母，他们告诉我彼得把家当成了精神港湾，他们还提到了彼得的姐姐和弟弟对他的忍受，他们也有点忌妒，因为他们要远离家庭，去学校上课。彼得在家里很忙，**也没有什么反社会的行为**，他在玩耍时很有建设性，父母也在为他寻找合适的走读学校，因为他们认为彼得似乎已经做好了去上学的准备。

后来，我打电话到彼得家，他们告诉我彼得的情况继续好转，他们几乎已经安排好让彼得像走读生一样去当地的一所走读学校上学。我给她母亲写了下面这样一封信：

我写这封信的目的是希望在你写彼得的入学申请上有所帮助。当然，如果需要的话，我很乐意提供进一步的详情。

我想说，总体而言，彼得是一个聪明的孩子，潜力巨大，但是因为患了一场疾病，他在精神发展方面受到了阻碍。这个疾病会随着时间而痊愈，但是可能由于过去的影响使他做出一些强迫性的行为，这些行为在以前的公立学校引起了很大的关注。他并不是一个不守规矩的孩子，说出这一点对我来说很重要，因为盗窃是精神压抑的一种症状。

对这个男孩儿来说，特别是在接下来的一年里，住在家里很重要。如果可能的话，我希望他可以去一所普通的走读学校。

那时候我建议您把彼得的心理恢复置于教育之上，我相信从教育的角度来看，你们做到了最好。从你们告诉我的事情里，我确信你们让孩子住在家里，这显著改善了他的健康状况。我并不希望他出现异常的困难，因此，他应该去一所当地的走读学校。

我希望这些信息可以对您寻找合适的学校有所帮助。

一个月后，我收到了下面这封来自彼得父亲的信：

我们有机会把彼得送到附近的一所公立学校（只有住宿生），但是彼得可以住在家里。

这个机会是由于在彼得的全部故事并且您的信件首先引发了校长的兴趣，之后引发了同等重要的舍监的浓厚兴趣。男舍监和他的妻子表明要竭力给彼得一个新的开始，并且愿意提供即时的帮助，（1）如果我和妻子可以完全相信，根据我们的独立判断，这是正确的行动方向；（2）根据您建议我们寻找走读学校的中肯劝告，如果您不认为我们的行为是莽撞的。

至于第一条，妻子和我觉得这样善解人意的舍监夫妇对我们来说是一个千载难逢的好机会（他们在面对一些有困难的，和一些能力不足的特殊儿童可能会容易产生的悲观不适应的情绪方面做得很好），在很多意义上对彼得都是一个难得的机会，这样他可以继续生活在熟悉的地方。他成天往游泳池跑，对操场、建筑物、音乐会、礼拜服务都很熟悉，他参加了一次礼拜堂举办的活动，从其中一位与会者身上受益良多，他也认识了很多老师，包括一位经营农场的老师。他和他们的孩子成了好朋友，唯一一个可行的选择就是寻找一个走读学校。但是在这里，除了这位德高望重的校长以外，我们不认识别的校长了，恰巧我们也不认识这里的家长和他们的孩子们。所以，在人际交往的范围里，这里的一切对彼得来说都将要从零开始。

至于第二条，妻子和我还有舍监想问您这样一个问题："您已经给了我们明确的答案，让彼得去走读学校，鉴于以上情况（妻子和我认为舍监他们思虑周全，和蔼友善），您觉得我们是否应该利用这次机会让彼得以走读生的形式去本地的寄宿学校上学呢？是否可以使他成为寄宿学校三四个走读生之一呢？"

如果您了解了详细信息，请告诉我们是否可以做出这样的决定？

在回信中，我建议家长**问问彼得**的想法，如果他愿意的话，就可以做此决定了。

彼得的父亲再次来信（此时距离第一次见面已经 3 个月了。这时候，彼得 14 岁）：

十分感谢您的来信，我们很高兴您也觉得做这样的冒险决定不是不无道理的。

彼得已经开始了这个计划，他和我们一起拜见了舍监及其妻子，并且相处得很融洽。他现在经常谈论起这件事。我们觉得他对这个想法很感兴趣。明天我们就要出发，开始为期两周的度假，看起来，我们度假回来以后就可以做出决定了。

两个月后，我打电话给彼得的妈妈，她告诉我彼得过得很好也很开心，他现在是一所寄宿学校最低年级的走读生。

三个月后，我再次给彼得的妈妈打电话，她说："彼得现在很厉害，他从不会因为感冒或高烧而耽误一节课。在假期里，他和姐姐弟弟也玩儿得很开心。他在学校的表现很好。"她还说第二学期就要考试了。

一个月后，彼得的母亲给我写了下面这封信：

谢谢您的来信，它确定不再是令人头疼的事了，您能对彼得有如此持续的关注，我们真的很感激。

彼得现在生活得很好，他体重增加了，个子也长高了一点，感冒少了，精神状态也看起来有所好转。他开始努力学习了，在这个水平相对较低的学校，他的法语和英文写作分数很高，数学成绩也进入了学校前几名。虽然我觉得他还没有真正地交朋友，但是他看起来和每个人都相处得很融洽。他每天都高高兴兴地回家，我们养了一条小狗，彼得很爱它，并且照顾它。

我觉得彼得的情绪很极端，要么十分开心，要么极度悲伤，现在他能够感知自己的情绪并且把它说出来了。

两个月后，母亲又寄来了一封信：

彼得这个学期做得很好，他只因为感冒而拖了一天的课。最后他很累，我觉得他紧张疲惫，由于喉咙痛，彼得在床上躺了两天。在假期的第一周，彼得的脸上有略微的抽搐症状。现在，我们的小儿子也在家，他们比以前任何时候玩儿得都开心。彼得脸上的抽搐和所有的疲惫症状也全都消失了。他进入了第二种状态，在校表现良好，下一个学期有望更好地发展。当他听到这个消息的时候，他的脸变得容光焕发，数学似乎是他的最强项，他还经常去工厂，现在正在做一只独木舟，材料是预支的生日礼物。看起来他没有特别的朋友，但是他和每个人都相处得很融洽。

明年夏天，彼得的弟弟就要离开寄宿学校回家了，这让彼得很高兴。能让彼得在家住，我们很高兴，同时，我们也希望和最小的儿子分享这份愉悦。弟弟可能会在彼得学校的另一个宿舍楼，成为彼得这样在寄宿学校的走读生，尤其弟弟的水平是获得奖学金的水准。您觉得如果弟弟和彼得一起，会对彼得产生不好的影响吗？弟弟比彼得聪明得多，但他们是很好的朋友。如果他们在不同的宿舍学习，您觉得这种个人间的竞争会不会被宿舍竞争所吞并？这种寻常的宿舍竞争是每个人都会遭受的。

我写了这样的回信：

我很高兴彼得能有一个令人欣慰的开始，您所忧虑的问题是彼得的弟弟，我觉得彼得应该会处理好和弟弟在家的相处，但是，如您所说的，这和假期弟弟在家的情况不一样。或许，在整件事情决定下来之前，您应该和彼得商量一下，我希望他们不要在一个房间。

您能和我保持联系，这对我的研究也很有帮助。

3个月后，母亲再次给我写信，此时距离第一次会面，已经有14个月了。

这是有关彼得的另一件事，这次情况不太乐观，彼得因为链球菌所导致的喉咙疼痛，不得不休学五个星期。在医生找到病因之前，他有两个星期的持续低烧。彼得甚至开始担心是否是某些神经性问题导致了疾病。彼得在学校的两个朋友也出现了喉咙痛和高烧的症状，所以，通过用棉签在咽部采集化验标本，发现了彼得的病因。医生觉得彼得可能是病菌携带者。

彼得在家的这段时间里，他并不总是躺在床上，而是制作他的飞机模型，他从来不会懒散游荡，而是善于动手。他现在状态很好，并且参加期中考试。我并不认为考试会让彼得特别担心，但是，彼得真的向往成功。他制成了独木舟，并为它喷上了美丽的蓝色和白色，我们成功地把它放在了亨利附近的小河里航行了。这让他很高兴并为他赢得了别人的崇拜。因为他大部分时间是在家里，所以他没有同龄朋友。但是他生活得很开心，脾气也很好。他现在15岁了，还没有进入变声期。他要远行去叔叔家和他们生活2周，这是自他离开寄宿学校以后的第一次个人出行。他回来之后，我们全家会和朋友一起出去旅行。我希望这一切都能帮助彼得恢复健康。

一个月后，母亲又来信：

感谢您明智的来信，我写信的目的是问您是否可以给予我们一些建议，彼得在考试中成绩不是很好，为此他很抱歉。我在考虑他是不是需要上补习班来帮助他在学习成绩上迎头赶上。经过讨论，我开始觉得还是不要为彼得担心更好，现在他的学校报告出来了，您可以看看吗？这个成绩单来自一个年轻无经验的年级主任，我觉得彼得下个学期不会再到他的班级上学了。他说彼得很懒，为此我感到很遗憾，因为在这学期结束前彼得回去上课时，他打不起精神来——部分原因是因为他经常吃青霉素。我想在学期开始时去见见年级主任，向他更多地解释关于彼得的事情，但是我不知道从哪里说起。我不知道哪种方式才能最好地帮助到彼得。我敢说那个报告不重要，但是彼得很在乎。在五个星期的喉咙痛期间，他失去了和同龄人的联系，但是我想他仍然可能会有一两个正在发展中的朋友。同时，他也失去了在校园里和同学们一起玩耍的机会。

我爱人已经出差 6 个月了①，所以我们不能一起谈论这些事情，能够得到您的建议我会非常感激。请不要担心，彼得出去了，还没有看到这个报告。您觉得学期前针对一学科的课外辅导班对他有帮助吗？我对他的学习情况并不焦虑，但是如果他对课程充满信心的话，他的生活会更幸福的。

我回电话给她，也寄回了彼得的成绩单。

彼得的母亲写了另一封信，这时距离第一次见面已经 25 个月了。

我很高兴能够就彼得的问题再次与您通信，这次是好消息。他现在状态很好，生活得也很开心。他长了许多，您几乎认不出他来了，他现在比我爱人个子都要高。他的脸上还是稚气未脱，在学校表现十分好，自 9 月以来，他只落了几天的课。他在学校几乎没有交到亲密的朋友，过着虽然有些孤独，但是很充实的生活。他在家积极参与各种活动，例如整理花园，煮饭做菜之类的事情。他花很多时间在学校工作间里，在那里他可以在有人帮助的情况下做一些木匠活。

我有点事情想问您，去年 9 月，他每隔一段短暂时间就会出现多次偏头痛。以前也有过这种情况，但不是那么频繁。头痛不是很严重，没有让他难以入睡，但却让他很痛苦。我也时不时会头痛，

---

① 母亲可能无法感知到在这个案例中，父亲的离开有多么特别的意义。

但是我发现，只要我补铁，我就能摆脱头痛。自从我的女儿出生以后，我就一直服用含铁的补药，我感觉这些药物对彼得应该也有好处。所以，我每天早上都给他吃一粒，假期时候每隔一天让他吃一粒。我坚信这些药物可以为他提供他所需要的营养。但是我这样是明智的做法吗？这些药物会不会对他产生我不知道的危害？

我19岁的女儿作为交换生去了国外，所以彼得成了家中唯一的孩子，这让他很高兴。他和弟弟在假期里玩儿得很开心，彼得的女舍监似乎很喜欢他，看起来他也在宿舍有了稳定的位置。

上个学期，彼得让我很生气，他在考试的时候抄袭，原因是他忘了带课本，并且没有坦白地承认。年级主任告诉了我们这件事情，舍监也知道了。

彼得没有告诉我们这件事，他也不知道我们其实已经得知了。他似乎可以很理性地处理自己的事情，幸运的是，令人质疑的年级主任也很明智。

对您的帮助，我再次表示感谢。

我又给彼得的妈妈写了一封信：

我正要写信询问彼得的情况，此时收到您的来信真是太好了。他的情况听起来很乐观。

我想告诉您，我觉得可以让彼得服用含铁的药物，然而，如果他有时仍会有偏头痛，您也不必着急。如果他出现了便秘的症状，我想就该停药了，无论如何也要停止一段时间。

距第一次见面六七年以后，我写信给彼得的母亲，询问她彼得的状况（此时彼得 22 岁），她回信说：

这些年来我一直想着要给您写信，可是总是觉得应该再等等，以便确认彼得的各方面都很好。我只有好消息要告诉您，彼得在他的学校已经 5 年了，前四年走读，也就是说，他在家吃早餐和晚餐，白天的其他的时间都在学校。从去年开始，他在学校寄宿了，上个学期还成了宿舍监管，他一直很开心，生活也很好，但是没有交到真正的朋友，他加入了学校足球队，担任射手 8 号。他身高将近 1 米 95，壮得很。他修了初级数学、物理和化学，只有化学刚刚及格，这也是他最感兴趣的。尽管没有老师的鼓励，但是彼得还是下定决心要读大学。后来，彼得又重修了初级物理和数学，他在伦敦找了一个家教，并且住在家里。最后，他通过了这两门考试，他现在被一所偏远的大学录取，攻读生物化学专业。从他的来信我可以看出他生活得很开心。期末考试以后，他在伦敦一家公司的研究部打工。他参加了苏格兰高地的 O.T.C.（非处方用药）研习营活动，学习期间他一个人对苏格兰高地进行了探索，还背着帆布背包爬山。

接下来就看他是否可以拿到大学的学位了。

再次感谢您在我们最需要的时候给予我们那么多的帮助。

虽然我们还没有再次来拜访您，但是您随时随地的帮助对我们来说是极大的鼓舞。

谢谢您的友好询问，我相信，您一定会对我告诉您的事情感到高兴。我们从来没有和彼得讨论过他和您的见面情况，也没有谈论过他那时候的问题。您认为我们应该找个时间和他谈论这些问题吗？

我回信说：

我很感激您能给我写这么长而且很有意思的信，当然，彼得一切都好，我很高兴。我觉得您没有必要特别要和彼得谈论我和他之间的会面，但是可能有一天，你们可能会自然而然地讨论到这件事情。

结论

这又是一个反社会情节严重的案例，人们认为他不健康，但并不淘气，他把家当作了精神港湾。在大约一年的时间里，他从不正常的精神状态中恢复过来，这主要归功于他的母亲和他的所有家人，以及当地的一所寄宿学校愿意满足彼得的特殊需求。

我发挥的主要作用是：明确提出这个男孩儿病了，我们必须让他知道这一点，而且必须给他足够的时间让他从精神疾病当中自然恢复过来。

事实证明，主要的病因是他3岁的时候体会到的相对剥夺感，由于战争的原因，父亲从军三年，男孩生命的头三年父爱被剥夺了。

个案 17　鲁斯，8 岁

　　鲁斯的案例是这样到我这里的。一个男人来我这里为他自己做咨询，这是鲁斯的爸爸。在大约一小时的进程中，他说了关于他自己想说的，并告诉我很多事实。在这些事实中，有两件事情在对鲁斯问题的描述上是很重要的。第一件是他的女儿，三个孩子中中间的一个，开始在学校偷窃。除此之外，她已经在人格层面发生了改变，变得遮遮掩掩、鬼鬼祟祟的。她学校的功课已经退步，学校已经要求她转学。另一个事实是这个男人在对妻子的病情进行照顾与管理的过程中已经变得混乱，他在做着他自己的工作的同时还要尽量保持与家人在一起。他的妻子得了三种病，导致他奔波于三家医院，不知是什么原因，他在与三家医院的社工机构沟通中总会失败。他想要责备这三家机构，他大部分的时间都要配合这三家医院的要求上面，带着他的妻子先去一家，然后去另一家，看起来他和自己的交流中好像真的有一种失败感。在这次和我会谈的最后，他说因为有个人倾听了他各种各样的抱怨，所以他现在头一次变得能够视这些烦恼为一个整体来面对，而且他说他感觉现在可以在没有他人进一步帮助的情况下掌控它们。

　　然而，他确实感觉，鲁斯需要帮助，因此，我计划去看看他的女儿。对我来讲在我第一次与他女儿的会面中扭转其反社会行为的倾向是非常重要的。如果成功了，那么这个男人就可以应对这个家庭的全部状况，包括他妻子的三种疾病。当然，尽管在疾病的困扰下，妻子也仍然会从她所展现出的非常积极的品质中获得帮助。

列举出这三种疾病非常必要，因为它们影响到鲁斯正在努力处理的问题。鲁斯的妈妈喜欢养育孩子，尤其喜欢孩子的婴儿时期与早期的依赖。她也可以很好地管教大女儿，她喜欢鲁斯，因为当妈妈成为孕妇，得知怀着的第三个也是女孩儿时，鲁斯刚好在婴儿时期。事实上，整个家庭的情况令人担忧，鲁斯的妈妈知道，再次成为孕妇，她所能负担的已经超出了她的能力之外。有一阵子，她对她的丈夫失去了信心。鲁斯的妈妈由于应付不来，导致她在第三个孕期生了病，鲁斯变成了受害者，虽然当这些发生时，父母中的任何一个人都没有意识到这一点。鲁斯的妈妈患上风湿性关节炎，影响到走路。在她怀孕的晚期，她也得了急性忧郁症。这些情况中的每一种都使得她轮番被送往医院，最严重的是，在第三个孩子出生之后，正是她需要在精神科医院住上几个星期的时候。她拒绝物理治疗，并逐渐回到家庭生活中，开始细心地照料孩子们。当这个婴儿几个月大的时候，她和她的丈夫开始意识到鲁斯受冷落了，尽管这种冷落不是身体上的，但这段时期，恰恰在治疗性咨询的过程中展现了它的重要性，描述如下。

为了完整地呈现事情的原貌，必须要提鲁斯的妈妈得的第三种病，在治疗这个病的过程中，她对医生产生了很大的信赖，并带她走出绝望的时光。还是儿童的时候，她患有支气管扩张症，她是早期通过外科手术取下了两个肺中的一整个肺的案例之一。给她做手术的这家医院对她的病情很关注，特别安排她住进了非常好的康复医院，当她结了婚，有了家庭，她仍然可以立即住进来。如果她有任何的不舒服，她可以来这里住上半个月。

因此，当鲁斯来我这里的时候，我已经对他们家的背景有了了解。但是我不能判断的是鲁斯是否能够与我交流，并让我看到她眼中的童年生活。希望读者能够捕捉到以治疗性咨询的方式对事件结果的研究，在这样的方式中，儿童可以使用我们所提供的专业的环境。在这个特别的案例中，不可否认的是，我不仅使用了我对偷盗和剥夺关系的理论理解，而且还通过当鲁斯的爸爸描述家庭环境和他个人自身的问题时，从其中收集的信息来强化理论。

这个案例有这样的重要性，即鲁斯在咨询的最后发生了改变，下面将会描述。

鲁斯

我会尽可能短地介绍历史。我见到鲁斯的时候她 8 岁。她有一个 13 岁的姐姐和一个 5 岁的妹妹。她的家庭是完整的。父母之间有非常浓厚的情感依赖，这对孩子倒是有益的。

在我跟父亲的面谈中，我发现侵蚀这个家庭的自愈力，并且使之摇摇欲坠的蛀虫是鲁斯改变了的性格。鲁斯已经得到了特别的关爱，甚至有一些被宠坏了，而后她改变了，现在她还开始偷窃了。

父母对此感到非常的内疚，因为（正如他们所说的）是他们自己带来了这种转变。他们不能避免这一点，但是他们也看到鲁斯的这种转变就在他们眼前发生，以妈妈第三次怀孕的开始作为起点。

我决定，若要帮助这个家庭得以修复，需要做的第一件事是看到鲁斯，如果可能，要治愈她偷窃的强迫性行为。为了做到这一点我必须触及她自身对剥夺体验的理解。由此开始治疗性咨询。

这次的咨询标志着鲁斯偷窃行为的终结，同时也标志着其情感上成长的新时期的开始，这种开始伴随着在教育上获得的一些提高，除此之外并无不寻常之处。孩子的反社会强迫行为停止之后，这个家庭也能正面回应，并且父母很好地利用了他们得到的全新的自由，来继续他们作为父母的自我修复工作，这正是家庭现在非常关注的事情。

治疗性咨询

鲁斯很快变得很自在。她告诉我她有个正在上学的姐姐和妹妹。她说她并不非常介意错过上学而来找我。如果她在学校，会上英语课。她接受了我做个游戏的建议，然后我画了一幅画。

（1）鲁斯很快把这幅画改成儿童床，她已经睡了一年的儿童床。由此我了解到她有三个洋娃娃。"这样就好了。"她说道。

（2）我把她的画改成一株植物。她称这种植物为天竺葵。

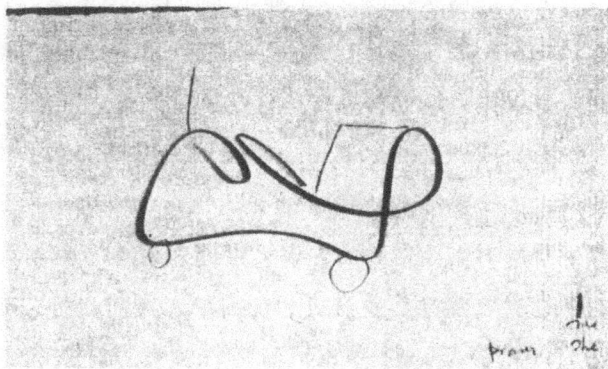

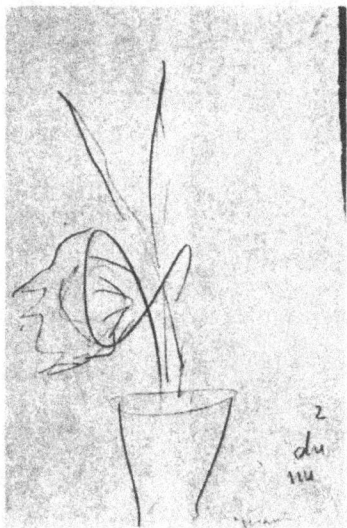

（3）她按我的要求画下了她的三个洋娃娃。她说："我试试看……""她这样不对……"我说："嗯，这里不是学校，你只要把你想的画出来就行。"

她说："罗斯马丽是最大的，朱迪思有卷曲的头发，波佩梳着刘海儿，留着马尾，戴着蝴蝶结。"

我问道："你更愿意成为爸爸还是妈妈？"她很快选择了成为妈妈。她说："我的孩子越多越好。"

她用洋娃娃代表她的家人。朱迪思代表她自己。从这幅画中可以看到她对妈妈的认同，所以她画的胳膊和腿的下半部分都是有缺陷的，而且手看起来也是缺失的，这可能说明了她妈妈生病时的无助。

（4）她把我的画改成"一个人"。

（5）她的画，画完她说道："噢！我知道了！"并且她把自己的画变成一张弓和一支箭。

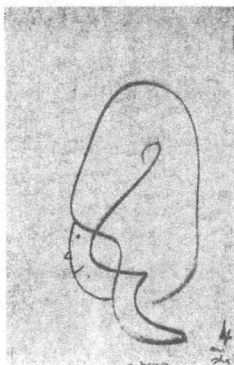

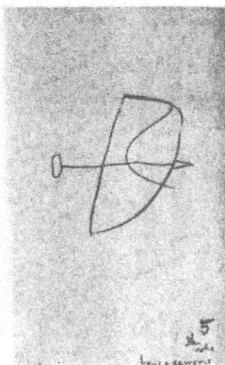

（6）她将我的画改成一只蝴蝶。这时她说到有个男人在她的花园里放了个马桶，花园被弄得脏乱不堪。

"问题是，那它还会恢复吗？"

我说："男生是笨手笨脚的。"

读者可以看到我没有做解释。我只是在和她玩耍的时候简单地聊天。

（7）我抢着接过她的画，要不然她会一直画下去了。（我想通过这个动作使她明白：这个游戏我也有分儿。）我改成了一架飞机，但她说它是只苍蝇。

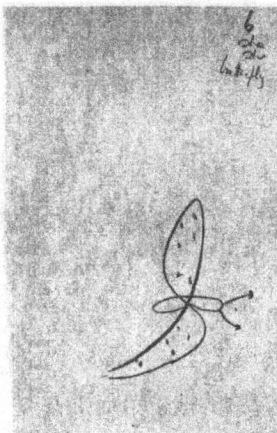

（8）她把我的画改成一匹马。她对此感到非常满意。

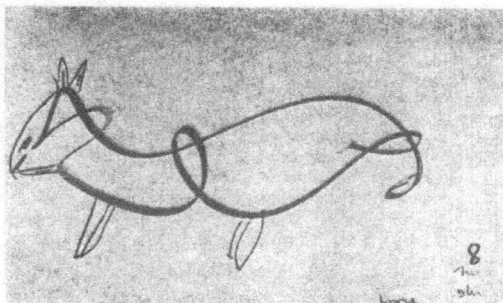

（9）我把她的画改成一种动物，她称它为长颈鹿。

（10）我的画：她随口接道："哦！我知道了！"当她把它改成一架竖琴的时候，她与我谈论有关录音机的事。录音机就立在她旁边的架子上，但是她不想使用它。

（11）我把她的画改成一个正在跳舞的人。

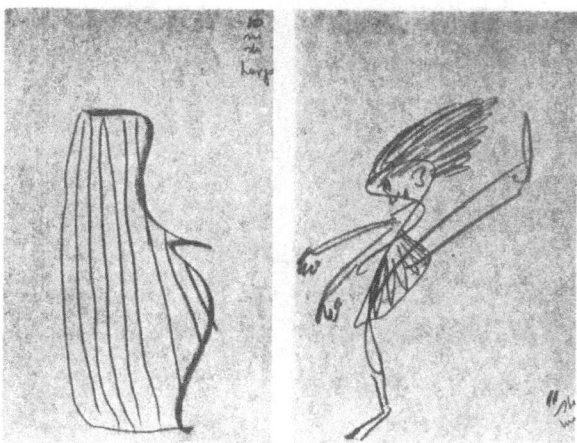

　　（12）她将我的画改成一个女人的头。女人的舌头是伸出来的，但是鲁斯把舌头改为香烟，我猜想这样会显得比较体面。

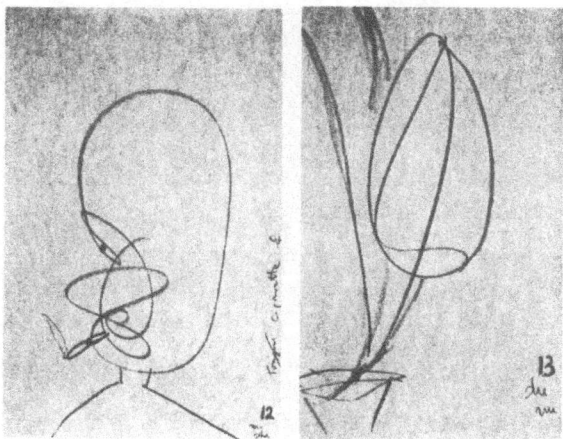

　　（13）我把她的画改成一盆植物。当我正在画的时候，我接受了她给我的一个马球（糖果）。我说："你玩这个游戏玩得累了吗？"她回答道："没有，我喜欢它。"

游戏进入了中间阶段，意味着孩子已经建立起信任感，之后就准备向更深层的层面探索。

（14）我有意画了些粗黑的线条。她将我这幅混乱的画放到一个桶中，于是，我画的成了桶中的水。这画是她个人的幻想，此时，我可以去探访鲁斯的梦中世界了。我问道当她做梦的时候是否梦到过类似的东西。她说她在电视上看到了某种东西，桶中有鱼，桶还有一个洞。我继续追问她关于梦境的想法，并且说道："你做过什么有趣的或者吓人的梦吗？"现在她将话题转换到梦境的生活中。"我的梦大部分是相同的，我每晚都做梦。"为了说明这一点，她拿来一张大纸。

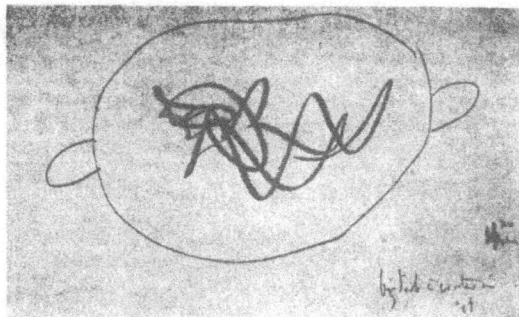

（在这份工作中，孩子拿出一大张纸来时总是意味着，有重大意义的内容将要出现。）

（15）古时候的船，有水流了进来。"当我的小妹妹还是臂膀中的小婴儿时，我正会跑。那正是在妈妈的腿有问题之前。水在湍急地流。我拿着东西，是给婴儿吃的，因为婴儿的缘故，他们才买的这些东西。这个梦的结局是好的。爸爸开着车回来，并且倒车到车库中。他撞到了这艘船，并且捣毁它，水都流走了，所以是好的结局。"

在爸爸尚未回来解救大家之前，也就是这个梦境的中间部分，她显得很焦虑。

请注意，妈妈的嘴角是上扬的，表示出微笑。这个孩子正朝着妈妈走过去，或者就在她旁边。婴儿也许还没出生，因为妈妈并没有腰形。妈妈双手无力，脚的后部畸形。

（图 15 中的细节，依原尺寸放大）

我说了我的看法，说她是满怀希望地跑到妈妈那里。她说她也可以当妈妈，帮妈妈喂小宝宝喝奶。事实上，她是妈妈怀孕后期得的病。她偷的第一件东西是婴儿的奶粉罐，而后她偷了钱去买婴儿食物，并且对此上瘾。这些背景的细节我是碰巧知道的。

这个梦是乐观的，在梦的结尾一切顺利，所以同样的梦境也该有个悲观的版本。我需要这个版本，因此，我邀请鲁斯画了这个最坏的情况。

(16)鲁斯再次画了起来。这幅画展示了妈妈带着婴儿，当她在画的时候鲁斯令自己都感到吃惊。"为什么！它是一个小侏儒！"她说她身后的海洋中有毒药，这使得小婴儿逐渐收缩；妈妈也将会渐渐缩小。"哦！看，我离妈妈越来越远！"

（图 16 局部，依原尺放大）

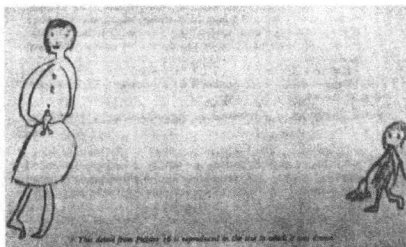

这幅图直接地反映出鲁斯与母亲分离的经验中最受伤的一次。她画得飞快，画的时候流露出一种积存已久的情绪，她把妈妈的嘴画成一字形（忧郁）；妈妈也有了腰身，暗指孩子已经出生了。但是这个婴儿由于毒水（婴儿食物的对立面）的缘故逐渐变小，并且在绘画的时候，鲁斯感到离她的妈妈越来越远。

画中的鲁斯，直接从肩部画起，嘴的线条向下延伸到胳膊，最后和婴儿食物的包连为一体，包里并没有装婴儿食品。

她说："所以我要使劲地吃东西。当毒药没作用了，我就又长胖了。"

还有进一步的细节，但是除了下面的内容，其他的在此省略掉：

我故意问鲁斯："你曾经偷过什么东西吗？"

她回答说："我小的时候做过。我曾经偷了婴儿食品。我就是把它们吃了。我尤其喜欢婴儿的桃子罐头。"

从鲁斯自身获得这些信息非常重要。

纵观所有这些细节，对我来说，可以断言，她真实地描绘出经历的剥夺的过程。剥夺发生在她觉得无法接受母亲怀孕，也无法通过认同母亲的母性及哺育角色来而对妹妹的出生，失去希望的那一刻。画梦境时，畸形的洋娃娃和鲁斯自己，说明了鲁斯已经拥有了这样的一种认同。但是这是一种认同疾病，而不是正向的母性作用的认同。

鲁斯离开之前，她和我又做了两个涂鸦游戏，这些画带领她回到表层，并且使她轻松地离开：

(17)我的画，她画成一条鱼

(18)她的画，我画上了一个盘子，一盘放有面包等食物。

　　在这里，我的用意仅仅是呈现这个孩子的画，在画中唤起了孩子被剥夺和无助的感觉。她在治疗性咨询支持性的环境下清楚地捕

捉到这种感觉，她强迫性偷窃的行为即刻停止了，说谎的行为也随之消失了。她整体的人格也有了良性的改变，正如其他案例中常见的一样，学校很快忘记了鲁斯曾是个令人头疼的孩子，也不会提让她退学的事了。

总结

在治疗性咨询中，8 岁的鲁斯，能够记起并再次体验她成为被剥夺小孩的时光，并可以在画中表现出来。对于鲁斯来讲，这次经历是一次治疗性的体验，在鲁斯身上的改变会使全家受益。

追踪

5 年后，鲁斯拥有令人满意的发展，也不再偷窃。家庭进行了自我修复。

个案18　×女士(6岁安娜的母亲)，30岁

　　我现在希望引入一个与家长面谈的实例。与家长面谈和与没有成年人陪伴的孩子面谈，两者之间没有本质的差别。至于和年纪大一点的青少年的谈话，采用交换图画的方式就显得不合适了。

　　这个例子来自我的诊所。同事把一个小女孩儿转介给我们，这个同事是名儿科医生。在面谈的最初阶段，我们发现了一些特点，这些特点表明母亲和女儿一起来医院也暗示了母亲自己的需求。然而，母亲没有想到自己这样是在做什么，她带着女儿不断地走访一个又一个的医生，目的就是为女儿做检查，治疗她的小疾病，这些疾病的严重程度远比母亲表现出的焦虑程度小得多。在这个案例中，儿童精神科小组有必要和这对母女保持联系，保留案例，等待事态的发展。渐渐地，几个月后，母亲抛掉了怀疑，并透露自己是一个非常需要得到别人帮助的人。

　　该组的社会福利部门告诉我，是时候该我和这位母亲进行会谈了，而后我提供给他们关于会谈的描述脚本。从诊所致力于给予孩子合适的帮助这一工作的努力方向来说，会谈的结果很令人满意，母亲通过与自己的内心对话，现在可以做一些新的事情，这样就把女儿的管理任务转接给了个案工作组织。因此，会谈的结果是，我

们能够把这个女孩安置在一个合适的学校里，事实上她在那里度过了接下来的好几年的时光。由于校方对此问题的特殊态度，我们因此一直保持着与这对母女的联系。

会谈的描述脚本并没有给出很多母亲被治愈的证据，事实上对母亲的治疗还需要有关方面做出大量的工作，以此来证明通过等待的方式，我们可以实现非常个人化的交流。

巧合的是，母亲在讲述时透露出她也曾经是一个被剥夺小孩。如今已经成年，并且有一个私生女。我们可能会断言，除了接下来的会谈及其结果——对于女儿适当的照顾之外，母亲也能更好地处理自己个人的事务了。

我看到×女士一个人。

我说："您好，您看起来很苗条。"

她说："事实上，我很胖，我胖得都穿不上衣服了。"

她看起来神情严肃，面带焦虑。

我说："我们讨论一下安娜的事情吧，这样有利于打破冰冷的局面（这时候安娜六岁）"

×女士说："你知道，安娜现在很好，她以前的生活一直都不开心，比如说，我从来不和她谈心，因为当我还是个孩子的时候，从来没有人对我那样做过。如果安娜身体状况变得糟糕了或者变得淘气了，我真的会心烦意乱。"

她继续谈论自己曾经因为没有参加学校适时的考试而遭遇到阻碍的经历，这导致她不能成为一名护士或者做其他喜欢的职业。20

岁的时候，她在诊所见到了一位女医生，那个女医生交给她一份报告，说×女士"无道德感，无背景，不成熟"。但是×女士说："如果在治疗中让你知道了你是什么样的，而这些你早已知晓，那么治疗就并不有效。"直到谈话结束，×女士一直都在谈论自己的不良状况。

×女士说："问题是无论我喜欢男人还是女人，我想到的只有性。19岁的时候，我得到了第一个拥抱和亲吻，那是第一次有人对我那么深情，所以拥抱和亲吻才同时发生了。"

我说："我难以想象你是怎么熬过来的。"

她说："嗯，我经常自慰。"

这只涉及阴蒂，直到最近她才知道来自更深处的感受。

她说："我强烈的占有欲摧毁了一切。我也不想这么做。我总是问'你做什么了？你去哪了？'就好像这个男人或女人做了伤害我的事情一样。"他们之中的一个人说："我甚至连上厕所你也会吃醋。"

我说："孩子们都那样，或许安娜过去也那样子吗？"

她说："是的，当我还是个孩子的时候，觉得那并不可怕。"

谈到这里，她开始哭了起来。

她说："无论男人还是女人，只要有个人对我产生了感情，我们就会发生性关系。我和女人有两段感情，那可能是到目前为止发生的最令人满意的事情。"

那两个女人都很高大丰满，我们进行了好多性游戏和揉搓胸部等。

我说："嗯，那一切都很糟糕，另外，有些好事情在你身上发生了，但总是被你忽略。我很确定这一点，因为你发现了安娜身上存在的美好事物。"

于是她又絮叨着她的往事。

她曾经由政府监护过，因为她母亲曾对她施虐。在她三四岁之前一直与母亲同住，我对她说："也许从一开始，在您看来，您的母亲一直很好。"

她说："如果她残酷到一定要把我从她身边带走，她就不好。"

我们谈到了她的绝望和冷漠，她用两种方式来描述这种状态："我因为不受欢迎而寂寞，但是别人特别是我的女朋友很受欢迎，这让我很忌妒。"

我在这里做了一个评述，说："一个人会很安全。"

她说："两个星期以前，我就是这么对我的朋友黛西说的，"然后她用自己的话把我说的内容又重复了一遍。

她继续谈论黛西，黛西是个22岁的同性恋，长得很漂亮，性格活泼，生活充满戏剧性。她什么事情都能做，善于言谈，她有两个银行账户，非常富有。

很明显无论在哪里，在和独具个性朋友的交往中，×女士都保持着相对平凡的自我，（可能因此）她会显得过度忌妒。

根据她对黛西的描述，我对×女士说："你有兄弟姐妹吗？"

她说："我记得一个孤儿院的圣诞晚会，那里有人跟我说，'她就是你的姐姐'，那个女孩很漂亮，但是我再也没有见过她。"

说到这里，她告诉我在孤儿院时名字叫波利，但是她的出生证明上写着父亲是 Y，母亲是 Z，没有提到她为什么叫波利，她出生于_____！（原文此处为横线，后同。译者注）。她经常想是不是家人曾经犯了什么罪，所以孤儿院才改了波利的名字以使她免受屈辱。波利住在_____合作社会孤儿院，这个社区面积很大，可以供150 个小孩儿居住，这些孩子们来自于小家庭，后来又被送进了_____孤儿院。在这些孩子之中，有个来自于国外的姑娘_____女士，现在是孤儿院的负责人。

我请求她允许我对她的童年询问些问题，对此她说很乐意，但是她总是避开一些问题，因为她害怕发现一些比想象中还要糟糕的回忆。她给我讲述的稀稀疏疏的细节都是发生在她 30 岁的真实故事。

她继续讨论她的抑郁情绪，她处理抑郁情绪的方法就是早睡和**做白日梦**。在那段时间里，她总是假装自己很特殊，并且有一技之长。事实上，她既不特殊也不擅长任何事情。她说她只是个瘦弱的普通孩子，由于这些原因，她进了医院。这让她想起了一些事情，再一次痛哭起来[①]。在她的生命中，曾经有一个人对她很友好。八九岁的时候，她因高烧被送进医院的一个小病房里，在她住院期间，整天都没有人来探望她。有一天，一个女人来到她的小房间，打开手提袋，对她说："选一件东西吧。"她选择了镜子。那个女人

---

① 我希望到目前为止，读者能够感受到，尽管在谈话中我是自由发挥，但是故事的框架真实地来自于病人本身。

走了并且把镜子交给了护士，后来护士带着镜子来找她。她说，在所有的事情之中，那是童年时期发生在她身上的最好的事情了。她在医院里住了六个月，期间竟然没有一个人来探望她。她在医院一定度过了六个月的时间，因为她在医院里过了生日（夏天）和圣诞节。她记得自己穿着黑色长裤，坐着轮椅，被推进了病房，渐渐的，她被说服了，自己开始走路。她不知道自己的病情，她只记得一个穿蓝色衣服的男人把她从孤儿院带上了救护车。

我们谈到她被带离孤儿院，那一定是件很可怕的事情，毕竟这和离开家不同，因为这次不确定能不能再回来。她被带进了一个隔离间，还记得在那里，她的主治医生装扮成圣诞老人。此时我说，医院只照顾到她的身体，但对身体之外的事并不关心。由于她的模式，她立刻感到很愧疚，说道："我觉得人们欠我的，当然**我**是错的。但是因为有这种感觉，我总是不愿事情进展顺利。即使顺利，我也会在半路上破坏它，因此我也伤害了我自己。"

我说："了解生气的根源对你来说是很困难的，然而，在你内心深处，一定有一股很激烈的怒火。"

她说："是的，但是这股怒火很可怕，我感到一种贯穿全身的战栗。那种感觉就像是一瞬间（她觉得这里很难以用言语形容），我觉得我要疯了，但是当我记起我在哪里时，这种情绪就结束了。"

我说："你的意思是你真的疯了，只是它很快消失了。你害怕的是自己会在疯狂时做出一些可怕的事情。"

接下来，她告诉了我一些她从来没有告诉过别人的事情，并且看起来很痛苦。十四五岁的时候，她不能进入工厂工作，因为别人说她没用。因此，她只能在孤儿院对面的托儿所工作，托儿所主要照顾从家里送来的小孩儿们。她需要帮助小孩儿或婴儿们，老师不在的时候，她还要承担老师的工作。有个小孩儿一直尖叫，这让她很生气，以至于差点把那个孩子掐死（这完全说明了前面我对她的描述）。她抓住小孩的脖子摇晃着，后来停了下来。另一回，她会用力拥抱孩子，以此来获取性感受。"这很可怕，也很肮脏，其他的女人也做过这样的事情吗？

有时安娜上床睡觉，会给我一个拥抱，我会感觉到性冲动。母亲**怎么会**有这种感觉？当然，在托儿所的时候，我做各种脏活累活，包括给婴儿们洗澡，但是我不能做任何这样的事，这对婴儿们很重要。"

这些托儿所的孩子们最后都由家长接回家，我觉得这正是她差点谋杀了那个孩子的原因，因为她从来都无家可归。

她接着说，18岁的时候，她在一个人家做女佣，不过，这需要她的出生证明。她再三重复说，这让她很恼火，因为在她的白日梦里，拥有一些美好的事情：她**可能**某天会找到自己的父母。但是当她知道自己的名字和想象中的不一样，并且父亲是个居无定所的叫卖小贩时，她彻底崩溃了，哭得很伤心。

但是在雇主家里，她每周的工资只有可怜的15先令，然而，年轻的女主人又有很多漂亮的衣服和一间美丽的卧室（这些她都不能使用），钱包里一直都有很多钱。×女士偷了一英镑为自己买了一些漂亮的东西。但是尽管有很多钱，女主人还是对这一英镑耿耿于怀，最后解雇了×女士。

我继续谈论深藏在她心底的愤怒，她也不知道该如何发泄这份愤怒。

我说："比如，对上帝发脾气。"

她说："在孤儿院的时候，我们学到了许多关于上帝的可怕的事情。直到13岁，我睡觉的时候都把双手交叉在胸前，以免死后下地狱。一旦离开了孤儿院，我就不再忏悔，从那以后，也没有了任何信仰。有一次，仅仅为了看起来显得虔诚，我特别想做一个修女。我12岁的时候非常想要个孩子。我的人生已经一团糟了，我怎样才能恢复过来呢？我很确信，西里尔（安娜的父亲）和他的妈妈都不喜欢我，原因是我的孤儿背景。我把所有的事情都归咎于孤儿院，并一直觉得很羞辱。但是有些人如玛丽莲·梦露拍电影，大方地告诉所有人他们曾经在孤儿院生活过，因为他们有强大的人格，而我没有。我们经常挨打，阿姨（她这么称呼的）会用木汤匙打我们的手心。"我常在半夜偷食物，饼干、糖果和可可。除了星期天可以吃到饼干或者一块蛋糕，其他时候我们从来没有甜食。

她说这种对甜食的渴望一直持续着。

我再次询问了一些关于她母亲的事情，还问了一些探索过去的问题，她说她过去没做什么事情，以免经受到她不能忍受的更大的刺激。

她说："从我3岁到16岁，母亲就一直没有走近过我，但是一个朋友对我说'你一直都在寻找着什么'。"

我在这里说明这种强迫性盗窃和寻找事物之间的关系，这也许是因为失去了和母亲的良好关系。她说她已经不再盗窃了，但是从未停止过对甜食的强烈渴求。无论什么时候，她都有这种急切的需求，冲出家门，买一块蛋糕，甚至当她给安娜洗澡的时候也是如此。

然后，我问了她一些关于梦的事情，她问道："是白日梦吗？"

我说："不是白日梦，而是真实的梦。"她的真实梦境是十分可怕的，都是有关老鼠的。

她说："即使电视里有一只老鼠，也会弄得我彻夜难眠。那是一件与老鼠有关的十分可怕的事。在我所有的噩梦中都有一只老鼠。即使是一个有关老鼠毒药的广告都会让我浑身战栗。有一个梦我做了三次：我，另一个人和一个橘子被关在房间里。老鼠吃着橘子，房间里没有任何食物，所以我只有两种选择，要么挨饿，要么吃老鼠咬过的橘子。我经常从这种糟糕的状态中惊醒，无论如何，这时候我都会一直亮着灯。我试着带安娜去动物园玩，以此来治愈自己的梦魇，但是动物园里的老鼠都是那么的可爱，于是这种方法并不奏效。至少从我18岁以来，情况一直如此。"

最令人害怕的事情是出现在10号急诊室里①：一个女孩患了由老鼠引起的疾病，好多老鼠爬到女孩儿的房间里，还有一个场景是许多老鼠爬到女孩儿的床上。这给我的打击很大，它几乎让我恶心，整夜睡不着觉。

◎　电视连续剧。

我问她担心什么，她说："啊，我觉得他们会吃了我。"

我克制住对这个梦进行工作。

她说："在一些梦里，我刚刚睡着，又突然醒了——随着一道火车驶来的光线醒过来——或者是攀爬一棵树，但是永远到不了顶部。还有一个梦，我被成千上万的小人追着奔跑，他们身体很小，但是脑袋很大。我小的时候，无论是在茶馆还是在学校，哪里我都可以睡着，而且我的头发一直乱糟糟。头上的虱子爬到了枕头上，尽管越抓越糟糕，我还是被迫抓挠着脑袋。我一直想要有人爱我、拥抱我，但是19岁以前，没有人亲过我。照顾我们的阿姨从来没和我们亲吻道晚安，我一直都觉得孤儿院是个耻辱。"

这时，她说了句话，表现出了她的幽默感。她说：

"有一次，在公交车上，售票员对阿姨（她是个修女）说：'他们都是你的孩子吗？'阿姨脸红了，回答道：'是的，但是他们都有不同的父亲。'"

这就像是沙漠中的绿洲，然后阿姨又迅速地回到了沙漠中：

"这对我来说太恐怖。"

我说："听起来你好像是在通过这些动物在谈论自己的生育能力。从12岁开始，你就想要个孩子，那并不是错误的想法，但在那之前，生育是和排泄，污垢，寄生虫等词语混合在一起的。"

她说："我原以为是孩子是一件非常可怕的事情，我母亲就不想要孩儿。不过，后来一定是（我10岁皇室举行的加冕礼）我读到公主的故事，看到女王，这样我摆脱了恐惧，而那些恐惧来自对孩子的事情一无所知。我月经初潮是在半夜，我很害怕，于是叫醒了阿姨，她很生气，只说了一句话：'你总是跟别人不一样。'但是我看到了血，以为自己要死了。"

没有人解释这些事情，阿姨给了她一些纸巾，说道"你必须自己清洗干净"，这让她感到比以前更羞愧了。

我问了她孤儿院的男女生混合上的课程，她说课上有男生，但是男生和女生洗澡的时间是错开的。

她好像想起了以前忘记的事情，补充道：

"9岁的时候，我看到一个小男孩儿光着身子炫耀自己（细节她有点搞混了），他让一个女孩儿亲他。我记得当时他说：'给我一个吻吧。'于是所有的孩子都笑了，后来阿姨来了，我们每个人都挨了一顿木勺子打。"

她说阿姨非常不称职，最后她被解雇了。

"举个例子，有个小男孩儿总是尿床，作为惩罚，他每次都会被捆绑在床上，我现在想起来都特别难过。阿姨从来就不公平。有些阿姨很坏，但有个阿姨人很好，我们都会骑到她头上；我们会很晚回家，吃很多黄油和果酱，把作业全都写错。你知道，她是如此得亲切，以至于我们都疯狂了。有时候她会让大一点的孩子出去拿薯条，然后我们一起吃。但是我对这个时期的记忆只有干活，干活，干活。"

她生动地描述了生活是如何仓促。

"我们必须什么事情都做，擦洗学校的地板，赶两英里回家，准备午餐，在洗好餐具后，匆忙跑回学校，匆忙跑回家准备茶具，冲茶，缝补袜子。我们看着孩子们玩耍，但是我们自己从来没有时间玩儿。"

她还记起清洗黄铜器和刷白楼梯的细节，阿姨从来不和孩子们聊天，她也不记得有过什么玩具。我问了她有没有可以抱着睡的玩具，她说她和安娜谁都没有抱抱熊。她小的时候经常把枕头拽到下面，用床单蒙住头，这样她就见不到光了。但是她总是在凌晨5点醒来，花大概2小时的时间空想。这段时间的空想包括自慰，也体现了贯穿她童年时期的一种生活方式：大拇指在腋窝下面摇来摇去，因为这个习惯，她挨了很多巴掌。

我在这里**说明**一下，看起来我们彼此似乎已了解得足够多了，我必须要做些工作。要么进行干预，要么什么也不做。

我说："你知道吗？也许这些老鼠夹在你和妈妈的乳房之间，当你回到婴儿时期，回忆起妈妈的乳房，你能想到的最好的办法就是把自己变成老鼠。"她看起来很吃惊，边发抖边说："那怎么可能呢？"

我说教般地对她说，老鼠代表了她自己的咬含动作，母亲的乳房是一个与众不同的咬含物体。我把这件事与她在个人发展阶段，应对渴望咬含乳房的新议题时，母亲的缺失联系起来。她同意了我的观点，立刻开始寻找曾经遗留下来的和母亲有关的东西。她说她从来没有做过美梦。她可能会做难过的梦，她说她一直感觉自己会死于非命(不是自杀)，她觉得自己的时间不多了。然后一件重要的事情发生了，她说她记得一些和此有关的事情，那些事发生在进孤儿院以前。其中有两件事值得一提：第一件事是和家乡的一种谷类食物"pobs"有关，这也发生在进孤儿院之前；第二件事是很重要的回忆，因为我记得进了孤儿院（当时她4岁），这些可怕的片段一直萦绕在心间，**因为这是唯一一件在来孤儿院之前我记得的事。**

她非常努力地回忆着。

"有个声音高喊着'快跑'——快跑的脚步声，我知道门开了，一个男人在那儿，有人在叫喊着，有个人提着包。这是从家被带到孤儿院的时刻。"

对她来说，这是非常珍贵的回忆，尽管这些回忆没有像"pobs"食物一样把她带回到过去的美好时光中，遗忘它会令她难过。

×女士现在的回忆跨越了断层之前，在某种程度上，她发现对好妈妈的记忆。

结束谈话时我说，尽管在旁人看来，母亲对她很残酷，但是很可能母亲和她的关系一开始是好的。随后，我们必须暂时告一段落。然而，她说如果我愿意，她可以给我看被她锁起来的出生证明，这个证明别人谁也没有看过。她曾经差点儿可以和一个好男人结婚，但是最后需要出示出生证明，于是她就逃跑了。

尽管这是一次和家长的谈话，但是它所传达出的想法和感受，与孩子的谈话一样令人回味。这个母亲显得非常自然和单纯地呈现出偷窃和剥夺以及偷窃和希望之间的关联。

结果

正如案例开头所述，这次谈话对安娜来说是个新机会，她得到院方的帮助，这不但是她亟须的，也是我们长期所期待给予的。母亲在进入到会谈之前，需要时间来信任我们，毕竟，在这对母女之间，她才是真正的病人。会谈之后，她不再觉得女儿有病了，需要进行治疗的是自己。安娜有人照料，她与母亲之间的关系也得到了很好的维护和发展。安娜现在几乎是个成年人了。

个案 19　莉莉，5 岁

下面这则有关一个小女孩儿的简述并不是用来说明很多会谈技巧的，而是为了证明盗窃这一主题可以很自然地和过渡性现象联系在一起，因此对其中一方面的研究也包含了另一方面。

1956 年，莉莉被带到帕丁顿格林儿童医院的诊所来。

家史

哥哥　7 岁

莉莉　5 岁

弟弟　1 岁半

尽管父母不断争吵，两个年纪大一点的孩子学习成绩也不好，但是整个家庭还是完整的。外婆在料理家务方面很能干，管教女儿（莉莉的母亲）很严格，现在也很宠爱小外孙。

我的第一次谈话是和莉莉的哥哥进行的，但是我还是希望谈一谈和莉莉的面谈。和我一起参加会谈的还有两个精神病学的社工人员以及两个访问学者。

莉莉选择了画画，画面的主要人物是她梦到的一个怪物，它是一个有很多头发的人物形态，我问她有没有真实的物品很像它，于是她画了两只玩具熊。然后她又画了第三只熊，但是她说第三只熊没有毛。母亲总是让莉莉玩儿洋娃娃，但是莉莉不喜欢洋娃娃，她喜欢泰迪熊。她喜欢把那两只熊叫作熊爸爸和熊妈妈，据说第三只小熊的毛被莉莉的母亲烧了，原因是母亲想让她和洋娃娃一起玩儿。

为了得到客观的事实，我后来又和母亲面谈了一次。母亲很好奇女儿居然还记得以前的一次意外，对于那次意外母亲自己也感到很不好意思。母亲说她曾经给孩子买了一辆婴儿车，但是莉莉故意把车推走了，弄得车弯曲变了形，最后把车毁了。母亲对此很生气。母亲曾经读过这样一篇文章，说如果孩子有破坏倾向，那么你就毁掉属于他的东西。所以母亲拿了莉莉的泰迪熊（莉莉画的第三只没毛的小熊），把它扔进了火中。然后母亲意识到这样做很糟糕，因为那是莉莉特别喜欢的一只小熊，也是莉莉婴儿时期很重要的东西。这件事发生的时候，莉莉只有 4 岁，每当我们看孩子们以前的照片时，莉莉就指着照片上的泰迪熊说："那个熊是我的。"

从这以后，母亲继续和莉莉心平气和地讨论她最近偷盗的事：比如偷书、偷糖果、偷玩具表。母亲似乎知道了莉莉的偷盗行为和她寻找过渡性客体有关，而母亲曾经因一时生气想要毁掉它们。母亲摧毁这些过渡性客体的同时，也毁坏了孩子与她的自身、人格、身体、乳房联系的机制。

临床医生有机会听到并且相信这些故事，他们认识到当孩子们还是无忧无虑，十分自信，不必感觉要处于防御状态的时候，母亲或孩子的想法需要被逐次听到的重要性。

这个病例的治疗，让这个家庭认识到他们全都承受了巨大无比的精神压力，一些人需要度假休息。如果我对女孩儿安排治疗，就会加剧家庭混乱的趋势。如果处理好家庭问题，比如认识到和强势的外祖母住在一起所面临的困难，那么无论是在孩子的成长环境方面，还是在其能够利用的有益的改变方面，都会带来积极的改善。

不幸的是，当时作为热情的精神分析师，我只为学习到了个体治疗技巧而感到高兴，我本来可以建议对孩子进行分析治疗，或许我遗失了可以使家庭修复这一更重要的部分。

我们对这个案例没有进行追踪，得到的事实也只是简单的用来证明我们的观点。

个案 20　杰森，8 岁 9 个月

　　下面的案例始于男孩父亲的一封信。他说，儿子这些年来表现出情绪紧张的迹象，目前主要表现为在算术和家庭作业方面存在困难。男孩父亲问道：难道儿子患有情绪障碍或某种情绪紧张性疾病，因而难以集中注意力？或许另一种可能是他有基本的智力问题？他就以下细节问题寻求指导和建议：如果让儿子远离和弟弟的直接竞争环境，他的境况会不会好一些？他有 3 个儿子，一个 8 岁 9 个月，一个 7 岁，一个 3 岁 9 个月。男孩父亲同时附上了一个清单，清单里列举了 8 个可能影响男孩成长的因素：

　　（1）杰森过了预产期才出生，出来时明显饥肠辘辘。

　　（2）因为他是第一个孩子，所以他父母没什么照顾小孩的经验，常焦虑不安。他刚出生的前 4 个月经常腹绞痛和哭闹。

　　（3）他 4 个月大时，他妈妈又怀孕了。13 个月大时，他妈妈给他生了一个弟弟。妈妈因为生弟弟时感染，不得不离开家 5 周，在此期间，家里压力很大，他爸爸忙得不可开交。

　　（4）2 岁时杰森做了疝气手术，4 岁时又动了一个手术（严重的阑尾炎），之后又摔伤了脑袋。6 岁时发现他两眼的视力不同。

　　（5）杰森的支气管炎反复发作，并伴有哮喘，因而必须休学。

这一症状几乎已经很明显了。

（6）他是左撇子，身体协调能力不好。

（7）他每天都会跟小一岁的弟弟打架，还时常和父母发生正面冲突。

此外，他爸爸称自己因个人困扰是个不完美的父亲，对此他一直在用精神分析进行治疗。男孩爸爸的病情以及他的治疗都给也在接受心理治疗的男孩妈妈带来了巨大压力。

除了列举这些影响男孩成长的有用因素外，男孩爸爸还补充了他观察到的信息。他发现杰森**开始偷**他妈妈的**钱**，此外还在没征得同意的情况下吃东西，还撒谎，用不停眨眼作为痛苦的信号，这种眨眼似乎与他在算法方面的障碍有关。

这个男孩已经去一个儿童精神科医生那就诊了六次，有些许效果。他们的家庭医生活跃而有趣。我们将会观察到，本案例中的盗窃行为只是众多麻烦问题中的一个。从精神病诊断的角度看，可以说这其实是一个好的征兆，因为其存在很多明显的防御机制，在某种程度上，这些是可以相互转化的。相比除了盗窃之外没有其他任何症状的病例来说，这样的病例会更容易。

我已经跟男孩的父母说明，在和他们会谈之前，我希望先和男孩单独见面。男孩在他爸爸的带领下来了。首先我和他们俩一起面谈了五分钟。杰森懒洋洋地靠在桌子旁常给家长坐的椅子上。孩子父亲相当小心地坐在另一把椅子上，我进去时他马上起身。这父子俩的行为有鲜明的对比。在整个咨询过程中，杰森不停地猛眨眼，这种眨眼给人一种因为两眼有视差所以看东西总是很吃力的感觉，这种感觉八成是对的。

杰森欣然地把一些平常的信息告诉了我。

他今年 8 岁（接近 9 岁）。

有两个弟弟，一个 7 岁，另一个 3 岁。

最小的那个弟弟有时有点吵，惹人厌，因为他常打断别人正在做的事情。

他妈妈整天在家，干家务做饭，他补充说："她厨艺很好。"

然后他主动说："上个星期六，家里发生了点事情。"我猜想可能与他爸爸因为参加一个会议而晚到的事情有关，可能他妈妈生气了。这个谜没有解开。

我问他将来想干什么，他说："哦，我在考虑游泳，或者到油轮上做厨师，要知道我已经喜欢上游泳了。"

然后他插入一句："你猜不到我在银行存了多少钱。"

我努力想了一会儿，然后说："13 镑？11 镑？10 镑？"

然后他用一副想让我感到吃惊的表情说："我有 100 英镑，都是从我祖父那得到的。"然后他又说他是怎样从祖父母那里得到红包的，他把这些红包直接存到银行。他努力存钱，可能某天会用来买个房子。

到此时为止，我们已开始真正的交流，于是我让他爸爸去候诊室等候。我把小桌子搬过来，我提议跟他玩个游戏，并说明了涂鸦的玩法。

他说："你不知道计分游戏吗？"

他给我的印象是，他不能容忍任何没有胜负的游戏。我对于以涂鸦为基础的具有创造性的游戏不抱什么期待①。但是我坚持要这么做。

（1）他把我的改成一只蜗牛。

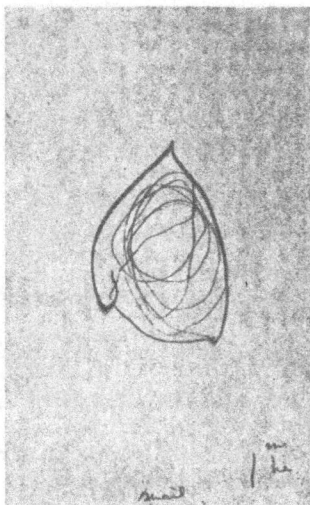

他给我的感觉是，他觉得这个涂鸦游戏是一种次等娱乐方式，所以他不停地要求玩有得分的游戏。

---

① 比赛与游戏之间有个有意思的区别：游戏（比比赛）更接近创造性，更加不可预测，同时也更能获得深刻的满足感。

（2）我把他的改成一条蠕虫。

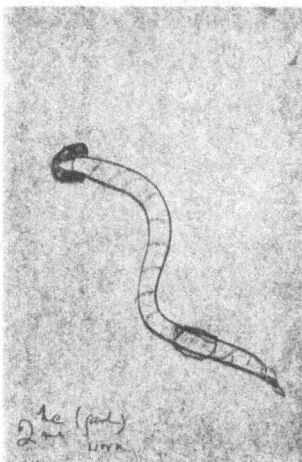

在这过程中，我询问了他家的环境，他说家里有个花园。

（3）他把我的画变成一条鳝鱼或鲨鱼。他在这幅画上费了很大
工夫，特别是牙齿。但是他还是要求玩有输赢的游戏。在画牙齿
时，他弄断了铅笔尖，然后说了对不起，但他画的牙齿流露出杀气
腾腾的感觉。

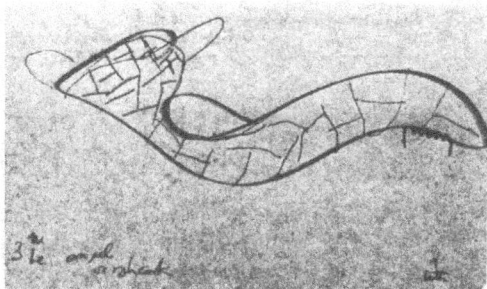

（4）他把我的画变成一只蝌蚪。这对他没有意义，因为他不知道蝌蚪是什么。他以为是一条鱼，他不知道蝌蚪会长成一只青蛙。

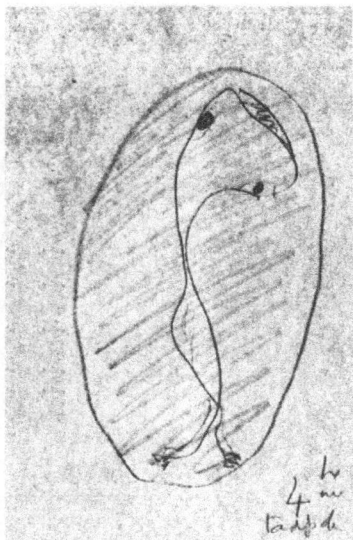

（5）看着我的画，他说："我决不……我得改动一下，尽管有点困难。"他聚精会神，并且费了很大力把它改成一只甲壳虫，几只鸟儿和一棵树。

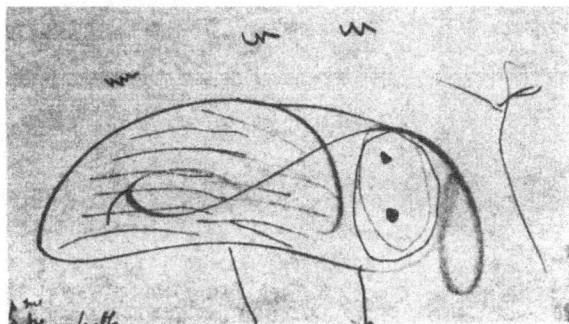

（6）他想改自己的画。他说："我知道了。"他的画是非常认真地画的一条曲线。他画出"两个大拇指"来，而没有说两个大拇指是怎么连到一起的。

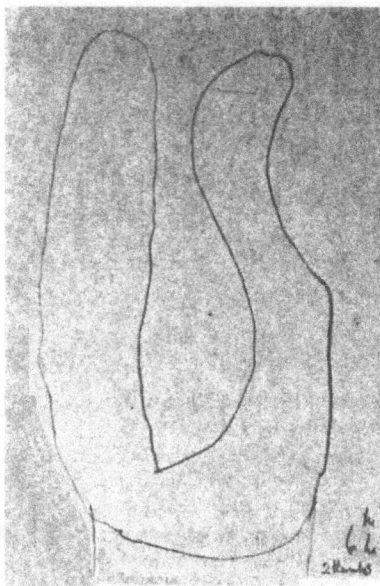

对于两个大拇指，我有自己的看法，但我当时没有作解释性的评论。

（7）我把他的改成一条狗，他说它本应该是只鸭子。

(8)对于我的画，他说："这很简单。"他快速地把它画完，他说这是一只公牛。

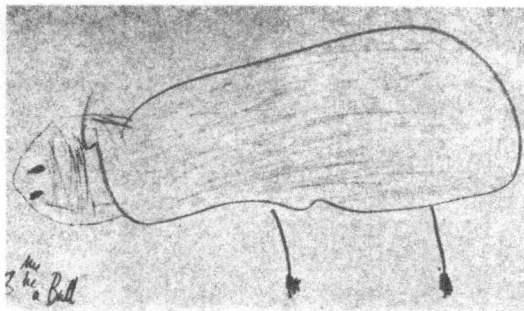

按照普通的标准，对于 8 岁孩子来说，这只公牛画得很不好。但我在评估他的智商时并没让自己过多地受画画质量的影响，因为它是体现在游戏中的。事实上，玩到这儿，我们还一直没有特意尝试或做些什么。

(9)我把他的画改成一个正在非常用功地"看书学习拉丁语"的人。

（10）到这里，我需要改变一下技巧来让涂鸦进行下去。他说："你画"，然后给我一张很大的纸。

我画了一幅他的人像，图并不像他。通过画他，我觉得我并不是在引入一个新的想法。

（11）他觉得我画得还行。作为回应，他画了我。他说他觉得他画的我"除了脸以外都画得不错"。在慢慢勾画这幅画时，他说他发现画画很有趣而且相当令人兴奋。然后他说他想画一幅自己想画的画。

（12）他画了一艘船，船上站着一个发飙的船长。有人一直在轰炸这艘船。所有的炮都发射出来了。飞机从远方而来（适当的噪声）。

焦虑间接从他的插入语句中显示出来："你知道我爸爸在哪吗？"尽管他知道。

我回答："在候诊室里。"

然后他回答："他可能已经走了。"

就这样他引入了一个重要的想法。但那时，我忽视了接下来会发生的事情。

这是一艘英国轮船。打头阵的飞机几乎把这艘船给炸掉了。（他发出逼真的声音）

船上朝错误的方向开了一炮。他追踪着炮弹发出后的方向，最终误打误撞击中了飞机。这是一场正在进行的大战。"我得造出很多飞机去炸这艘船，这是战争的最后一天，只剩下这艘在前头的船了，这艘船很快会沉没，一、二，把它炸掉。"

他越来越兴奋，一直在制造出各种适合战争的噪声。"船上有两个洞，一些男的跑下去修船，还有火箭炮，非常好，它们炸到了这艘船，现在那架打头阵的飞机在这儿，这艘船没有机会了，它把它所有的大炮都拉起来，但不够。火箭炮炸掉了两架飞机。打头阵的飞机数次被击中后也被炸掉了，只剩6架飞机，都在往下投放炸弹，这艘船将被炸毁。"

然后他突然悲伤地说："可怜的船，船长死了。他们修补这艘船的漏洞，然后船仍能全速前进。现在一爆炸让所有的飞机都着火了，包括那只打头阵的飞机。"

到这，我大概说了这些话："好像你在讲你家的故事"，但因为他制造出来的战争的噪声淹没了我的话，他没听到我说话。

"这艘船爆炸，这样并不好。这艘船赢了。所有的船员都死了，只剩一名船员在驾着这艘船，因为其他人都死了，所以这名船员很悲痛，然后自杀了。他掉进了水里，所以这艘船在无人驾驶的情况下漂荡，只是在漂着。他们把船里的水舀出，花了三周才回到家。现在是什么时候了？"

我说："好吧，你感觉离开家很久了。"然后我告诉他时间，还有我们还能在一起待多久。我问他是否做过这样的梦。对此，他回答说："没有。"从这无尽头的战争中走出来，他似乎很高兴，并把他做的梦告诉我。

（他所讲的战争不是他做的梦，可以称之为幻想，属于儿童漫画的领域。）

梦里"我一直在奔跑，掉进了河里，走进了水里"。

我让他详细说一下这个梦，他画出来了。

（13）当我走进水里，我发现很多海鱼。我感觉这些鱼都要吃了我，我走出那条小溪，而后感觉到了地震，但我醒不过来，我在那一直待到我死。我只能放弃。我自杀了。我从100英尺的高处往下跳，通过自杀结束了这个梦，待会我会画出这把刀。

显然100这个数字是他吹牛时乱说的，"我在银行存有100英镑。"

（14）"我们在浪费你的纸张吧？"这就是我砍掉自己脑袋的刀，它是一把剑，剑上写有："世上最锋利的宝剑"。

然后他转腔换调地说："当人们砍掉自己的脑袋时，他们用的是什么样的斧头呢？你给我画画看。"

然后我画了一把斧头。

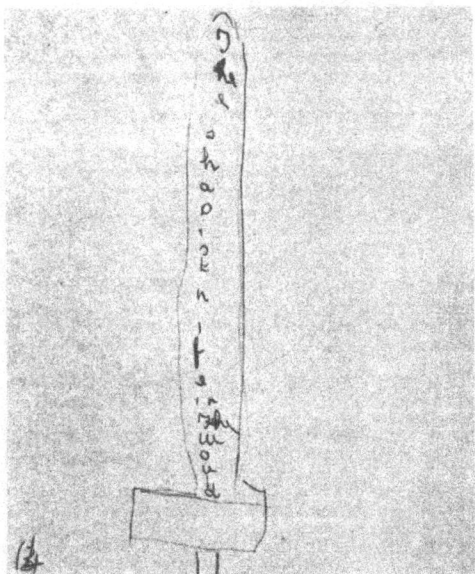

　　（15）他对脑袋具体是怎么掉下来的很感兴趣，我画了一堆火来解释他口中所说的着火了。他说这个人可能是克伦威尔，他的头被砍掉了吗？我说我觉得他是砍掉国王头的人。对此，他表示赞同。

　　我问他是否可以说说他自己。我说："现在你可以告诉我最糟糕的事，你生活里或已发生过的最糟糕的事情。比如，那个你失去信心然后自杀的梦是从哪里开始的。"

　　他变得很严肃且回到了现实。他回答："我6岁开始就做这个梦。那时两个弟弟出生，一个1岁，一个5岁。你知道吗，在我四五岁时，我因为阑尾炎进了医院，那很恐怖。他们不停地……"

(16)"往我的屁股上打针。"一想到这儿，他显得有点激动。"就是那时候，我梦见在房子里穿过的魔鬼。你可以看到他的血管，血流了出来。他走过火堆旁，穿过房间。有个房子，一堆火，还有穿过房间的魔鬼。"

我说："那个魔鬼是给你打针的医生。"随后他继续说："然后他把刀插进我的身体。"

他所表达的是这个医生不能尊重病人的感受。

他继续说道："你知道，我爸爸在等候室，9点会来接我，然后他进来了，一切都好，但是梦是在他进来之前做的，那时探视时间还没有到。"

我说："那好，我也是医生，你爸爸在等候室，你不知道他是否还在那儿。所以我可能就是那个对你做这些恐怖事情的魔鬼，而你无法阻止我。"

他好像明白了这个意思，说："不"，然后又说："魔鬼是真的吗?"我迅速回答："在梦里是真的，但在你醒了的时候不是"(对于自己能够快速地回答，我感到很满意)。

他的话显得有点不安："我得什么时候走?"但这句话说明他不想走。

他开始展示一些积极的东西，说道："我猜想有其他人在等我?"他此时的感受是如果他的两个弟弟出现在这儿就是好事情，正如在他的家庭生活中也是这样。很明显，在我看来他害怕魔鬼的时候，他想要的是他爸爸在身边，而不是他妈妈。

"有多少人来见你? ——我猜想，有数百人?"

我回答："一天大约8个。"

他说："有很多，他们为什么来呢?"

我回答："噢，可能是他们像你一样害怕一些东西。"

他反驳："我来见你，是想知道我以后能干什么工作。"

我说："是的，在某种意义上，我告诉了你，但是你来这儿的真正原因是你也有害怕的东西。"对此，他回答："好吧。"

然后他又说："你知道我之前见过的另一个医生吗？噢，和她见面很有趣。"然后他描述了他是怎么用火柴棍、炸弹以及部队坦克打仗的，还有他是多么喜欢这些。他又回到了这场跟船作战的图画上，继续幻想着。

我回答："是的，你喜欢这个，喜欢画那艘船。但是你在那儿并不开心。你觉得那儿很恐怖，是可怕的梦，你感到很绝望，于是自杀，还有如果醒着的时候魔鬼来了，你不知道该怎么办。"

他说："我可以去找我的爸爸吗？"我说："好的，但是还得再待一会儿。"他回答："好吧。"

我说："现在我想听最恐怖的。"

他回答："当我让爸爸赶走魔鬼时，我找不到我爸爸，所以我把他杀掉了"。这话暗示：所有人死后，这艘船（他妈妈）很悲伤，于是他也自杀了，在自杀的背后是对他爸爸的愤怒：因为当医生给他打针时，他爸爸没有来赶走他眼中的魔鬼。他理智上很清楚，并且也说过他爸爸9点前是不允许进来的，所以他爸爸不得不让他儿子失望。

他说："我现在想走了。"我说："好的，你爸爸现在在那儿等着，你一叫他，他就会过来。"他离开了，去找他的爸爸。我对他说："我很想见你的爸爸，但我想你应该等不及了。"他回答："是的，我想现在就和我爸爸离开。"

所以我跟他爸爸说明了是怎么回事，杰森离开时说："我还能再来见你吗？再见！"然后他们一起离开了。

在这个病例中，我也提出要跟他的父母面谈。这次会谈的主要特点是：令这对父母惊讶的是杰森性格的深度，以及在他们没注意到的杰森的情感生活里，杰森面对这种极端冲突时的表现。他们开始怀疑事情的真实性，似乎有点怨言，但当离开时，他们感觉对儿子有了一个新的认识，这不是源于我告诉了他们该怎么做，也不是源于我所说的一般儿童都怎样，而是因为我让他们了解了我和杰森的这次面谈工作。我认为，当父母多少是值得信赖的，并且在跟他们的孩子交往中不会不负责任地拿出这些材料时，这是让家庭环境实现良好转变的最好方法。

跟这对父母的会谈（与该男孩面谈的五周后）

男孩的父母来和我谈论男孩的问题，他们没把杰森带来。

我们的面谈从喝咖啡开始。男孩父亲给我的印象是虽能在自己的岗位上做得很出色，并且显然能克服这个家庭的问题，但是他那时相当紧张，可能个性不是很强。男孩妈妈给人男生的感觉，身材纤细，充满活力，积极友好而不失分寸。

我开始讲到男孩妈妈写的一封信，信中，她本希望等着杰森能有些改变，然后告别我，但是我们都认为必须接受的一点是杰森一直没有变化。她回答我的提问说，杰森出生时，他们有个家迎接他的出生。他们那时有一个公寓。说着说着他妈妈觉得那时的自己非常孤单。现在他们住在伦敦的市郊，邻居们会互帮互助，这对她以及三个孩子来说是很棒的生活。他们可以没有危险地整天骑自行车，他们可以弄得全身是泥巴，他们可以到彼此的家里过夜。

然后我们详细探究了杰森的成长。杰森妈妈在杰森四五个月大时怀孕了，在他 13 个月大时弟弟出生了。她很开心，并且感觉这是给她的第二个机会，因为她感觉生杰森的时候（第一胎）她做得不好，这对杰森产生了不好的影响。10 个月大时，因为他妈妈怀孕，他的病情比之前更糟糕。令事情更糟糕的是，13 个月大时，他妈妈因为产后发热在医院住了一个月。他当时由外婆照顾。出院，她常常杞人忧天，妈妈出院回家时到是费了些心思，她没有立即把婴儿抱进家门，夫妻俩和杰森玩儿了两小时，然后把新生婴儿带进房间，这对杰森来说是个可怕的打击。

杰森是这样的一个孩子，他不是在地毯上爬来爬去，而是把所有的东西都收集到周围，仿佛是在说：如果想要什么东西，干吗要（费劲）自己移动去拿呢？17 个月的时候，杰森开始走路，身体发育得也很早。13 个月时，他的侵略性演变成了一个很明显的特点。他会撞倒台灯，推翻书本，和其他的孩子相比，他总是需要别人的看护。如果杰森注意到刚出生的婴儿，就容易打他。妈妈为了给婴儿洗澡，不得不把杰森安放在婴儿床里。花园里的游戏围栏也是为了这个同样的目的（隔离）而设立的。据说杰森在 2 岁的时候，会让 4 岁的男孩都怕他。他对某些人总是很热情，但是对他妈妈并不是这样。原因可能是在杰森 10~11 个月的时候，母子俩有了隔阂。

关于这一点，父亲说："你还记得吗？杰森 3 个月大的时候，我经常走到他的小床前，对他说'噢，天啊！我总算知道了人们为什么把孩子从窗户扔出去了！'"所以，杰森很久以前就开始产生不满情绪了。但是在接下来的 4~10 个月里，杰森的生活很舒适。直到母亲再次怀孕，杰森开始出现困难。

杰森断断续续地吃了三个月的母乳，母亲说她下定决心要做正确的事情，**包括母乳喂养**。她说她了解斯波克医生的育儿理论，她认为她的宝宝一定要喝母乳，因为母乳中含有抗体。毫无疑问，杰森受到母亲所坚持的这一观念的折磨，而且母亲现在觉得如果她早些让步的话，杰森的情况应该会好很多。她当时没有接受诊所的帮助，在诊所医务人员看来，母亲**必须**用母乳喂养孩子。母亲对这点做得不成功感到很失望，但是同时也为自己用母乳哺育第二个孩子长达 7 个月之久而感到非常高兴。

我问杰森的母亲杰森在看到第二个孩子吃奶时的反应，母亲说没什么重要的事情可说。她说她知道在母亲哺育另一个孩子期间，第一个孩子是怎样向他们乱扔东西的。母亲接着谈论杰森的侵略性，当他一有能力攻击别人时，他就乱扔东西，推搡其他孩子，她总是觉得杰森在别人家捣乱，她一进家门就总能发现杰森在闯祸，他也确实经常这么做。

杰森在戒用夜壶方面表现不错。学习自己动手吃饭则有点慢，但是他可以把家里弄得一团乱。他也许在一些方面很正常，甚至发展得很早。父母的记忆不太清楚了，但是他们很确定杰森并没有耽误什么大事情。父亲发表了自己的观点，他说杰森开始吃固体食物时，杰森出现了一种欢乐的情感。不过，在这时期，他的下巴上起了疹子，母亲觉得这是和鱼或西红柿有关的过敏症，外婆觉得是穿的衣服的关系，但是没有被证实。

至于杰森的排便训练，母亲从未特别操心。杰森只是简单地坐在便壶上，向四周滑动，并不排便。然后他2岁时，他想到了一个办法在一周之内结束了这种烦恼。2～3岁时，他因患了疝气必须住院。在住院的5天里，母亲尽量陪在他身旁，但是晚上必须回家照顾另一个孩子。病房里一个9岁的小女孩儿说："您儿子经常哭。"看起来杰森在夜里经常叫喊。手术后的第二天，他强忍着疼痛。手术很成功。在住院期间，他的身体很快就恢复了健康，但也回到了从前那种状态。在这以后，他参加了一个幼儿的舞蹈班，尽管动作笨拙，但他还是很开心。这时候的他和其他孩子的关系有所好转。杰森很喜欢玩儿拼图玩具，在脑力活动上，他从来没有落后过。他是1岁时开始讲话的，1岁9个月时，他就已经可以清楚地说"有雨"，"无雨"和"花朵"了。两岁时，他开始说句子。

我问杰森喜欢父亲还是喜欢母亲，他们说看不出来。杰森会说："爸爸早点儿地回家不是很好吗？"但是他没有表明自己的特殊偏爱。父亲说杰森在会爬的时候很爱发脾气，会用头撞地板。他吃饭时用儿童座椅，如果座椅的托盘位置不对，他就会发火。有一次，他摔了一跤，磕破了嘴。父母觉得这不是一次意外，父亲说这里面应该有故意自我伤害的成分。

这个男孩的特点之一就是在婴儿床或婴儿车中很乖。比如说，他从来不像其他孩子那样把在商店购买的东西扔在地上，他可以坐下来一连几小时东看看西看看。但有一次他不知哪里不对劲，瞬间变成了个磨人精。母亲说她为了哄他，推着婴儿车绕着房子走了好几小时。母亲还让他看书，给他指出书中的东西，经常把很多时间和精力放在儿子身上，就怕他又开始磨起人来。杰森的特点之一就是需要母亲告诉他时间。他很早就学会看时间了，并且一直对时间很感兴趣，在谈话期间，杰森一直跟我说时间的问题。他经常问的一个问题就是："现在几点了？"

他的面部表情很有意思，令人难以琢磨。这表情由来已久。父亲与杰森讨论了有关一个玩具的玩法，那个玩具被称为"信箱"。杰森不知道怎么玩，但装出一副很懂的样子，就好像在跟他父亲逗着玩。母亲说杰森 6～10 个月的时候很会逗她开心，她记得那时候杰森很胖，不会爬，他给妈妈挠痒痒，这让母亲跳了起来，乐此不疲地逗着她。我问母亲她自己是不是爱逗别人的人，她感觉自己不是。

然后家长描述了分散注意力的技巧，这些主要是用来处理杰森的情绪（以免他变得十分磨人）。他们曾经试着用力关冰箱的门来分散他的注意力，这个动作一连重复了 15 次。但是对他来讲不起作用。母亲说："当然，我从来不会打孩子。"她觉得那样就太过分了。但是她说生气的时候她会做其他的事情。比如在杰森一两岁的时候，他惹得母亲很生气，母亲把他放在高脚凳上，让他下不来，来吓唬吓唬他。她也很少打其他任何孩子。她说："当然，如果我情绪失控了，就会狠狠地打他。"她说最坏的情况就是夫妻俩生气开始吵架，另一个孩子自己会远远地躲开，可是杰森却火上浇油，这对当时的情况影响很坏。她暗含的意思是杰森在使用分心战略，以便让她和丈夫不要继续吵下去。

我询问了孩子们的过渡性现象。

杰森（现在 8 岁 9 个月）

他吮吸手背，后来改吸奶瓶，瓶子里一定要装野玫瑰果糖浆，他两岁一个月以前一直用这个瓶子，这个瓶子对他来说都是必不可少的。他床上有个泰迪熊，但是他并不会带着熊到处玩儿。对瓶子的迷恋是这样结束的：他们住在爷爷奶奶家期间，他闹脾气把瓶子摔到地上，结果瓶子摔坏了。他一直嚷着："碎了，碎了，碎了。"就这样一直叫喊了 45 分钟，那时候他 25 个月大，之后他再也没有提起过那个瓶子，尽管他看到拿着奶瓶的孩子会冷漠地说"宝宝的奶瓶"之类的话。

第二个男孩儿（现在 7 岁 9 个月）

4 岁之前，他一直吮吸右手拇指，他喜欢毛茸茸的东西，最爱咬泰迪熊的耳朵，最后耳朵被他咬了下来，不得不缝在一条丝带上，那条丝带别在他的椅子上。直到他四五岁，家里的第三个孩子出生之后，才把它丢在一旁。

第三个孩子(现在4岁)

他从来不吮吸手指或其他东西,他喜欢毛茸茸的东西但从来不着迷。总的来说,两个哥哥不怎么喜欢他,在哥哥的眼里,他就是个麻烦。他会惹哥哥们发脾气,会打碎窗玻璃。他总是爬上窗把玻璃踢碎。

父母补充了一点杰森的情况,也许是因为打碎瓶子的缘故,后来杰森对破坏任何东西都没有感觉。他现在做任何事情都是这样,比如随手把自行车扔在地上。杰森3岁半的时候全家搬离伦敦,住进了现在这个有花园的房子,孩子们对这一切都很好奇,两个大一点的孩子也从来没有试着越出花园门。第三个孩子总想往外跑,两个哥哥虽然得在这范围内,但他们总是做惹人烦的事。

4岁的时候,杰森进了托儿所,但是很快患了支气管炎,从此他很容易被传染。他开始不停地眨眼,这也成为他日后的一个毛病。他很喜欢学校的老师,4岁9个月到5岁,也是他第二个弟弟降生的时候,杰森患了很严重的阑尾炎,进行注射时他总拼命地挣扎(通过这些内容,家长明确了我和杰森谈话期间所发现的东西)。后来他很喜欢之前帮他打针,令他讨厌的护士阿姨。一周后杰森出院,但是很快又住院了,这一次他在医院过得很开心,因为这一切就像是在一个梦里,甚至连打针也不怕了。回家后,他很快就恢复了正常,第二个婴儿的到来没有改变杰森的生活。不管怎样,到现在为止母亲不再那么吹毛求疵。他给母亲添的麻烦到帮了妈妈。

我问这对家长有没有想过生个女儿,这对他们来说很重要。他们希望后生的两个孩子中有一个是女孩，尤其是最后一个孩子。母亲说看到杰森是个男孩儿，她很激动，因为她之前梦到过这个孩子是个女孩儿。很明显，我必须探索一下母亲的男孩儿天性，于是我询问了很多她儿子的事情，这让她说起自己的童年。少年时期，她是个留着短发的假小子，有人甚至喊她男孩的名字桑巴，那时她13岁。小时候，尽管她总是玩儿火车模型，不喜欢洋娃娃，但是她觉得自己是家里唯一的女孩。然后她谈起了自己对母亲感情的变化，以前她们相处得很融洽，像好姐妹一样，她从来不淘气。她很顺从母亲，母女俩经常去郊外一起散步。问题是她们之间的敌意在哪儿？结果，杰森出生时，外婆说要从工作中抽出时间来帮忙，但九天后当杰森的母亲抱着婴儿从医院回家时，外婆说："经理不允许我请假。"于是外婆没有帮助这个年轻懵懂的母亲；另一方面，外婆总会拿进来一些没用的小儿偏方药。母亲说："我不会原谅她的。"外婆有时还会说："哦，我忘了孩子的事情了。"但令人感到奇怪的是，外婆对别人家的孩子总是很上心。

我问："您母亲原来想要个男孩儿还是女孩儿？"她很确定地告诉我："我的父母都想要男孩，他们对这一点都很清楚。"

到这儿，线索出现了：杰森的母亲本性是个女人，但是为了迎合父母，她只好刻意表现出男孩子的天性。随着杰森的出生，第一个考验也来了，她发现母亲根本不能成为一种榜样让她认同，她只得自己摸索怎么当个女人，照顾头胎很不顺利，直到第二个孩子出生，她才摸清门道。在讨论这些的时候，她描述了其他一些重要的细节，其中有一个如下：杰森是过了预产期才出生的，因此，尽管很健康，但他却活像从贝尔森集中营①来的一样。她本来觉得自己可以照顾好杰森，但产房的一名护士（她人很好，后来和她成为朋友）一见到杰森时就说："你把他饿坏了！"这句话坏了事，让产妇十分焦虑；也影响了她泌乳的功能，此话本无恶意，但对生产时焦虑不堪的产妇来说，不仅对产妇的身体不利，连孩子的发展也受到影响。

现在我和家长讨论孩子当前的状况，结合整个谈话过程，我给家长看了一些孩子画的那些图画。他们对杰森和我一块儿的几小时里发生的事情感到十分震惊。在他们了解当前的事情的基础之上，他们同意目前就顺其自然。我愿意和杰森再次见面，假如(a)孩子的情况恶化，或者(b)他要求见我。

我建议给他做一次智力测试。

这次咨询之后，这对父母给我写了一封一起署名的信，表示他们很感谢能有这次机会，通过我们采用的方式来了解他们的孩子。他们告诉了我智力测试的结果：

斯坦福比奈智力量表修订版分数：109

言语量表：121

操作量表：99

韦氏智力全量表：112

---

① 第二次世界大战时纳粹德国的一个集中营。

两年后

两年后，我又收到杰森父亲的来信，他说杰森在和我谈话之后有了很大的改善，但是他从母亲那里偷东西的习惯又回来了。并且，他总是和一群行为不端的孩子们混在一起，尽管那些孩子们的胡作非为还没有被发现。同时，他的哮喘病好像又犯了，和烟火节晚上燃放爆竹引起的恐惧有关系。而且杰森曾经出过车祸，患了脑震荡，这次车祸主要是因为杰森自己的激动情绪和侵略性太强所引发的行为造成的，这种情绪在其他事情上也一样。然后父亲列举了他们所观察到的杰森在性格方面的改善，与此同时，杰森在和父母间对问题的讨论能力也随之增强了。他还说了另一个"竞争者"——妹妹的到来，问题是他的弟弟（比杰森小 13 个月）不仅比杰森聪明，而且在学习成绩上也超过了他。

基于这些情况，我安排了和杰森的第二次见面。见面之后，我和他的父亲保持着联系，他告诉我杰森已经渡过了危机，偷盗行为也消失了，只是母亲的压力增加了，因为她要在特定的时刻给予杰森特殊的关照。放弃偷窃以后，杰森开始提各种要求，不过这些要求他母亲基本上都能满足，比如说："带我去游泳！"等等。父亲说杰森不再抽烟了。

和杰森第二次会谈时他 10 岁，距离第一次见面 15 个月

杰森跟着母亲来了，他母亲知道他需要她陪同，她后来把杰森交给我，自己出去购物了。杰森感觉有点不自在，一开始他不记得

曾经来过这里，他知道曾经在他身上发生了一些事情，他注意到我在桌子上排列了一些小人儿。当我帮助他回忆，他说："是的，我以前见过的一个医生的桌子上也摆着这些。"显然他完全不记得来过这里。

我们开始玩涂鸦游戏，这也没有让他恢复记忆。

（1）在我的画的基础上，他又在顶部涂画了一下。我明知故问他几岁了，他说他 10 岁，但是他真实快 11 岁了，他快要离开现在的学校去一个更大的学校。这听起来有点伤感，因为正像他说的，他已经在这个小小的、小班制的学校待了四年，并且在这里接受了这个学校最好的教育。

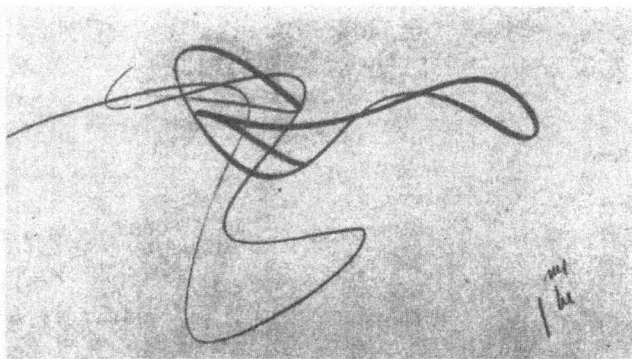

（2）他的画，是三四部分组成的画。我随意画了个不规则的圆把它的画包起来，我是照猫画虎，学他在画上再画的样子。

（3）对于我的画，他只延伸出一些线条，却没有画成任何东西。

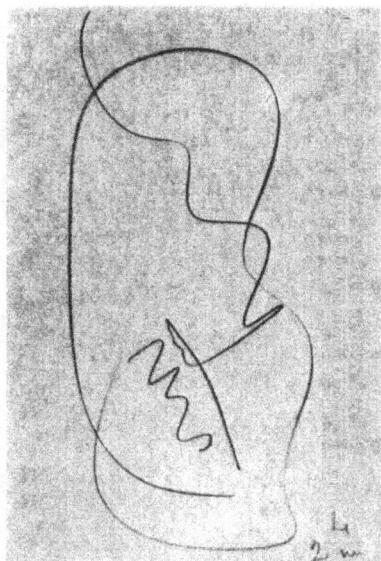

（4）我把他的画变成一只狗，他说："很聪明"，即使我这样把他的画画成某个东西，他还是没有想起我们 1965 年玩过这个游戏。

（5）对于我的画，他说："让我想想能把它变成什么。"于是，我们慢慢在接近我们之前玩的游戏，但是他模仿我，把它画成了一种动物。

（6）我把他的变成某种东西，他称之为一只兔子。

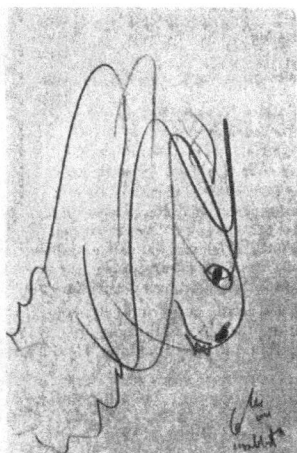

（7）他把我的画用心地加了好几笔。正如他说，它是"抽象画，没有什么意义"。

（8）他的画，我可以以我喜欢的任何方式来改动，因为它只是一条故意画得绵长不断的线。最后，我在线条周围加了个瓶子，说是备用的线绳。

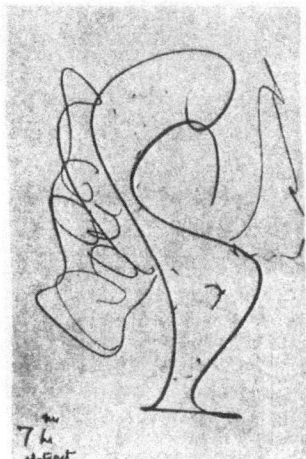

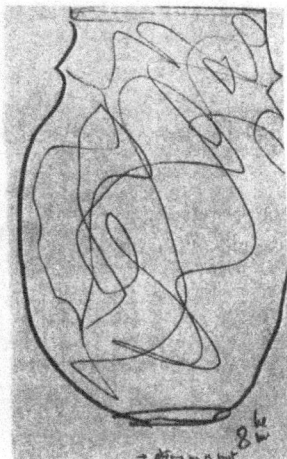

（9）对于我的画，他出人意料地加上了齿状的线条，他说这是压碎机。这让他突然想到满是钱的大厦，成千上万英镑。压碎机的齿就是用来让人能够进入宝藏所在的大厦里。

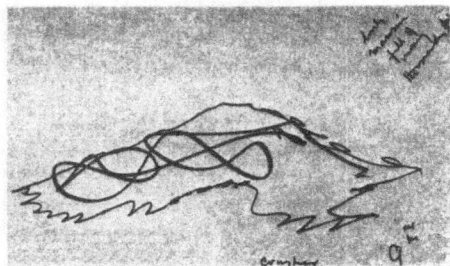

到这里，我们回顾了1～9幅图，关于他可能出现的梦，我插了一句话，在某种东西内有可以被找到的金钱。除了对此表示简单的肯定，他没进一步说其他的。我知道他正在克服这个体现着盗窃冲动的梦。

中间有一个是这样的：

（10）第10幅图是第8幅图的另一个版本。这幅画中，他加了只眼睛。我把他的这幅图画成从瓶子里放出来的一个妖怪。对此，他很满意。

想到梦，他想画最有可能实现的梦，于是他画了第 11 幅图。

(11)看到有这么大张纸可以画，他很高兴。这幅图与他自己经历过可怕地震有关。在这幅图中，他摔倒了，他在一些泥土的中间，用尖物刺穿逃出。下面是一个怪物，形似机器人。任何一点轻微动静或水，或其他导致机器短路的东西都会带来极端的毁灭性。在右下角有一个动物，是有着特殊脚和脚趾的机器天鹅。如果天鹅用脚踩地，就会发生可怕的事情。借助于天鹅，他似乎想控制那些无法操控的机器人构造之外的东西。这幅图的左边土地外是一棵史前的古树。

一画完这幅图，他想让我跟他一起玩一种不同的游戏，很显然是想来摆脱焦虑不安的情绪。我马上和他玩起了游戏（图 A、B、C、D），玩了约 15 分钟，把这段摆脱焦虑的时间渡过去。

当游戏要结束时，我用他已遗忘的两年前的画作评论了这个梦，我记得他当时画了个有光牙利齿的头像，等等。

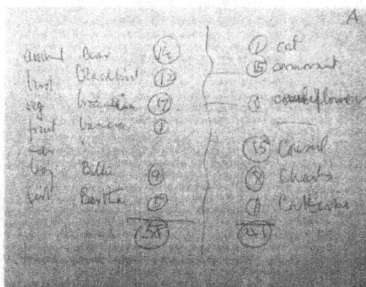

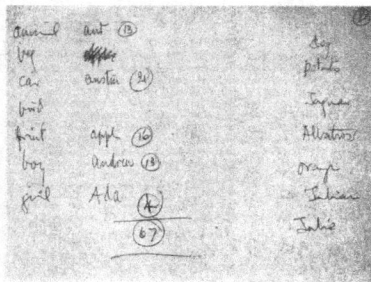

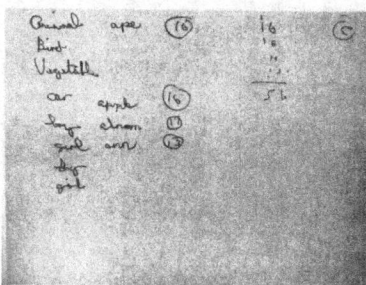

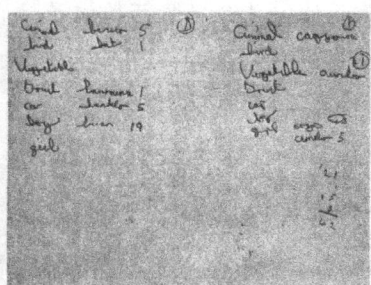

我说:"我认为,你梦里可怕的东西似乎是你非常的孤独,爸爸不在身边,除非爸爸藏在那棵古老的树上,所以没有人可以帮得了你。"

　　他快速回答:"我想起来了。"他把飞行的怪物画到顶端。某种程度上是父亲充满魔力、令人厌恶的一面,他说:"有能力把我拉回去,他能拉我上去",他继续说道如果水掉到怪物身上会产生剧烈的影响。我说如果父亲能靠得住拉他上来的话,他就不会尿床了。听到我的评论,他很高兴。

　　画梦境时,幻想的可能性很大,这种幻想是与围绕着定时炸弹爆炸主题的精细描述有关。

他现在又开始画画，想忘记所有由这个游戏分心所想到的事情，因此我向他指出：这个噩梦里的某个东西，即压碎机已经出现在第 9 幅画里。

他说："是的，在一些其他画里也如此。"他拿出我画的第 10 幅画，说："你很聪明，能看出这是一个妖怪。这让我想起那个梦。"

然后他拿出第 8 幅花瓶里有线但没用的画，那线可能代表尿。

他又指了第 10 幅画两三次，说："幸运的是，我把第 10 幅画称为一个妖怪。"他拿出第 3 幅画说："这个东西其实已经在这个尖尖的点儿里"，他精心绘制的当然是我涂鸦的部分。他那时候并不知道这个东西的任何意义。

最后，我们回答了他说没有任何意思的那幅抽象画，他拿出那幅画说："其实所有的都在这幅抽象画里，但是你无法说出它是什么东西。"

这时他不再极力使用用模糊性来隐藏明确性的防御。他此刻平静了许多，记起了两年前的会谈，他很高兴我提醒他，他当时画的那艘着陆时无人幸免令人伤感的船。

我做出最关键的解释：他对他母亲的爱主导了这一切，这使他想赶走所有的人，虽然他真的这样做的话他妈妈会伤心。这个解释是从两年前的会谈中遗留下来的。

更有甚者，他补充说：我常常很生气地走回自己房间，我感觉非常恼怒，我对自己说："要是他们都死了该多好。"

这与他想独占妈妈但从不可能有关系。然后他继续告诉我新生儿的事。他可以骄傲地细数小妹妹的本事，她会说的词，等等，显然他很喜欢妹妹。

然后他把那场车祸告诉了我，他那辆车车速飙到每小时 50～60 英里，他住院三天，昏迷不醒他还特地给我看了左腿膝盖上的伤疤。他说都是他自己的错，但是我觉得他是在引用他妈妈说的话，很大程度上在认同他妈妈的观点。但是很有可能的是，这场本可以让他丧生的灾难的发生，祸首极可能是他自己，这些都与梦魇非常吻合。

他多少有点过于详细地讲述梦魇里这位空中飞行的爸爸的魔力。他说这位飞翔的爸爸似乎带来了"马耳他"，它可能是"熔浆"冷却后形成的地方。最后他被救出。到现在，他才走出这个真实的梦，才来到幻想的层面，这种幻想能够操控人的思想。他提到了射线枪和神奇的盾牌，这两样东西保护他免受射线的伤害。他又说到了他妹妹，说他们一起玩"海盗来了"的游戏，但这使他很开心。只是因为一个 1 岁大的小孩靠近游戏中摆好的设置，并在瞬间把眼前的一切推翻有关。

最后他告诉我，他认识一个住在一栋小平房里的家庭，那个家有 9 个孩子，他想说的是，有人的状况比他还要糟糕。

道别之前，我们回头看了这两组画，我们一起做了些评价。他似乎很想走了。他妈妈来得有点晚，所以为了打发时间，我给他在前门台阶上照了一张相，相片后来寄给了他。

总结

这一复杂的案例可总结为男孩在某个方面的相对剥夺，这可以被看作对父亲－儿子关系正常健康的同性融合。这根植于从早期婴儿时期起母婴关系的相对剥夺，包括给他造成创伤的分离。父母一起再加上整个家庭环境似乎在某种程度上治愈了这个男孩的母婴关系的相对剥夺，但在父子关系上却屡屡受挫，这也使得他的爸爸很难找准自己的角色。对他爸爸来说，当好其他两个孩子的爸爸很简单，但对如何当好杰森的爸爸充满了困惑。

这个案例的处理是通过跟男孩的两次会谈、跟他父母的一次面谈以及三年里多次的电话来进行的。这个案例的动力来自跟这对父母的面谈，多方那次面谈，他们才看到杰森与我会谈时的表现，从而理解了他。

个案 21　乔治，13 岁

　　最后我想讲述一个有违法犯罪趋势而无法用本书中的治疗方法完全治疗好的案例。我尝试通过仔细研究一些案例，来说明偷窃的机制，这些案例中儿童防御机制的刻板性并不太严重，因而能发现转变的可能，同时他们之前无助无望的环境，现在也变得充满希望，并起到良性的作用。

　　下面的案例，从事实的细节中我们可以看到，其病情程度与很多其他的案例非常相似。健康的孩子，不论男女各有各的独特样貌，而生病的孩子表现出来的模式都很类似，病情的程度通常由病态的僵化程度来测量。不过，即使是这个病得不轻的孩子，在我和他会谈之后，他还是表现出些许的改变。和我会面后，这个男孩跟他妈妈说："真有意思，这个医生问我之前是否梦见过偷东西或入室行窃，我跟他说我从没做过这样的梦。但是见过他之后，我做了一个梦，梦里我偷了一个皮夹，然后跑到另一个城市，在那里又偷了一个皮夹，然后又去了另一个城市偷皮夹，这样一直下去。之前从没做过这样的梦，真有意思。"

　　若要治疗这个男孩，最有希望的治疗方式是利用这种梦，原因在于由于人格上的解离，使得他的梦境世界对他来讲不可实现，所以他需要通过强迫性的行为来与梦境保持联系。我想再强调一遍，即使在非常严重的案例中，甚至当反社会行动的企图出现，给社会带来了麻烦的时候，只要小孩尽力去整合解离的人格，希望中的积极因素也可以被发现。

我跟这个男孩进行了一个小时的单独面谈。然后我见到了他妈妈。

家庭史：

姐姐　17岁

哥哥　16岁

乔治　12岁11个月

智商水平：斯坦福比奈智力量表112

　　　　　10岁阅读水平

　　　　　"在学校表现不良"

见到这个男孩前，我收到他们家家庭医生的来信。信中，医生说乔治一直有盗窃行为，算是个问题孩子。医生还说，他认为乔治父母对孩子的问题了解有限。他随信附寄了之前进行的精神病学的会诊报告。

跟男孩进行的单独会谈不存在困难。他告诉我，他的学校非常开明，把所有的副科都放到和主科一样重要的位置。

我把涂鸦游戏作为跟他进行接触的简单方式。

(1)他把我的画变成一个脑袋。

他对这种怪异扭曲的头像很满意，我发现他并不觉得这些有趣。也就是说，我很快发现在这个案例中，不可能利用幽默感所提供的自由的空间来进行工作，并且我们俩会玩不到一起去。

（2）我把他的画改成马头。

（3）他说我的画就像是一个人的手指指向某处。手指上有个东西。或者它可能是一个女孩的手，也可能是手指上戴着戒指。

（4）我把他的画变成某种植物。

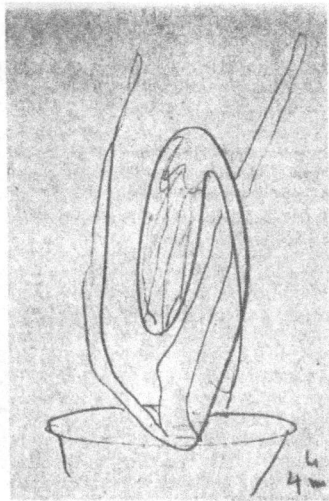

（5）他把我的画改成螃蟹腿。

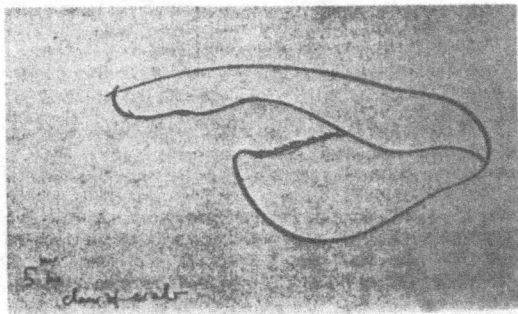

我不禁发现，第 1 幅画中那个男人没有身体，第 3 幅画中那个男的或女的也没躯干，在第 5 幅画不见螃蟹只见腿。好像我们所在

的是一个由部分物体构成的世界。

（6）我把他的画变成一个在奥运会中奔跑的怪物。我注意到我们其实一直在原地打转，不过我们还是继续画着。

（7）他把我的改成一个来自外太空的东西。这次又是只有头，没有躯体。

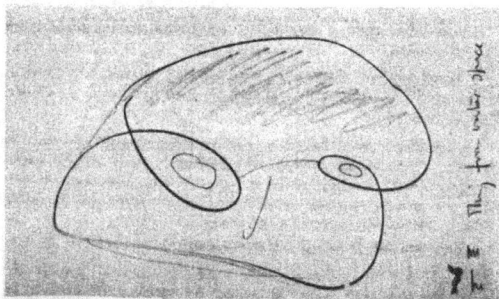

这种缺乏游戏性和幽默感的状态一直持续着。我的这位来访者长相斯文、衣着得体，也有礼貌，但我总感觉这个孩子缺少了点什么，与其说是以精神分裂性的形式出现的缺失，不如说是除了礼貌以外，毫无参与性上的缺失。他讲到了学校，讲到很高兴能被这所学校接收，他说话有点自吹自擂，但不是在学校是牛人的那种自满。他把他妈妈的艺名告诉了我，希望我能知道他妈妈，此处表现出他对媒体关注的人有某种认同。事实上，他在某次话剧演出时表现得很出色，显然他在进入这所学校的面试中让人印象深刻。他告诉我他哥哥在一所普通学校上学。通过这点，我可以知道，他明白自己不能上普通学校读书，但是他并不介意。

我开始问他在这个阶段做过的梦。

（8）对于他的画，我只能改成一个橄榄球。

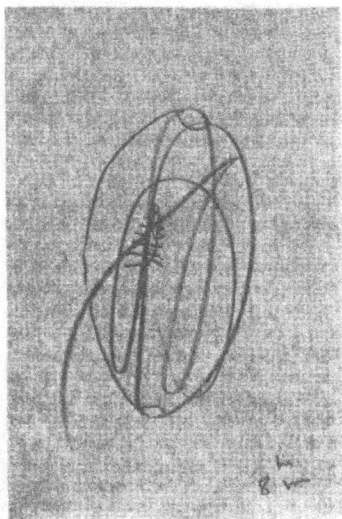

虽然他说课间时，他还是会去玩，而且玩得很好，但很显然他不喜欢学校的活动。

（9）他以极其丰富的方式对我的画进行了精心的加工。他把它画成一个脑袋，又一次没有躯干。可以说这个脑袋奇怪且丑陋，但是并没看到这个男孩有什么情绪。

（10）他把他自己的画添加了细节。

　　这幅画是这次心理咨询最极致的作品。这幅画以及之前的画都隐藏了有关他病情状态的线索。

　　在我看来他这是在表达一些非常原始的东西，可能是早在他的个人情感发育受到环境有害因素或违法犯罪行为影响之前的一些东西。如果你把这些面孔看作他看到的第一样东西，在精神分析行话里，我们通常称其为乳房，在这里等同于面孔，那么你会发现他在寻找他眼中的一样东西，它是属于大多数婴儿最初的经历，是怪异的、完全让人不放心的东西。他称第 10 幅画是一个在快速移动的影子，他告诉我眼睛、鼻子和嘴巴的位置。我感觉此后他的身心放松了，我们开始了交流。

(11)我把他的画成某种昆虫。

(12)他把我的精心改动，命名为"无"。

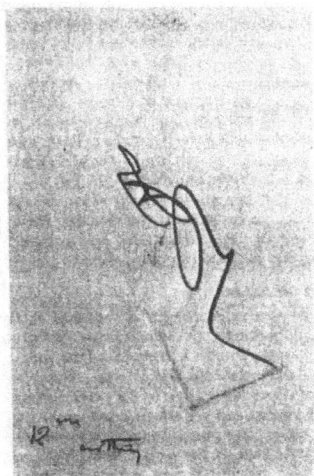

在我看来，他在让自己销声匿迹。在某个重要的时刻或一系列连续的时刻，他伸出手，没有任何东西，这些体现了在任何情况下他的基本需要，或者说他创造性的渴望。他似乎在画一幅自己出生后自身的死亡。

在描述这个男孩时，我用到了我的想象，但这种想象是基于我和他在一起的体验：他看起来就像不存在一样。他拥有一切可以被渴望的东西，这些东西以虚假设置的、建立在服从性基础之上的形式存在，除此之外他什么都没有。他只知道部分物体，部分功能，其中心就是"什么都没有"。但是他又有所拥有，因为他能用"无"来呈现自己。

可以猜想到，更愿意当男生还是女生这个问题对他而言没有意义。因为他自身全然一致性的建立，他完全把自己看作理所当然的。

他给我讲了他父亲的生意和他的大家庭。当我直接问他，他回答说自己是因为盗窃才能和我见面的，但是只是偷了妈妈的东西。他说："我从四岁起就开始偷东西"。他曾被送到儿童辅导中心，但他告诉他妈妈："我不会告诉他们任何事。"几乎可以说他最好的部分（这一小时的面谈里当他向我敞开心扉的时候）是对于会头疼和会担忧的抱怨。当然他也传递出他的不存在感。他常会跟他妈妈说："我控制不住自己，我本不想偷东西。"他慢慢地就出现懊悔心理，但同时他仍然会偷东西。除了作为另一种谎言，没人会再相信他有懊悔之心。他说自己想要别人的帮助，希望别人能帮他不再找寻，但是有时他又对获得帮助表现出完全绝望的样子。他并没有把他偷窃的所有事情告诉我，通过诚实地坦白自己偷他妈妈东西的事，他向我隐藏了其偷窃行为的重要部分。

最糟糕的是他从他那依靠退休金生活的奶奶身上偷窃，他奶奶把这些退休金取出来作为基本支出，所以当他偷了他奶奶的钱时，他奶奶的生活马上受到了影响。和他妈妈在一起时，他有时会显得充满爱意，明明白白地对他妈妈说："我爱您，我再也不偷东西了。"然而，这样与他做过什么、将要做什么并没有关系，即他会照常偷东西。最近，他和其他几个孩子把学校的几架钢琴拆了，他沉迷于钢琴，除此之外，他还沉迷于音乐、艺术和戏剧。在这所学校，这是可以想到的最糟糕的事情了。虽然他可能没有真正参与到这场闹剧中，但他似乎是第一个坦白的学生。这就是他的一种典型做法，通过承认未曾犯下的罪责来隐藏持久的谎言。这一做法属于他病情综合症状的一部分。

一个重要的细节是我问他在某个阶段是否曾经梦见过偷东西。他的回答表明他是不可能去偷东西的。不管怎样，做梦都不会是他理解事物的方式。

与妈妈的会谈

我自然对了解乔治的早期生活史很感兴趣。见过乔治的几天后，我和他妈妈见了一小时。我马上知道了乔治还有其他没告诉我的不良行为，尽管他有很多机会可以告诉我。这些不良行为都有个惯常模式。他妈妈有时走进房间会发现扶手椅冒烟，他会明确地跟他妈妈说此事与他完全无关，但是当他妈妈走近，会看到椅子旁的地上有点着了的火柴。几乎这房子里的所有椅子都会在某个不确定的时候被点着。乔治不良行为的一个典型例子是，有一次他得了重感冒，当时下着暴风雪，暴风雪最大时他离开了家。他妈妈只是离开让他一个人待了半小时，离开前他看起来还挺高兴的。等他妈妈回来，她发现儿子起床了，而且没跟他奶奶说一声或留个纸条就离开家了。中午离开的，到半夜才回来。最终还是警察联系他们一家，说在他们一个亲戚家的外面发现了他，当时他手里拿着一个行李箱，又冷又饿的。他爸爸把他接了回来，他一直哭，无法解释自己的行为。他说他晚上想和那个亲戚（他的叔叔）待在一块，他用月票进地铁站，并坐了几小时的地铁，绕了一圈又一圈。他没有东西吃。最后他试图给出一个解释，他说："你和爸爸老是吵架。"他妈妈说："他似乎是故意这样说的，事实上我们俩不吵架。"他似乎挺喜欢他姐姐，但当他姐姐表现出任何个人感情或不开心时，他就会对她大喊大叫。他很容易没有任何理由就和他爸爸吵起来。

尽管如此，他们一家人似乎还挺喜欢乔治。但他们常常被弄得很恼火，因为他们有时会发现花园的储藏室着火，有时看到钢琴的背面有被烧过的迹象。

早期生活史

出生后，从一开始乔治就不停地哭。可以说是整晚都在哭。他妈妈发现其他孩子哭完就没事了，而乔治会哭个不停。她说，就是哭喊一声就停了，然后又开始了，一直这样持续下去。

我认为，乔治就是在这时候体验到自己什么都不是。在他妈妈内在的心理现实中，有一个死亡的意象，而孩子接触到这种意象时就会有这种感受。

他婴儿时就像个小猪仔，很贪吃，喜欢囤积食物。他总是把食物拿走然后藏起来，自己并没有吃。

他姐姐起初扮演着保护他的角色。他的哥哥常护着他，不让他的父母逼他坦白。后来意识到这么做没有用，也为了家庭的宁静，他哥哥觉得不管乔治闯了什么祸，都得让乔治尽快脱身。

慢慢地这个家庭已经靠这种姑息纵容走到现在。当乔治2岁时他们家的姑息纵容已根深蒂固。

乔治早期生活史还有以下细节：在他妈妈结婚后不久，他爸爸就因为战争不得不离开家几年。之后，他们家就在一个地方安定了下来，日子过得很艰苦。哥哥姐姐出生了，经历了各种困难危机。但是这一家子一直在一起。乔治的妈妈能够按需照顾好这两个孩子。后来，这一家子有过生活特别糟糕的时候，就是不久前的破产。所有运气都不好，以至于他父母得忍受看着之前差不多的朋友现在过得很好，而他们的处境却很困难的窘境。他妈妈靠给别人带小孩赚钱来维持生计。后来，她怀孕了，她知道自己无法应对好这个孩子出生后的境况。她向她的医生咨询了普通的堕胎方法。他们一直拖延堕胎，以至于到决定要堕胎的时候，发现已经太晚了。于是她不得不放弃给别人带小孩的工作，准备生下这个原本不想要的小孩。她一直心有怨恨，就是因为没有人能理性地处理这件事。

因此，乔治从一开始就跟他的哥哥姐姐不同，因为他是不受欢迎的小孩。从他妈妈的角度看，正是因为对孩子的爱，怕孩子生下来受苦所以才想堕胎。

他吃母乳一个月，因为妈妈的奶水少，所以无法真正喂饱他。后来，他就开始了没完没了的哭叫，家人便对他百般纵容。他两岁时开始，别人要想摆脱他，就会给他糖果等东西。他因为被彻底贯坏了，所以才能感受到自己活着，不过，他却又无法利用好这种溺爱。

过渡性现象

他姐姐有个奶瓶可以吸，奶瓶有个奶嘴。即使奶瓶空着的时候，她还是会把奶嘴含在嘴里。

他哥哥也有一只相似的奶瓶。他是用舌头舔着奶瓶睡觉，并且有个把头埋到枕头中睡觉的独特方式。在讲述这些的时候，他妈妈说自己知道这些孩子从醒着到睡着经历的困苦。乔治没有令他满意的东西或者方法来使用，不久他就会自言自语，因为在面对这些艰难的过渡性时期他没有自己的方法，所以开始有些反常。大一点的时候，他开始喜欢生闷气。他并没明显表现出有情绪。更好像是这样，如果他被别人斥责了，他会把自己关在洗手间几小时，自言自语，有时在里面唱歌、敲打，让门外的人觉得他并没有生气（他显然很绝望）。

乔治有一种办法，就是当别人懊悔或自责的时候，他却把一切忘得一干二净。这个方法尤其与对声音的利用有关。对声音最好的利用就是他喜欢奶奶给他读书，不过，学校里的那架钢琴就是他和死党们一块拆的。有时候他会玩闹铃或电唱机，跟着哼哼唱歌或敲打，所有的一切似乎都是他婴儿期和童年早期不停的哭声的余留。隐藏在这些噪声里的，是他最后的一线希望。

他有时会在工厂帮他爸爸的忙。他爸爸说他比那些普通的技工干得还要快一倍，好一倍。但这并不意味着他在助人。这与在入学面试中，他的表现要远比预期好的方式很相似，但这与他在学校日常公共课中的表现以及跟其他同学的竞争没有关联。从积极的一面来看，他妈妈说他最近在学校参加一部戏剧的演出，并且希望她能去观看他们的彩排，他正好可以借机炫耀他的母亲曾是舞台上非常知名的演员。她说他儿子夸大其词了，但不过她也确实名噪一时。当扮演某个角色的时候，他感觉更接近真实，而当他不表演时，他就感觉自己什么也不是，基于这个想法开展工作似乎是合理的。在他眼里，他一个人的时候似乎是没有身份的。当他在表演时，他是一个虚假的自我形象，这一事实暂时并不明显。

他妈妈说自己以前学习成绩不好，她想借此帮我尽量多地了解这个孩子。我不得不去设想她自己就是通过表演来找到自己的身份的，并且我意识到这一点跟她对自己日常生活中的不确定性之间的关系。

从到这所学校开始，乔治的状况有所改善。他说，"除了男同学们会不断地威胁我"之外，他喜欢这所学校。他最近甚至坦白了一些不良行为。他可能意识到了自己对反社会行为的强迫性狂热，也感觉自己并非有意如此，因而开始在意了起来。

他妈妈告诉我，在和我会谈后，他跟她说自己做了偷东西的梦。我对这一点很感兴趣，这细节表明我和他的关系对他产生了某种影响，我意识到我不应该参与到这个案例中。这个细节以及之前有其他部分缺失的脑袋和脸都在暗示我，如果我再和他见两三次面，我就会出现在他的梦里，那样的话，我就得大刀阔斧地接管这个案例，但是我不能够这么做。这个孩子的治疗需要跟愿意给他充分的关注、非正式但很专业的寄养所紧密协作，或者是交给全心教育他或跟他一样的孩子的团队。有时这些人员和周边的环境安全会受到威胁。

理论上讲，我不可能治好这个男孩。他心里想的是生活会越来越好，他会成为一个更加真实的人，但是他被成为怎样的人以及现实的存在感隔离开来了。实际来讲，面临的困难是巨大的，不如直言不讳地说这个男孩根本治不好。

乔治跟他哥哥说我不是一位精神科医生，而是一位亲切的绅士。这其实是一种自我防卫，省得他哥哥问："那个精神科医生说什么了？你现在还一直在偷东西吗？"

乔治很受陌生人的喜欢。人们说他嘴很甜。他妈妈说他爸爸生性温和，所以不论是否符合她的本性，她都要强硬、严格一些。乔治最爱的，为他读书的人是他的外婆，可他正是无情地偷走了她的钱。他可能受他外婆人格上的某种病态的东西所影响。她很抑郁，总觉得世界末日快到了，而且毫不避讳地表达出这种想法。她会搞些迷信的招魂，看到一些面孔，这些面孔也许就出现在乔治的涂鸦里，这些事引起了家庭纠纷，致使她最后赌气回自己家了。乔治的妈妈觉得她妈妈的生活非常糟糕。如果乔治能够完全进入到他人的情感世界中，那他也许也会这么认为。乔治外婆的爸爸在她3岁时就自杀身亡，毫无疑问，这对她的性格形成以及追求幸福的能力产生了严重的影响。

他妈妈这时放心地跟我讲乔治的家庭背景。乔治爸爸的家族中曾经有人有自杀和恶劣的反社会行为，还有乔治的祖父母受纳粹迫害，死于毒气室。在这个大家庭里，有一个好形象，就是乔治的奶奶，她是个热情温暖而乐观的人，她在某种程度上给所有受她影响的人带来了些许希望以及安定的力量。

除了他家族的坏遗传，还有他根本就是个不被期待的孩子，外界环境还有一些不利的因素。比如，他七岁时，曾抱怨感觉自己很危险，因为学校有个男孩有一把枪。他妈妈并没重视这一真正的威胁（知道他有感觉迫害的倾向），但还是带着他到学校去调查。那个男孩的枪是一把气枪，他曾拿着气枪对着乔治的脑袋开枪。自此以后，他妈妈再也无法以他的幻想为由来安抚他了。

乔治从幼儿时期起就有囤积东西、糖果和火柴盒玩具等的癖好，到现在也没有停止。他还曾担心长胖而不吃买来的糖果。

最近他把一个在地铁上捡到的空皮包带回家。他可以把皮包留着吗？诸如此类的问题层出不穷。他妈妈觉得他有理由留着皮包。但是她越这么想，她就越觉得钱包里面原来可能有钱。再说，他跟我会谈后还告诉妈妈他梦见自己偷了皮包。没人知道事情的真相。通过诚实坦白，他成功地隐瞒了偷窃行为，这种行为则是受他日常清醒状态下觉察不到的无意识动机决定。

值得注意的是，正如在他和我的会谈中清晰表现出的一样，他不是为寻找乐趣而玩耍，也绝不会玩很久。他过于慷慨。玩一决胜负的游戏时，他一定要赢。他不懂得珍惜自己的玩具，总是在得到不久后就把它们弄得四分五裂。跟那些吹嘘自己拥有什么的男孩在一起时，他时刻准备着说："我有一个更大的。"他父母从小就穷尽资源来"买通他"，但是他挥金如土，这将会是这个家一直存在的问题。

最后他妈妈告诉我，乔治出生时难产，"折腾了整晚，胎位不正，头上脚下。医生想采用工具接生，但我拒绝使用。"

我建议他跟监督缓刑官员接触接触，可请其通过法院警告他继续这样做的后果。程序还在讨论当中，但我明确地说，我知道尽管我了解病因，但我也无法改变这个家庭或乔治的根本问题。让我惊讶的是，乔治的妈妈似乎很感激我，或许因为我告诉了她本已明了的事实。

参考文献说明

M. 马苏德·R. 汗(M. Masud R. Khan)

　　本书中，温尼科特几乎只呈现了他的临床材料，很少讲理论。但是，请读者不要被误导，认为这些临床工作仅凭共情和有灵感的猜测就可以完成。这些临床材料的背后，有非常复杂和深厚的理论背景。这些理论在过去的四十年中，温尼科特在他的著作和文章中均有呈现。以下是他的七本书：

Collected Papers: *Through Paediatrics to Psycho-Analysis*. 1958. London, Tavistock Publications; New York, Basic Books.

The Maturational Processes and the Facilitating Environment. 1965. London, The Hogarth Press and the Institute of Psycho-Analysis; New York, International Universities Press.

Playing and Reality. 1971. London, Tavistock Publications.

The Child and the Family: *First Relationships*. 1957. London, Tavistock Publications.

The Child and the Outside World：Studies in Developing Relationships. 1957. London，Tavistock Publications.

The Child，the Family，and the Outside World. 1964. London，Penguin Books.

The Family and Individual Development. 1965. London，Tavistock Publications.

从以上的书中挑几篇重要的文章罗列在下面：这些文章基本提供了书中所提到的一些基础理论，也许会对读者有所帮助。以下是三个分类：

A. 母婴关系文章

1948："Paediatrics and Psychiatry" in *Collected Papers.*

1948a："Reparation in Respect of Mother's Organized Defence against Depression" in *Collected Papers.*

1952："Psychoses and Child Care" in *Collected Papers.*

1956："Primary Maternal Preoccupation" in *Collected Papers.*

1960："The Theory of the Parent-Infant Relationship" in *The Maturational Processes.*

1963："From Dependence towards Independence in the Development of the Individual" in *The Maturational Processes.*

B. 早期心理发展和自我病理学文章

1935："The Manic Defence" in *Collected Papers.*

1945："Primitive Emotional Development" in *Collected*

Papers.

1949. "Mind and its Relation to the Psyche-Soma" in *Collected Papers.*

1951. "Transitional Objects and Transitional Phenomena" in *Collected Papers.*

1954. "The Depressive Position in Normal Emotional Development" in *Collected Papers.*

1956. "The Antisocial Tendency" in *Collected Papers.*

1958. "Psycho-Analysis and the Sense of Guilt" in *The Maturational Processes.*

1958a. "The Capacity to be Alone" in *The Maturational Processes.*

1960. "Ego Distortion in Terms of True and False Self" in *The Maturational Processes.*

1963. "The Development of the Capacity for Concern" in *The Maturational Processes.*

1963a. "Communicating and Not Communicating Leading to a Study of Certain Opposites" in *The Maturational Processes.*

1967. "The Location of Cultural Experience" in *The international Journal of Psycho-Analysis*, Column 48.

1968. "Playing: Its Theoretical Status in the Clinical Situation" in *The International Journal of Psycho-Analysis*,

Volume 49.

1969：“The Use of an Object” in *The international Journal of Psycho-Analysis*，Column 50.

C. 技术文章

1947：“Hate in the Countertransference” in *Collected Papers*.

1949：“Birth Memories，Birth Trauma，and Anxiety” in *Collected Papers*.

1954：“Withdrawal and Regression” in *Collected Papers*.

1954a：“Metapsychological and Clinical Aspects of Regression within the Psycho-Analytical Set-up” in *Collected Papers*.

1955：“Clinical Varieties of Transference” in *Collected Papers*.

1958：“Child Analysis in the Latency Period” in *The Maturational Processes*.

1960：“Counter-Transference” in *The Maturational Processes*.

1963：“Psychotherapy of Character Disorders” in *The Maturational Processes*.

1963a：“Dependence in Infant-Care，in Child-Care，and in the Psycho-Analytic Setting” in *The Maturational Processes*.

术语表

interpretation 诠释

acting out 见诸行动

adaptation 适应

aggression 攻击

analyst 分析师

antisocial tendency 反社会倾向

manic defence 躁狂式防御

anxiety 焦虑

belief 信念

regress 退行

trauma 创伤

organisation of defences 防御机制

false self 假我

conflict 冲突

dream 梦

symptomatic 症状

day-dreaming 白日梦

collusive 共谋的

depression 抑郁

destructiveness 迫害性

role 角色

ego organisation 自我系统

dissociation 解离

splitting 分裂

deprivation 剥夺

fantastic 幻想

acting out 表演

ego 自我

envy 羡慕

part-objects 部分客体

fantasy 幻想

deprivation 剥夺

object 客体

games 游戏

hallucinations 幻觉

humour 幽默

hate 恨

heredity 遗传性

holding 抱持

homosexuality 同性恋

hopelessness 无助感

horror 害怕

humour 幽默

ally of therapist 治疗师同盟

hypnosis 催眠

id 本我

idealisation 理想化

identification 身份认同

loss 丧失

creative 创造性

imitation 模仿

impulse 冲动

instinctual drive 本能驱动

affectionate relationship 亲密关系

integration 整合

internal conflict 内在冲突

interpretation 诠释

isolation 隔离

jealousy 忌妒

neurotic 神经质性的

normality 正常化

objectifying 客体化

therapist 治疗师

oedipus complex 俄狄浦斯情结

oral sadism 口欲期

identify 认同

penis envy 阴茎忌妒

pervertion 变态

phobia 恐惧症

primary defect 原始的缺陷

verbalisation 言语化

squiggle game 涂鸦游戏

therapeutic retaliation 治疗性报复

psuedologia 谎语癖

psychopathic personality 精神病性人格

psycho-somatic 心理躯体化

reality principle 现实原则

therapeutic spoiling 治疗性"溺爱"

regression 退行

repression 压抑

subjective object 主观客体

sado-masochism 施虐受虐狂

schizophrenia 精神分裂

separation 分离

setting 设置

seduction 诱惑

symbolism 象征

simultaneous 自动化的

acceptance 接纳

transitional objects 过渡性客体

triangular situation 三角情境

unconscious 潜意识

verbalisation 言语化

whole object 完整客体

北京市版权局著作权合同登记图字 01-2018-8176

图书在版编目(CIP)数据

涂鸦与梦境：儿童精神病学中的治疗性咨询 ∕（英）唐纳德·W. 温尼科特著；李真，苏瑞锐译，贾晓明审校. —北京：北京师范大学出版社，2019.8(2025.10 重印)
（心理学经典译丛）
ISBN 978-7-303-24517-8

Ⅰ．①涂⋯　Ⅱ．①温⋯②李⋯③苏⋯④贾⋯　Ⅲ．①儿童心理学—研究　Ⅳ．①B844.1

中国版本图书馆 CIP 数据核字(2019)第 004089 号

出版发行：北京师范大学出版社 https://www.bnupg.com
　　　　　北京市西城区新街口外大街 12-3 号
　　　　　邮政编码：100088
印　　刷：北京虎彩文化传播有限公司
经　　销：全国新华书店
开　　本：890mm×1240mm　1/32
印　　张：13
字　　数：302 千字
版　　次：2019 年 8 月第 1 版
印　　次：2025 年 10 月第 2 次印刷
定　　价：89.00 元

策划编辑：何　琳　　　　　　　责任编辑：何　琳
美术编辑：李向昕　　　　　　　装帧设计：李向昕
责任校对：段立超　陈　民　　　责任印制：马　洁

版权所有　侵权必究
读者服务电话：010-58806806
如发现印装质量问题，影响阅读，请联系印制管理部：010-58806364